国家骨干高职院校工学结合创新成果系列教材

模拟电子技术

主 编 叶 芳 宁爱民

主 审 孙 凯

中国水利水电出版社
www.waterpub.com.cn

内 容 提 要

    本书结合模拟电子技术课程的特点，按照项目化的教学理念，重构教学内容。以音频功率放大器这一小型电子产品为载体，将相关知识点解散并重构于认识电子电路与电子元器件、设计和制作直流稳压电源、设计和制作前置放大电路、设计和制作音调控制电路、设计和制作功率放大电路、设计和制作音频功率放大器这 6 个项目中。本书集知识学习与技能训练为一体，注重基础知识的巩固和专业基本技能的训练。

    本书可作为高职高专电子、通信、电气、自动化、机电等专业模拟电子技术课程的教材，也可作为相关专业的教师和从事电子技术工作的工程技术人员的参考用书。

图书在版编目（ＣＩＰ）数据

    模拟电子技术 / 叶芳，宁爱民主编. -- 北京 ： 中国水利水电出版社，2015.1
    国家骨干高职院校工学结合创新成果系列教材
    ISBN 978-7-5170-2862-8

    Ⅰ．①模… Ⅱ．①叶… ②宁… Ⅲ．①模拟电路—电子技术—高等职业教育—教材 Ⅳ．①TN710

    中国版本图书馆CIP数据核字(2015)第013034号

书　　名	国家骨干高职院校工学结合创新成果系列教材 **模拟电子技术**	
作　　者	主编　叶芳　宁爱民　　主审　孙凯	
出版发行	中国水利水电出版社	
	（北京市海淀区玉渊潭南路 1 号 D 座　　100038）	
	网址：www.waterpub.com.cn	
	E-mail：sales@waterpub.com.cn	
	电话：(010) 68367658（发行部）	
经　　售	北京科水图书销售中心（零售）	
	电话：(010) 88383994、63202643、68545874	
	全国各地新华书店和相关出版物销售网点	
排　　版	中国水利水电出版社微机排版中心	
印　　刷	北京市北中印刷厂	
规　　格	184mm×260mm　16 开本　14.75 印张　350 千字	
版　　次	2015 年 1 月第 1 版　2015 年 1 月第 1 次印刷	
印　　数	0001—3000 册	
定　　价	**34.00 元**	

凡购买我社图书，如有缺页、倒页、脱页的，本社发行部负责调换

国家骨干高职院校工学结合创新成果系列教材

编　委　会

前言

　　近年来，我国高等职业教育有了很大的发展，已由规模扩展进入内涵建设阶段。而课程建设是高职内涵建设的突破口，加强高等职业教育课程建设的关键就是如何让高职学生学有兴趣，学有成效。结合学生特点和课程特点，通过项目化课程改造进行课程改革具有较好的成效，而项目化课程要转化为具体的教学活动，就必须有相应的教材支持。

　　本书就是为了电子类、通信类、自动化类、机电类等高职高专学生开设项目化课程而开发并编写的。编者通过与企业专家研讨，参考了大量文献资料，并总结多年来积累的模拟电子技术教学经验，将相关的理论知识融于项目中，以培养学生职业能力为基础、应用能力为目标。

　　全书以音频功率放大器为载体，贯穿整本教材。教材共分6个项目，分别是认识电子电路与电子元器件、设计和制作直流稳压电源、设计和制作前置放大电路、设计和制作音调控制电路、设计和制作功率放大电路、设计和制作音频功率放大器。每个项目又按照由简到难的原则，划分了若干任务。全书内容既注重了理论知识的学习，又加强了实践技能的训练，使读者能够在掌握识读电路图、元器件检测和特性的基础上，具备对单元电路的分析能力，提高对小型电子产品的制作和测试能力。

　　本书具有以下特点：

　　（1）由广西水利电力职业技术学院与南宁市森士电气控制系统有限公司联合编写，在内容把握上，由企业专家和一线教师根据行业特点和课程特点，按照项目载体来编排内容，实现由知识向技能的平滑过渡，注重理论联系实际，符合读者的知识水平和阅读能力。

　　（2）在表现形式上，通过计算机仿真、图片、实物展示、电路图等方式，将元器件的检测以及测试的过程形象地表现，增强了读者的理解力。

　　（3）注重电路图的识读和元器件的检测。在每个任务的完成过程中，都引入了读图的训练和元器件检测的训练，加强对基础技能的提高和良好的职业习惯的培养。

　　（4）每个子项目都包含至少一个能够具有直接展示效果的任务，难度循序渐进，通过不断地获取成就感而培养学习的主动性和提高学习兴趣。

（5）注重知识学习和技能培养的融合，通过从感性到理性，实现从任务训练到理论学习的过程。

本书由叶芳和宁爱民任主编，幸敏和南宁市森士电气控制系统有限公司刘荣总经理任副主编，孙凯教授任主审，龙祖连和梧州职业学院梁耀光参与编写。叶芳对编写思路与大纲进行了总体策划，并完成了项目1、项目3和项目4的任务4.1、任务4.3的编写，并负责全书的组织和统稿。宁爱民完成了项目5的编写。刘荣设计了项目框架，并提出了项目实施规范。幸敏编写了项目2和项目4的任务4.2，龙祖连和梁耀光编写了项目6和附录。

由于编者水平和资料收集所限，书中难免存在错误和疏漏，不妥之处，恳请读者批评指正，不胜感激。

编者

2014 年 5 月

目　录

项目1 认识电子电路与电子元器件

📖 教学引导

教学目标：

1. 了解电子电路与电子产品的关系、电子电路图的种类和特点，建立起电路识图知识的基本思路，明确学习电路识图的重要性。

2. 了解电子电路与电子元器件的关系，建立起元器件与图形符号的对应关系。

3. 掌握常用电子元器件的检测方法。

能力目标：

1. 能够区分各种电子电路图的类型及作用。

2. 能够建立起元器件与图形符号的对应关系。

3. 能够用万用表检测常用电子元器件。

知识目标：

1. 电子电路图的种类和作用。

2. 各种电路图的识图方法和技巧。

3. 电子元器件的类型、图形符号、特性和识测方法。

教学组织模式：

自主学习，分组教学。

教学方法：

小组讨论，多媒体教学。

建议学时：

12 学时。

随着电子工业的飞速发展，电子产品及设备日新月异，技术含量也越来越高，结构也越来越复杂，特别是性能优、功能强的家用电器，如大屏幕彩电、DVD 播放机、音响、空调、手机以及各种小家电等。实质上，这些电子产品都是由各种电子电路组成的。电子电路图是电子产品和电子设备的"语言"。它是用特定的方式和图形文字符号描述的，可以帮助人们尽快地熟悉设备的构造、工作原理，了解各种元器件、仪表的连接以及安装。通过对电路图的分析和研究，可以了解电子设备的电路结构和工作原理。因此，怎样看懂电路图是学习电子技术的一项重要内容，是从事电子产品生产、装配、调试及维修的关键环节，是进行电子制作和维修的前提。

电子电路的识图，也称读图，是一件很重要的工作。识图的过程是综合运用已经学过的知识，分析问题、解决问题的过程。因此，电子电路识图是一个循序渐进的过程。而一个电子产品往往是由很多的电子元器件组成的，其中最常见的就是电阻器、电容器、电感器等基本电子元器件，此外还有一些半导体器件也很常用，例如二极管、三极管等。电子产品的电路结构是用电路图来表示的，而一张电路图通常有几十乃至几百个元器件，它们的连线纵横交叉，形式变化多端。通过了解电子元器件的性能、特点和使用方法，学会基本单元电路图的分析方法，是进一步读懂各种电路图的基础。读懂电路图，首先要学会识别电子元器件的种类和功能。

任务 1.1　识读电子电路图

任务内容

观察电子产品的内部结构，对照电子电路图，列出电子元器件的图形符号和功能表。

任务目标

了解电子产品与电子电路、电子元器件的关系，认识电子电路图的类型和作用，能够区分电子元器件与图形符号的对应关系。

任务分析

电子电路图是电子产品的"档案"。读懂电子电路图就能够掌握电子产品的性能、工作原理以及装配和检测方法。因此，识读电子电路图是从事电子产品生产、装配、调试及维修的关键环节。

任务实施

1. 认识电子元器件及其图形符号

如图 1.1 所示，观察电子产品的内部电路结构，认识电路图中的基本电子元器件及其对应的图形符号。

2. 对电子元器件的图形符号及功能列表

借助电子手册或网络资源，列出电子元器件的图形符号及功能表，记入表 1.1 中。

图 1.1　直流稳压电源内部结构

表 1.1　　　　　　　　　基本电子元器件的图形符号及功能

序号	种类	外形结构	图形符号	文字符号	功能
1					
2					
3					
4					
5					
6					

3. 识别电子电路图

识别图 1.2～图 1.4 所示电子电路图，判断它们的电路图类型，并填入表 1.2 中。

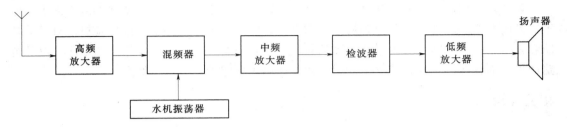

图 1.2　收音机结构

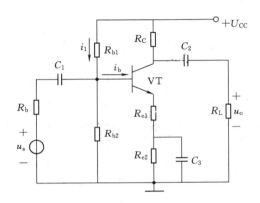

图 1.3　三极管放大电路

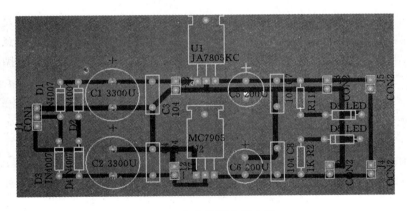

图 1.4　直流稳压电源电路

表 1.2　　　　　　　　　　　　　　电 路 图 类 型 及 作 用

图　　号	电路图类型	作　　用	备　　注
图 1.2			
图 1.3			
图 1.4			

任务小结

　　要学习模拟电子技术，从事电子产品开发、调试和维修，识图是基础。能读懂表示电子产品的结构、功能和工作原理的各种图纸，才能适应工作的要求，进一步提高自己的技能和技术水平。在本任务中，从整体的角度出发，介绍了识图的基本思路和顺序、电子电路图识读的技巧和方法，使学生能初步建立起电子电路识图的基本概念。

相关知识

1.1.1　电子电路图的构成

　　电子电路图的表现形式是多样性的。通常，由于工作性质和应用领域的不同，相应的电子电路图也有所区别。电子电路图的一般主要有电路原理图、元器件安装图和整机布线图。

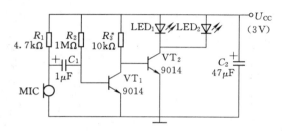

图 1.5　声控闪光电路的电路原理图

　　其中，电路原理图是最常见的一种电子电路图（通常简称电路图），它是由代表不同电子元器件的电路符号构成的电子回路，图 1.5 所示为声控闪光电路的电路原理图。这种电子电路图主要用于电子产品的调试、检测和维修。调试和维修人员主要依据电路原理图来完成对电子产品的调试和维修。

　　对于简单的电子产品，其对应的整机电路原理图相对简单；而对于较为复杂的电子产品，整机电路原理图也十分复杂，为了更好地反映电子产品的工作原理和信息流程，整机的电路原理图一般会根据功能划分成许多单元电路，构成整机电路框图，如图 1.6 所示为音频功率放大器的电路框图。根据功能的不同，可以划分成前置放大电路、音调控制电路、功率放大电路、直流稳压电源电路等若干个单元电路。这些单元电路是由简单电路、基本放大电路、集成电路及一些特殊功能器件构成的。

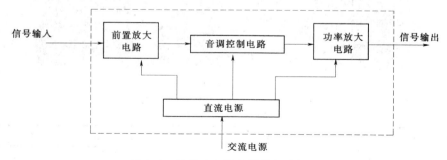

图 1.6　音频功率放大器的电路框图

　　元器件安装图则主要应用于生产、装配环节。它可以细分为元器件分布图和印刷板图两种，如图 1.7 所示是音频功率放大器的印刷板图。这种电子电路图主要用于电子产品生产、制造环节，生产人员根据元器件安装图就可以完成对元器件的安装和焊接。

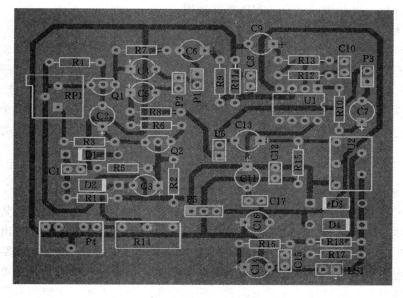

图 1.7 音频功率放大器的印刷板图

当组成电子产品的各个零部件都制作好后，电子产品装配人员就要根据要求将这些"零散"的零部件组合在一起，完成整机的装配。这一过程主要遵循的电子电路图就是整机布线图。整机布线图上将实际零部件以立体示意图的形式加以体现，清晰地标注了各零部件的安装位置和线路的走向及连接方式。

可见，针对不同应用领域，电子电路图所包含的信息内容和表现方式也各有特点。尤其是电路原理图，无论是实际用途还是图中所包含的信息内容都是非常关键且重要的。因此，对原理图的识读也是学习的主要内容。

1.1.2 电子电路图的识读技巧

1. 从电子元器件入手

在电子产品的电路板上有不同外形、不同种类的电子元器件，电子元器件对应的文字符号、图形符号及相关参数都标在了它们的旁边。电子元器件是构成电子产品的基础。换言之，任何电子产品都是由不同的电子元器件按照电路规则组合而成的。因此，了解电子元器件的基本知识，掌握不同元器件在电路图中的电路表示符号以及各元器件的基本功能特点是学习电路识图的第一步。这就相当于学习文章之初必须先识字，只有将常用文字的写法和所表达的意思掌握了，才能进一步读懂文章。

2. 从单元电路入手

单元电路就是由常用元器件、简单电路及基本放大电路构成的可以实现一些基本功能的电路，它是整机电路中的单元模块，例如串并联电路、RC 电路、放大电路、功率放大电路等。如果说电路符号在整机电路中相当于一篇"文章"中的"文字"，那么单元电路就是"文章"中的段落，而简单电路和基本放大电路则是构成"段落"的"词组"或"短句"。因此，了解简单电路、基本放大电路的结构、功能、使用原则及应用注意事项对于单元电路的分析，电路识图具有非常重要的作用。

　　3. 从整机电路图入手

　　电子产品的整机电路是由许多单元电路构成的。在了解单元电路的结构和工作原理的同时，弄清电子产品所实现的功能以及各单元电路间的关联，对于熟悉电子产品的结构和工作原理来说非常重要。例如，许多影音产品中包含有音频、视频、供电及各种控制等多种信号。如果不注意各单元电路之间的关联，单从某一个单元电路入手很难弄清整个电路的结构特点和信号流向。因此，从整机入手，找出关联，理清顺序是最终读懂电路图的关键。

1.1.3　电子电路图的识读方法

　　1. 识读电路原理图

　　识读单元电路原理图时，首先要弄清信号的传输流程，找出信号通道；其次，抓住以晶体管元件或集成块为主的单元功能电路。在识读时要注意"分离头尾、找出电源、割整为块、各个突破"的原则，即分离出输入、输出电路；找出交－直流变换电路，从电源电路输出端沿电源供给线路查看，可确定有几条电源电压供给线路，供给哪些单元电路；将整机电路解体分块；对解体的单元电路进行仔细分析，弄清直流、交流信号传输过程及电路中各元器件的作用。

　　电子产品的整机电路原理图则是由多个单元电路或基本电路按一定的方式连接起来构成的。它不能漏掉任何一个元件，甚至不能缺少一个引脚的连接点。在了解一个整机电路的结构和工作原理时，首先要了解它的整体构成，再分别了解各个单元电路的结构，最后将各单元电路相互连接起来，并弄清楚各部分的信号变换过程，这就完成了识图的过程。

　　2. 识读元器件安装图

　　电子产品元器件安装图是一种反映电路板上元器件安装位置和布线结构的图纸。它是焊装电路元器件的电路板，印刷图案实际上给出了元器件间的连接关系。识别这种图纸通常应与电路原理图进行对照。印刷板上的孔径和孔距与所焊装元器件引脚的尺寸相对应。这种图通常是焊接工艺中不可缺少的图纸文件。元器件安装图主要表示各种元器件的安装位置，在进行产品的调试或检测时，这种图很重要，识图时要注意以下要点：

　　（1）找核心元件，如电路中的晶体管和集成电路。

　　（2）看集成电路和晶体管的引脚排列顺序。

　　（3）查找电源供电部位和接地点。

　　（4）注意结点。应该避免把不该连接的地方连在一起。

　　3. 识读整机布线图

　　整机布线图用于表示整机中各种电子元器件的连接关系，小型电子元器件都焊接在印刷板上，其他的元器件安装在机壳或面板上。为了整齐、美观，常将导线扎起来。

　　对于不同功能导线的使用要注意以下原则：

　　（1）电源供电的正极和负极导线用较粗的导线，并按颜色区分。通常负极导线接地，用黑色；正极导线用红色。

（2）小信号线通常使用具有屏蔽层的导线，而且导线两端的屏蔽层都要接地。

（3）机内的任何走线都应尽可能短。

（4）电路板的输入信号和输出信号尽可能不要靠得很近，以防信号互相干扰。

任务 1.2 识测常用电子元器件

任务内容

将元器件包的元件进行分类、识别和测量，按要求完成元器件的检测，并将结果填入元器件表。

任务目标

了解电子电路图中常用电子元件的图形符号、特点和相关参数；明确不同电子元件的主要功能和使用范围；能够识别各种元件与图形符号的对应关系；能够检测常用电子元器件。

任务分析

电子产品的电路结构是将各种元器件按连接关系用符号和连线连接起来而成的电路，这种连接关系是十分严格的，根据电路图就可以制造出电子产品。其中最常见的就是电阻器、电容器、电感器等基本电子元器件，此外还有一些半导体器件也很常用，例如二极管、三极管等。掌握基本电子元器件和常用半导体器件的检测方法，对于合理选择和使用电子元器件，达到电子产品的设计功能和指标具有非常重要的作用。

任务实施

1. 对电子元器件进行分类识别

观看样品，对电子元器件进行分类识别，填写表 1.3。

表 1.3　　　　　　　　　　电子元器件的图形符号及功能

序号	种类	外形结构	图形符号	文字符号	功能
1					
2					
3					
4					
5					
6					
7					
8					

2. 基本电子元器件的检测

(1) 电阻器的检测。观看样品，了解各种电阻器和电位器的外形和标志，并完成表1.4。

表 1.4 电 阻 器 检 测 表

序号	色标颜色	色标示值	误差允许值	测量值	实际误差
1					
2					
3					
4					

(2) 电容器的检测。观看样品，了解各种电容器的外形和标志，并完成表1.5。

表 1.5 电 容 器 检 测 表

序号	电容器类型	标识参数	标识说明	测量值	质量好坏
1					
2					
3					

3. 半导体器件的检测

(1) 二极管的检测。用万用表判别所给二极管的极性及性能，并将检测结果分别记录在表1.6和表1.7中。

表 1.6 二 极 管 极 性 检 测 表

序号	种类	外形结构	型号或参数	管脚极性	正向导通电压
1					
2					
3					
4					

表 1.7 二 极 管 性 能 测 试 表

挡位 / 类型	20k		200k		20M		测试结果
	正向	反向	正向	反向	正向	反向	

(2) 三极管的检测。用万用表判别所给三极管的管脚、类型，用万用表"h_{FE}"挡测量并比较不同三极管的电流放大系数，记录在表1.8中。

表 1.8　　　　　　　　　　　三 极 管 测 试 表

序号	种类	外形结构	型号或参数	管脚极性	管型	h_{FE}值
1						
2						
3						

任务小结

掌握基本电子元器件和常用半导体器件的检测方法，对于合理地选择和使用电子元器件具有非常重要的作用。本任务通过了解基本元器件和半导体器件的种类、标识方法和主要参数，掌握用万用表检测电阻、电容、二极管和三极管等元件的方法。

相关知识

1.2.1　电子电路与电子元器件

一个电子产品往往是由很多的电子元器件组成的，其中最常见的就是电阻器、电容器、电感器等基本电子元器件，此外还有一些半导体器件也很常用，例如二极管、三极管等。电子产品的电路结构是用电路图来表示的，读懂电路图，首先要学会识别电子元器件的图形符号、种类和功能。

1.2.2　基本元器件

1. 电阻器

电阻器是电子设备中应用最多的电子元器件，在电路中对电流有阻碍作用并且造成能量消耗的部分称为电阻。电阻器的主要功能是通过分压电路提供其他元器件所需要的电压，而通过限流电路提供所需的电流。电阻器通常用 R 来表示，单位是欧姆（Ω），在电路中常用图 1.8 所示符号表示。

图 1.8　电阻的符号

根据制作材料和工艺的不同，常见的普通电阻器有碳膜电阻器、金属膜电阻器、金属氧化膜电阻器、水泥电阻器和排电阻器等。主要是根据电阻器本身的一些标识信息来了解该电阻器的阻值及相关参数。

（1）直标法。直标法是将电阻器的标称值用数字和文字符号直接标在电阻体上，其允许偏差则用百分数表示，未标偏差值的即为±20%。

直标法通常采用以下两种形式：

1）采用"数字＋字母＋数字"的组合标注形式。如 1k6 表示 1.6kΩ；3R6 表示 3.6Ω。

2）采用"数字＋数字"直接标注的形式。第一、二位表示有效数字，第三位表示 10 的倍幂。如 180 识读为 18Ω，102 识读为 1kΩ。

（2）色环标识法。色环标识法使用最多，是将电阻器的参数用不同颜色的色环（或色点）标注在电阻体表面上。常见的色环标识法有四环标识法和五环标识法两种，普通的色环电阻器用四环表示，精密电阻器用五环表示，紧靠电阻体一端头的色环为第一环，露出电阻体本色较多的另一端头为末环。这两种标识法的标识原则相似，只是有效数字个数不同，其他均相同。

如果色环电阻器用四环表示，前面两环指代标称值有效数字，第三环表示10的倍幂，第四环是色环电阻器的误差范围。四色环电阻器（普通电阻）如图1.9所示。

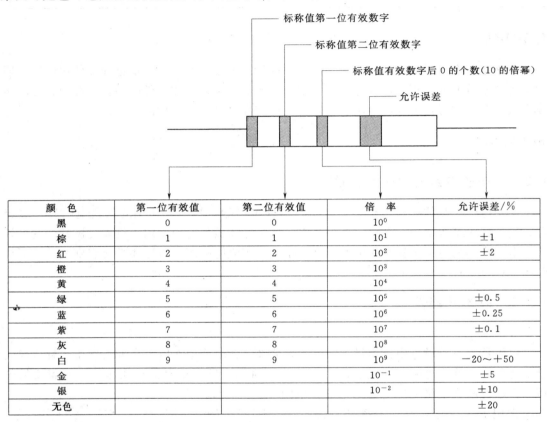

图1.9　四色环电阻的色环标识法

颜　色	第一位有效值	第二位有效值	倍　率	允许误差/%
黑	0	0	10^0	
棕	1	1	10^1	±1
红	2	2	10^2	±2
橙	3	3	10^3	
黄	4	4	10^4	
绿	5	5	10^5	±0.5
蓝	6	6	10^6	±0.25
紫	7	7	10^7	±0.1
灰	8	8	10^8	
白	9	9	10^9	−20～+50
金			10^{-1}	±5
银			10^{-2}	±10
无色				±20

如果色环电阻器用五环表示，前面三环指代标称值有效数字，第四环表示10的倍幂，第五环是色环电阻器的误差范围。五色环电阻器（精密电阻）如图1.10所示。

如：色环红紫橙金表示27kΩ，允许误差为±5%。

色环橙蓝黑棕金表示3.6kΩ，允许误差为±5%。

2. 电容器

电容器是一种可储存电能的元件，它的结构非常简单，是由两个互相靠近的导体，中间夹一层不导电的绝缘介质构成的。电容器容量的大小就是表示能储存电能的大小，电容对交流信号的阻碍作用称为容抗，它与交流信号的频率和电容量有关。电容器的特性主要是隔直流通交流，通低频阻高频。通常可用作隔直流、旁路、耦合、滤波、补偿、充放电和储能等。电容器通常用 C 来表示，单位是法拉（F），在电路中常用图1.11所示符号表示。

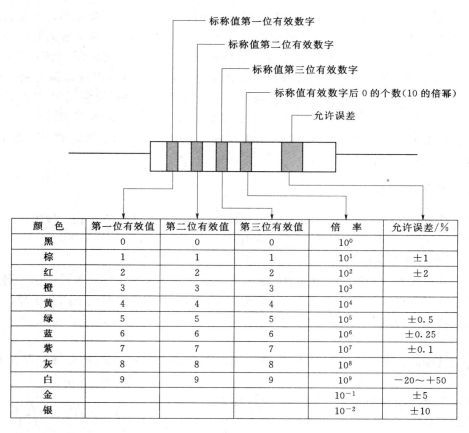

图 1.10   五色环电阻的色环标识法

颜　色	第一位有效值	第二位有效值	第三位有效值	倍　率	允许误差/%
黑	0	0	0	10^0	
棕	1	1	1	10^1	±1
红	2	2	2	10^2	±2
橙	3	3	3	10^3	
黄	4	4	4	10^4	
绿	5	5	5	10^5	±0.5
蓝	6	6	6	10^6	±0.25
紫	7	7	7	10^7	±0.1
灰	8	8	8	10^8	
白	9	9	9	10^9	$-20\sim+50$
金				10^{-1}	±5
银				10^{-2}	±10

根据电容量是否可调，可将电容器分为固定电容器和可调电容器两种，固定电容器又可分为无极性电容器和有极性电容器，常见的电解电容就是有极性的，是有正负之分的。电容器的主要性能指标是电容器的容量（即储存电荷的容量）、耐压值（指在额定温度范围内电容能长时间可靠工作的最大直流电压或最大交流电压的有效值）和耐温值（表示电容所能承受的最高工作温度）。

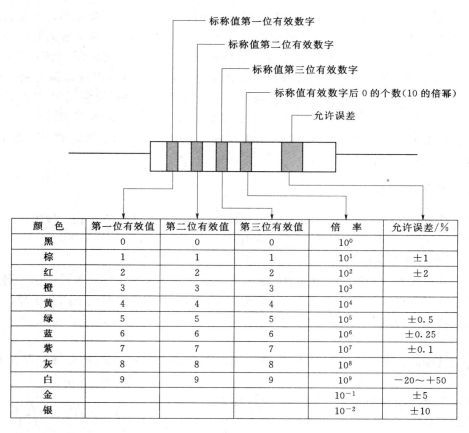

图 1.11   电容的符号

电容器通常使用符号标识法和数字标识法。

（1）符号标识法。容量的整数部分写在容量单位标识符号前，小数部分放在单位符号后面。

如：3.3pF 标识为 3p3，1000pF 标识为 1n，2.2μF 标识为 2μ2。

（2）数字标识法。一般用三位整数，第一、二位表示有效数字，第三位表示有效数字后面 0 的个数，单位为皮法（pF），但当第三位数是 9 时，表示 10^{-1}。

如：243 表示 24000pF，339 表示 3.3pF。

3. 电感器

电感器是一种可储存磁场能的元件。电感线圈是将绝缘的导线在绝缘的骨架上绕一定的圈数制成。直流可通过线圈，直流电阻就是导线本身的电阻，压降很小；当交流信号通过线圈时，线圈两端将会产生自感电动势，自感电动势的方向与外加电压的方向相反，阻

图1.12　电感的符号

碍交流的通过，所以电感的特性是通直流阻交流，频率越高，线圈阻抗越大。电感在电路中可与电容组成振荡电路，通常用作滤波、振荡和储存磁场能等。电感器通常用 L 来表示，单位是亨利（H），在电路中常用图1.12所示符号表示。

电感器通常可分为空芯电感和磁芯电感。磁芯电感又可称为铁芯电感和铜芯电感等，主机板中常见的是铜芯绕线电感。

1.2.3　常用半导体器件

半导体器件是现代电子技术的重要组成部分，具有体积小、质量轻、使用寿命长、功率转换效率高等特点，因而得到了广泛应用。

1.2.3.1　半导体的基础知识

自然界中的物质，按其导电能力可分为导体、半导体和绝缘体。常见的铜、铝等金属材料是导体；塑料、陶瓷、橡胶等材料是绝缘体；而半导体则是导电能力介于导体和绝缘体之间的物质，如硅（Si）、锗（Ge）等。

1. 本征半导体

完全纯净的、不含杂质的半导体称为纯净半导体，也称本征半导体。其结构如图1.13所示。

本征半导体有两种导电的粒子：一种是带负电荷的自由电子；另一种是相当于带正电荷的空穴。当半导体两端加上外电压时，在半导体中将出现两部分电流：自由电子作定向运动形成电子电流；价电子填补空穴形成空穴电流。由于自由电子和空穴在外电场的作用下都会定向移动形成电流，所以人们把它们统称为载流子。

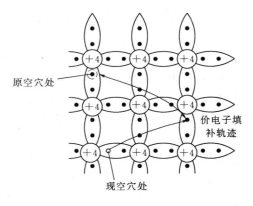

图1.13　本征半导体的结构

在本征半导体中，每产生一个自由电子，必然会有一个空穴出现，自由电子和空穴同时产生、同时消失，形成电子-空穴对，这种物理现象称为本征激发。但在常温下，本征激发产生的自由电子和空穴数目很少，载流子的浓度很低，导电能力很弱。

2. 杂质半导体

半导体具有热敏性、光敏性和掺杂性等。在本征半导体中掺入微量的杂质（某种元素），形成杂质半导体。

（1）N型半导体。N型半导体的结构如图1.14（a）所示。掺入五价元素（如磷P），掺杂后自由电子数目大量增加，自由电子导电成为这种半导体的主要导电方式，称为电子半导体或N型半导体。此时的杂质原子成为施主离子（正）。在N型半导体中，自由电子

是多数载流子，空穴是少数载流子。

（2）P型半导体。P型半导体的结构如 1.14（b）所示。掺入三价元素（如硼 B），掺杂后空穴数目大量增加，空穴导电成为这种半导体的主要导电方式，称为空穴半导体或 P型半导体。此时的杂质原子成为受主离子（负）。在 P型半导体中，空穴是多数载流子，自由电子是少数载流子。

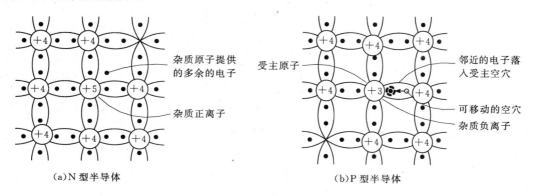

（a）N 型半导体　　　　　　　　　　（b）P 型半导体

图 1.14　杂质半导体

P型或 N型半导体的导电能力增强，但与金属导电能力相比仍有很大差距。无论 N型或 P型半导体都是中性的，对外不显电性。

3. PN 结

PN 结是构成各种半导体的基础。PN 结采用特定的制造工艺，使一块半导体的两边分别形成 P型半导体和 N型半导体，它们交界面可以形成一个空间电荷区，称 PN 结。

（1）PN 结的形成。PN 结的形成是扩散运动和漂移运动的结果。P型半导体中的多数载流子（空穴）和 N型半导体中的多数载流子（电子）由于浓度差产生扩散运动，扩散的结果使靠 P区的一侧带负电，靠 N区的一侧带正电，形成了空间电荷区，产生了一个由 N区指向 P区的电场，即 PN 结的内电场。随着内电场的逐渐增强，阻碍了多数载流子的继续扩散，但促进了少数载流子的漂移运动，而漂移使空间电荷区变薄。当扩散和漂移运动最终达到动态平衡，空间电荷区的厚度固定不变，形成 PN 结，又称阻挡层。PN 结的形成过程如图 1.15 所示。

（2）PN 结的单向导电性。

1）正向偏置。在 PN 结的两端加上电压，称为 PN 结偏置。当将 P区接电源正极，N区接电源负极，称为正向偏置，如图 1.16 所示。此时，内电场被削弱，PN 结变窄，多数载流子的扩散运动加强，形成较大的扩散电流，在 PN 结内、外电路中形成了正向电流，正向电阻较小，PN 结处于导通状态。

2）反向偏置。当将 P区接电源负极，N区接电源正极，称为反向偏置，如图 1.17 所示。此时，内电场被加强，PN 结变宽，阻碍了多数载流子的扩散运动，促进了少数载流子的运动，但由于少数载流子数量很少，反向电流较小，反向电阻较大，PN 结处于截止状态。

温度越高，少数载流子的数量越多，反向电流将随温度增加。

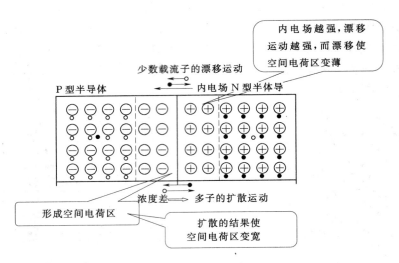

图 1.15 PN 结的形成过程

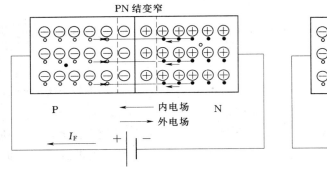

图 1.16 PN 结正向偏置

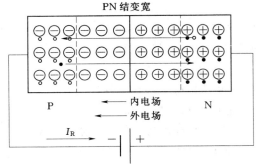

图 1.17 PN 结反向偏置

（3）PN 结的击穿特性。当加于 PN 结两端的反向电压增大到一定值时，反向电流将随反向电压的增加而急剧增大，这种现象称为反向击穿。

1.2.3.2 二极管

1. 二极管的结构、符号、类型及标识

（1）结构和符号。晶体二极管简称二极管，是一种常用的半导体器件。根据二极管的内部结构，它是由一个 PN 结（两个电极）组成的器件，接出相应的电极引线再加上管壳封装就构成了实用器件。由 P 区引出的电极称为阳极（正极），由 N 区引出的电极称为阴极（负极）。在电子电路中通常用字母"VD"表示，其内部结构和符号分别如图 1.18 （a）和（b）所示。

（2）类型。按结构不同，二极管可分为点接触型、面接触型和平面型，其结构如图 1.19 所示。

点接触型二极管的特点是 PN 结面积小（结电容小），不能通过较大电流，其高频性能好，一般适用于高频和小功率的电路中，或在数字电路中作开关元件。面接触型二极管

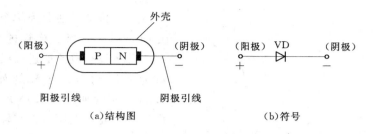

图 1.18　二极管的结构和符号

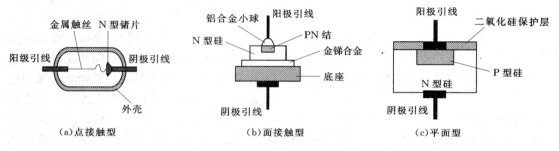

图 1.19　二极管的结构示意图

（一般为硅管）的特点是 PN 结面积大，故可通过较大电流（可达上千安培），但其结电容大、工作频率低，一般用作整流。平面型二极管通过的电流也较大，需加散热器。根据半导体二极管材料的不同，可分为硅二极管和锗二极管；按用途分可分为整流、稳压、开关、发光、光电、变容、阻尼二极管等；按封装形式分有塑封及金属封二极管等；按功率分有大功率、中功率及小功率二极管等。

（3）标识。二极管的标识由五个部分组成，具体如图 1.20 所示。

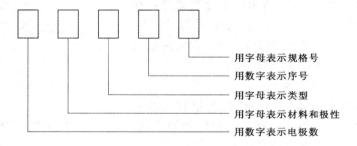

图 1.20　二极管的命名规格

如 2AP9，"2" 表示电极数为 2，"A" 表示 N 型锗材料，"P" 表示普通管，"9" 表示序号。

此外，进口系列有 1N（美国标识）和 1S（日本标识）系列。

2. 二极管的特性

（1）伏安特性。与 PN 结一样，二极管具有单向导电性，用伏安特性曲线描述，呈非线性。伏安特性曲线就是器件所承受的电压与流过的电流之间的函数关系，如图 1.21

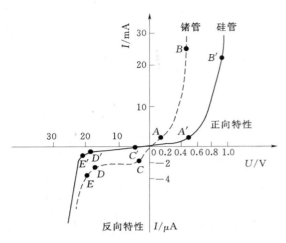

图 1.21　二极管伏安特性

所示。

正向特性曲线分为两个区，即死区和正向导通区。当二极管的正向电压很小时，几乎没有电流通过二极管。这一电压称为死区电压。硅管的死区电压约为 0.5V，锗管则约为 0.1V。二极管的正向电压大于死区电压后，有较大的正向电流通过二极管，二极管呈现很小电阻而处于正向导通状态，这时硅管的正向通导压降约为 0.6~0.7V，锗管约为 0.2~0.3V。

反向特性曲线分为两个区，即反向截止区和反向击穿区。在反向截止区，当二极管加上反向电压时，只有极小的反向电流流过二极管。在同样的温度下，硅管的反向电流比锗管小得多，锗管是微安级（μA），硅管是纳安级（nA）。二极管的反向电流具有两个特点：一是它随温度上升而增长很快；二是只要外加的反向电压在一定范围之内，反向电流基本不随反向电压变化。在反向击穿区，当增大反向电压到一定数值时，反向电流急速增加，这种现象称为反向击穿。此时对应的电压称为反向击穿电压，用 U_{BR} 表示。工作在击穿的二极管，没有适当的限流措施，会因流过管子的电流大、加的反向电压高、管子过热而造成永久性的损坏，称为热击穿。

（2）温度对特性的影响。由于半导体的导电性能与温度有关，所以二极管的特性对温度很敏感，温度升高时二极管正向特性曲线向左移动，反向特性曲线向下移动，如图 1.22 所示。变化的规律：在室温附近，温度每升高 1℃，正向电压减小 2~2.5mV，而反向电流在温度每升高 10℃，反向电流约增大一倍，击穿电压也下降较多。

3. 二极管的主要技术参数

器件的参数是定量描述器件性能质量和安全工作范围的重要数据，是合理选择和正确使用的依据。半导体二极管的主要参数及意义如下：

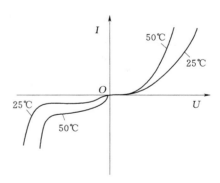

图 1.22　温度对二极管特性影响

（1）最大整流电流 I_F。指二极管长期工作时所允许加的最大正向平均电流，由 PN 结的面积和散热条件所决定。实际应用时，流过二极管的平均电流不能超过这个数值，否则，将导致二极管因过热而损坏。

（2）最高反向工作电压 U_{RM}。指二极管工作时所允许加的最大反向电压，超过此值二极管就容易发生反向击穿。通常取 U_{BR} 一半作为 U_{RM}。

（3）反向电流 I_R。指二极管未被击穿时的反向电流。I_R 越小，二极管的单向导电性能越好。I_R 对温度很敏感，使用时要注意环境温度条件。

（4）最高工作频率 f_M。与 PN 结电容有关，工作的频率超过 f_M 时，反向电流很大，二极管的单向导电性变坏。

4．二极管的简易测试

（1）使用指针式万用表。指针式万用表的红表笔接的是表内电源的负极，黑表笔接的是表内电源的正极。在测量时，选在"R×100"或"R×1k"挡，正、反向电阻各测量一次，测量时手不要接触引脚。其中测得指针偏转较大、阻值小的是正向电阻，反之是反向电阻。测正向电阻时，黑表笔接的是正极，红表笔接的是负极。

若正、反向电阻相差不大为劣质管。正反向电阻都是无穷大或零，则二极管内部断路或短路。

（2）使用数字万用表。数字万用表的红表笔接的是表内电源的正极，黑表笔接的是表内电源的负极。在测量时，选在"➤⊢"挡进行测量，当 PN 结完好且正偏时，显示值为 PN 结两端的正向导通电压。反偏时，显示⋮。正偏时，红表笔接的是正极，黑表笔接的是负极。

5．二极管使用注意事项

（1）按用途、参数及使用环境选择。使用时不能超过极限参数，并留有余量。

（2）正、负极不可接反。

（3）尽量选用反向电流、正向压降小的管。

（4）更换时，应用同类型或高一级的代替。

（5）焊接时用 35W 以下的电烙铁，且速度要快。

（6）引线弯曲处距离外壳端面应不小于 2mm。

6．特殊二极管

（1）稳压二极管。稳压二极管主要是利用工作在反向击穿区时，反向电流在很大范围内变化时，端电压变化很小的特性来实现稳压，其图形符号及伏安特性如图 1.23 所示。稳压二极管的特点就是击穿后，其两端的电压基本保持不变，这样，当把稳压二极管接入电路以后，若由于电源电压发生波动，或其他原因造成电路中各点电压变动时，负载两端的电压将基本保持不变。

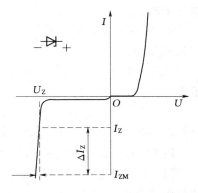

图 1.23　稳压二极管的符号及伏安特性

稳压二极管在电路中应用时，工作条件在反向偏置状态，且必须串联限流电阻，避免进入击穿区后，电流超过其最大稳定电流而被烧毁。其常见的故障主要表现为开路、短路和稳压值不稳定。在这三种故障中，前一种故障表现出电源电压升高；后两种故障表现为电源电压变低到零伏或输出不稳定。

主要参数如下：

1）稳定电压 U_Z。指稳压二极管正常工作（反向击穿）时管子两端的电压。

2）稳定电流 I_Z 和最大工作电流 I_{ZM}。

3）最大耗散功率 P_{ZM}。$P_{ZM}=U_Z I_{ZM}$。

4）动态电阻 r_Z。动态电阻越小，曲线越陡，稳压性能越好。

5）电压温度系数。环境温度每变化1℃引起稳压值变化的百分数。

（2）发光二极管。通以正向电流就会发光的二极管。常用类型有单色发光、红外发光、激光二极管。通常工作在正向偏置，工作电流为几毫安至几十毫安，导通电压一般为1～2V。

（3）光电二极管。使用时PN结工作在反向偏置状态，在光照下，反向电流随光照强度的增加而上升，为光电流；反之则为暗电流。其工作表现出了光信号转为电信号的特性。

（4）变容二极管。变容二极管是根据普通二极管内部"PN结"的结电容能随外加反向电压的变化而变化这一原理专门设计出来的一种特殊二极管。变容二极管主要用在手机或座机的高频调制电路上，实现低频信号调制到高频信号上，并发射出去。在工作状态，变容二极管调制电压一般加到负极上，使变容二极管的内部结电容容量随调制电压的变化而变化。

变容二极管发生故障，主要表现为漏电或性能变差，通常工作在反向偏置，广泛用于彩电调谐器。

7. 含二极管电路分析方法

含二极管电路分析的关键是判断二极管的工作状态，即是导通或截止。

（1）特性确定。

1）理想状态。指二极管正向导通时，忽略正向管压降（即为零），反向截止时二极管相当于断开。

2）实际状态。指二极管正向导通时，存在正向管压降，通常硅管为0.6～0.7V，锗管为0.2～0.3V。

（2）分析方法。假设二极管断开，分析二极管两端电位的高低或所加电压 U_D 的正负。

1）若 $V_阳 > V_阴$ 或 U_D 为正（正向偏置），二极管导通。

2）若 $V_阳 < V_阴$ 或 U_D 为负（反向偏置），二极管截止。

【例1.1】 二极管电路如图所示1.24所示，求 U_{AB}。

解： 两个二极管的阴极接在一起，取B点作参考点，断开二极管，分析二极管阳极和阴极的电位。因为

$$V_{VD_{1阳}} = -6V, V_{VD_{2阳}} = 0V, V_{VD_{1阴}} = V_{VD_{2阴}} = -12V$$

所以

$$U_{VD_1} = 6V, U_{VD_2} = 12V$$

即

$$U_{VD_2} > U_{VD_1}$$

所以，VD$_2$优先导通，VD$_1$截止。

若忽略管压降，二极管可看作短路，此时

$$U_{AB} = 0V$$

则流过VD$_2$的电流为

$$I_{VD_2} = \frac{12}{3} = 4(mA)$$

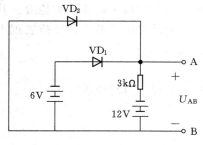

图1.24 二极管应用电路图

此时 VD_1 承受反向电压为 $-6V$。在该电路中，VD_2 起钳位作用，VD_1 起隔离作用。

【例 1.2】 如图 1.25 所示电路图，已知：$u_i = 18\sin\omega t$（V），设二极管是理想的，试画出 u_o 的波形。

解： 因为二极管的阴极电位为 8V，当 $u_i > 8V$，二极管导通，可将二极管看作短路，$u_o = 8V$；$u_i < 8V$，二极管截止，可将二极管看作开路，$u_o = u_i$。

此时，在该电路中，二极管起限幅作用，对应的波形如图 1.26 中虚线所示。

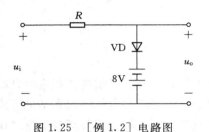

图 1.25 [例 1.2] 电路图

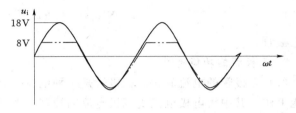

图 1.26 [例 1.2] 对应波形输出

1.2.3.3 三极管

1. 三极管的结构、符号与分类

（1）结构。三极管是一种具有放大能力的半导体器件，其结构如图 1.27 所示，包含三层、三区（即发射区、集电区、基区），两个 PN 结，分别为发射结和集电结。在制作工艺上，发射区的掺杂浓度高，基区很薄，掺杂浓度最低，集电区掺杂浓度比发射区低，但其面积大，保证三极管具有电流放大能力的内部条件。

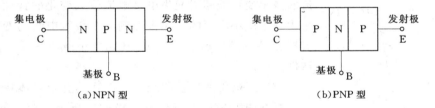

(a) NPN 型　　　　　　　　　　　　　　(b) PNP 型

图 1.27 三极管的结构

（2）符号。三极管通常用字母"VT"表示，图形符号如图 1.28 所示。

（3）分类。由于结构、材料、功能不同，三极管有不同的划分方式。结构类型可分为 NPN 型和 PNP 型；按制作材料可分为硅管和锗管；按工作频率可分为高频管和低频管；按功率大小可分为大功率管、中功率管和小功率管；按工作状态可分为放大管和开关管。

2. 标识

三极管的命名通常由五部分组成，如图 1.29 所示。

如：3DG110B 表示 NPN 型高频小功率

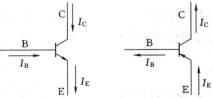

(a) NPN 型三极管　　　　(b) PNP 型三极管

图 1.28 三极管的图形符号

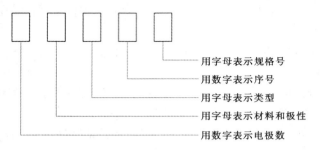

用字母表示规格号

用数字表示序号

用字母表示类型

用字母表示材料和极性

用数字表示电极数

图1.29　三极管的命名规格

硅三极管。

3. 三极管的功能特性

（1）三极管的电流放大。三极管是一种电流控制器件，三极管必须接在相应的电路中才能工作。其中集电极电流受基极电流的控制。发射极电流等于集电极电流和基极电流之和；集电极电流近似等于发射极电流，但远大于基极电流；集电极电流与基极电流之比即为晶体三极管的放大倍数β。即电流关系如下

$$I_E = I_B + I_C \tag{1.1}$$

$$I_C \gg I_B, I_C \approx I_E \tag{1.2}$$

$$\Delta I_C \gg \Delta I_B \tag{1.3}$$

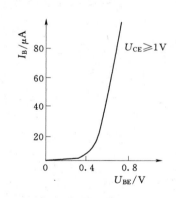

图1.30　三极管的输入特性

三极管最重要的功能就是具有电流放大作用，即基极电流的微小变化能够引起集电极电流较大变化的特性。其实质是用一个微小电流的变化去控制一个较大电流的变化，是电流控制电流源（Current Control Current Source，CCCS）器件。

（2）三极管的特性曲线。三极管具有半导体特性，一般可用特性曲线来反映三极管各极的电压与电流之间的关系，这不仅可直观地分析管子的工作状态，还有助于合理地选择偏置电路的参数，设计性能良好的电路。三极管的特性曲线可分为输入特性曲线和输出特性曲线。

1）输入特性曲线。输入特性曲线如图1.30所示，是指当集-射之间的电压U_{CE}为某一常数时，输入回路中的基极电流I_B与加在基-射极间的电压U_{BE}之间的关系曲线。表示为

$$I_B = f(U_{BE})\big|_{U_{CE}=常数} \tag{1.4}$$

三极管的特性曲线呈非线性，正常工作时发射结电压硅管为0.6～0.7V，锗管为0.2～0.3V。

在三极管内部，U_{CE}的主要作用是保证集电结反偏。当U_{CE}很小，不能使集电结反偏时，这时三极管等同于二极管。

2）输出特性曲线。输出特性曲线是指当基极电流 I_B 为常数时，输出电路中集电极电流 I_C 与集-射极间的电压 U_{CE} 之间的关系曲线。表示为

$$I_C = f(U_{CE}) \mid_{I_B = 常数} \tag{1.5}$$

集电极电流 I_C 与 U_{CE} 的关系曲线如图 1.31 所示。当基极电流不变时，集电极电流 I_C 随 U_{CE} 的变化很小。通常将三极管的特性曲线分为 3 个区。

①放大区。在这个区域，$I_C = \beta I_B$，也称为线性区，具有恒流特性。发射结处于正向偏置、集电结处于反向偏置，三极管工作于放大状态。

②截止区。指 $I_B = 0$ 以下的区域。在这个区域，$I_C \approx 0$，发射结处于反向偏置，集电结处于反向偏置，三极管工作于截止状态。相当于集电极与发射极之间的开关断开。

③饱和区。特性曲线上升和弯曲部分的区域称为饱和区。即 $U_{CE} = 0$，集电极与发射极之间的电压趋近零。基极电流对集电极电流的控制作用已达最大值，三极管的放大作用消失，称为临界饱和；若 $U_{CE} < U_{BE}$，则发

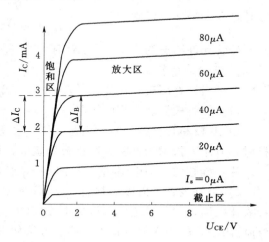

图 1.31　三极管的输出特性

射结处于正向偏置，集电结也处于正偏，达到过饱和状态，U_{CE} 近似为 0，相当于集电极与发射极之间的开关接通。通常饱和压降 U_{CES} 对于硅管为 0.3V，对于锗管约为 0.1V。

（3）温度对三极管特性的影响。

1）温度每增加 10℃，I_{CBO} 增大一倍。硅管优于锗管。

2）温度每升高 1℃，U_{BE} 将减小 2~2.5mV，即三极管具有负温度系数。

3）温度每升高 1℃，β 增加 0.5%~1.0%。

4. 三极管的主要参数

（1）电流放大系数（发射极电路）。直流电流放大系数为

$$\bar{\beta} = \frac{I_C}{I_B} \tag{1.6}$$

交流电流放大系数为

$$\beta = \frac{\Delta I_C}{\Delta I_B} \tag{1.7}$$

$\bar{\beta}$ 和 β 的含义不同，但在特性曲线近于平行等距并且 I_{CEO} 较小的情况下，两者数值接近。常用三极管的 β 值在 20~200。

（2）集-基极反向截止电流 I_{CBO}。由少数载流子的漂移运动所形成的电流，受温度的影响大。I_{CBO} 的大小反映了三极管的热稳定性，其值越小，说明其稳定性越好。

（3）集-射极反向截止电流（穿透电流）I_{CEO}。温度升高，I_{CEO} 增大，所以 I_C 也相应增加。三极管的温度特性较差。

（4）集电极最大允许电流 I_{CM}。集电极电流 I_C 上升会导致三极管的 β 值下降，当 β 值下降到正常值的三分之二时的集电极电流即为 I_{CM}。

（5）集-射极反向击穿电压 $U_{(BR)CEO}$。当集-射极之间的电压 U_{CE} 超过一定的数值时，三极管就会被击穿。手册上给出的数值是 25℃、基极开路时的击穿电压 $U_{(BR)\,CEO}$。

（6）集电极最大允许耗散功耗 P_{CM}。P_{CM} 取决于三极管允许的温升，消耗功率过大、温升过高会烧坏三极管。

$$P_C \leqslant P_{CM} = I_C U_{CE}$$

硅管允许结温约为 150℃，锗管约为 70～90℃。

5. 三极管的检测

对于指针万用表，选择在"R×100"或"R×1k"挡测量，测量时手不要接触引脚。

（1）管脚极性及管型的检测。

1）基极和管型的判断。当黑（红）表笔接触某一极，红（黑）表笔分别接触另两个极时，万用表指示为低阻，则该极为基极，该管为 NPN（PNP）型。

注：硅管的正向电阻约为几千欧，锗管的约为几百欧。正反向电阻差异大，正常。

2）集电极、发射极的判断（以 NPN 型为例）。基极确定后，在基极和假设集电极间接人体电阻，并将黑笔接假设集电极，红表笔接假设发射极，两次假设，测得指针偏转大（即电阻小）的该次假设正确，测量方法如图 1.32 所示。

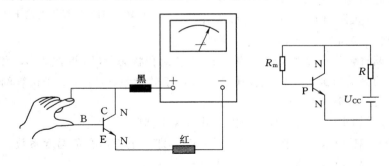

图 1.32 三极管集电极、发射极的判断

（2）性能测试。

1）放大能力的测试。选择"h_{FE}"挡，将被测晶体管的三个引脚分别插入相应的插孔中（TO-3 封装的大功率管，可将其三个电极接出三根引线，再插入插孔）。从表头或显示屏读出该管的电流放大系数 β。

如图 1.33 所示，可能直观地判断三极管放大能力的不同（以 PNP 型管为例）。指针偏转角度越大，则放大能力越强（对应 NPN 型管，互换表笔即可）。

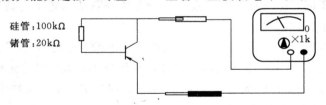

图 1.33 三极管放大能力的比较

2）热稳定性的测试（以 NPN 型管为例）。

①指针式万用表。测 I_{CEO}，即用指针式万用表"R×1k"挡，将黑表笔接集电极，红表笔接发射极，若电阻大，则 I_{CEO} 小，性能稳定。用手捏住管帽，数值变化不大，则热稳定性好。

②数字万用表。在测量管脚极性及管型时，基极用"▸⊢"的位置，即测二极管的挡位，原理及方法与指针式万用表类似。测量集电极、发射极时，选的电阻挡为"20M"位置，其方法与模拟表类似。

6. 三极管的使用

三极管在使用时要满足设备及电路的要求，符合节约原则。具体选择时要符合以下几点要求：

（1）根据电路工作频率确定低频管或高频管。高频率可替低频管，但要注意功率问题，电流系数大的可代替小的，开关管可代替普通管。

（2）根据三极管实际工作的最大集电极电流、管耗及电源电压选择适合的三极管。

（3）β 值大的管子不稳定，受温度影响大。

（4）I_{CEO} 越小越好。

7. 特殊三极管简介

（1）光电三极管。光电三极管也称光敏三极管，能把输入的光信号变成电信号输出。

（2）光耦合器。光耦合器是将发光二极管和光敏元件（光敏电阻、光电二极管、光电三极管、光电池等）组装在一起而形成的二端口器件，其工作原理是以光信号作为媒体将输入的电信号传送给外加负载，实现了电—光—电的传递与转换。光耦合器主要用于高压开关、信号隔离器、电平匹配等电路中，起信号的传输和隔离作用。

1.2.3.4　场效应管

1. 结构及分类

场效应管（Field Effect Transistor，FET）属于电压控制型元件，又利用多数载流子导电，故称单极型元件。其具有输入电阻高、温度稳定性好、功耗小、噪声低、制造工艺简单等特点，所以便于集成。场效应管三个引脚分别表示为 G（栅极）、D（漏极）、S（源极）。

场效应管按照结构可分为结型场效应管（Junction Field Effect Transistor，JFET）和绝缘栅场效应管（Metal Qxide Semiconductor，MQS）。按制造工艺和材料可分为 N 型沟道场效应管和 P 型沟道场效应管。按导电方式可分为耗尽型场效应管和增强型场效应管。

（1）结型场效应管。结型场效应管又分为 N 沟道结型场效应管和 P 沟道结型场效应管。

N 沟道结型场效应管是通过改变 U_{GS} 大小来控制漏极电流 I_D，即体现为压控电流源（Voltage Control Current Source，VCCS）。在栅极和源极之间加反向电压，耗尽层会变宽，导电沟道宽度减小，使沟道本身的电阻值增大，漏极电流 I_D 减小。当在漏极和源极之间加上一个正向电压，N 型半导体中多数载流子电子可以导电，导电沟道是 N 型的，所以称为 N 沟道结型场效应管，如图 1.34（a）所示。

P 沟道结型场效应管是在 P 型硅棒的两侧做成高掺杂的 N 型区，导电沟道为 P 型，多数载流子为空穴。因其导电沟道是 P 型的，所以称为 P 沟道结型场效应管，如图 1.34 (b) 所示。

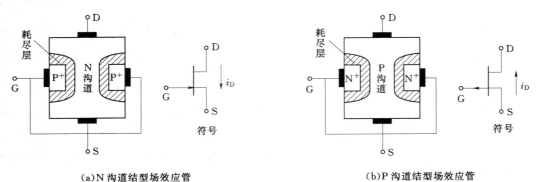

　　(a)N 沟道结型场效应管　　　　　　　　　　(b)P 沟道结型场效应管

图 1.34　结型场效应管结构

　　(2) 绝缘栅场效应管。绝缘栅场效应管是目前应用最广泛的金属-氧化物-半导体绝缘栅场效应管，简称 MQS 管。MQS 管输入电阻高，并且便于集成，是目前发展很快的一种器件。绝缘栅场效应管也有 N 沟道和 P 沟道两种，每一种又分为增强型和耗尽型两种。增强型 N 沟道绝缘栅场效应管如图 1.35 (a) 所示，耗尽型 N 沟道绝缘栅场效应管如图 1.35 (b) 所示。

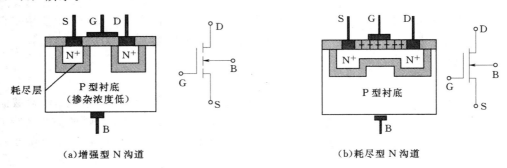

　　(a)增强型 N 沟道　　　　　　　　　　　　(b)耗尽型 N 沟道

图 1.35　绝缘栅场效应管结构

2. 检测

　　(1) 好坏判别。将万用表的量程选择在 "R×1k" 挡，用黑表笔接漏极，红表笔接源极，用手同时触及一下栅极和漏极，场效应管应呈瞬时导通状态，即表针摆向阻值较小的位置，再用手触及一下栅极和源极，场效应管应无反应，即表针回零位置不动。此时应可判断出场效应管为好管。

　　(2) 极性判别。将万用表的量程选择在 "R×1k" 挡，分别测量场效应管三个管脚之间的电阻阻值，若某脚与其他两脚之间的电阻值均为无穷大时，并且再交换表笔后仍为无穷大时，则此脚为栅极，其他两脚为源极和漏极，然后再用万用表测量源极和漏极之间的电阻值一次，交换表笔后再测量一次，其中阻值较小的一次，黑表笔接的是源极，红表笔接的是漏极。

3. 场效应管与晶体管的比较

（1）场效应管是电压控制元件，而晶体管是电流控制元件。在只允许从信号源取较少电流的情况下，应选用场效应管；而在信号电压较低，又允许从信号源取较多电流的条件下，应选用晶体管。

（2）场效应管是利用多数载流子导电，所以称为单极型器件；而晶体管是既有多数载流子，也利用少数载流子导电，被称为双极型器件。

（3）有些场效应管的源极和漏极可以互换使用，栅压也可正可负，灵活性比晶体管好。

（4）场效应管能在很小电流和很低电压的条件下工作，而且它的制造工艺可以很方便地把很多场效应管集成在一块硅片上，因此场效应管适合集成。

项目考核

考核内容包含学习态度（15分）、实践操作（70分）、任务报告（15分）等方面的考核，由指导教师根据学生的表现考评并结合学生自评和互评，既关注了过程性评价，也体现出了结果性评价，各考核内容及分值见表1.9。

表 1.9　　　　　　　　　　　　　项 目 考 评 表

学生姓名		任务完成时间		
项目 1		认识电子电路与电子元器件		
任务名称 考核内容		任务 1.1　识读电子电路图	任务 1.2　识测常用电子元器件	分值
学习态度 （15分）	（1）课堂考勤及上课纪律情况（10分）			
	（2）小组成员分工及团队合作（5分）			
实践操作 （70分）	（1）识读电路图（15分）			
	（2）基本元器件的识别与检测（20分）			
	（3）半导体器件的识别与检测（35分）			
任务报告（15分）				
合计项目评分（分）				
教师评语				

项目总结

本项目通过电子电路图的识别及常用元器件的识别与检测，强调了识图及元件检测的重要性。通过对半导体材料的了解，学习了半导体器件二极管和三极管的结构、工作状态、特性曲线及主要参数，重点要求掌握二极管的单向导电性及三极管的放大作用及特性，并了解参数对二极管和三极管工作的影响。

复 习 思 考 题

1.1 填空题

1. 杂质半导体有_____型和_____型之分。

2. PN结加正向电压，是指电源的正极接_____区，电源的负极接_____区，这种接法称为_____。

3. 硅稳压二极管主要工作在_____区。

4. 二极管的类型按材料分有_____和_____。

5. 半导体中的多数载流子主要由_____决定，它与_____无关；而少数载流子与_____有很大的依赖关系。

6. PN结具有_____导电性。

7. 加在二极管两端的_____和_____之间的关系，称为二极管的伏安特性。

8. 三极管的_____电流等于_____与_____电流之和。

1.2 选择题

1. 当温度升高时，本征半导体中自由电子和空穴的数量将（　　）。

A. 增加　　　　B. 减少　　　　　C. 不变　　　　　D. 随机变化

2. 在空间电荷区靠近P区一侧的是（　　）。

A. 室穴　　　　B. 自由电子　　　C. 正离子　　　　D. 负离子

3. 常温下，硅二极管在较大正向电流下的管压降约为（　　）。

A. 0.2V　　　　B. 0.1V　　　　　C. 0.7V　　　　　D. 0.5V

4. 将两只稳压值不同的稳压二极管用不同的方式串联起来，可组成的稳压值有（　　）。

A. 一种　　　　B. 两种　　　　　C. 三种　　　　　D. 四种

5. 用数字万用表的"h_{FE}"挡检测发光二极管的好坏时，若发光管正常发光，则正、负极一定是插入了NPN插座的（　　）。

A. C、B插孔　　B. B、E插孔　　C. C、E插孔　　D. E、C插孔

6. 决定发光二极管发光亮度的主要因素是（　　）。

A. 半导体材料　　B. 封装材料　　C. 导通压降　　D. 正向电流

7. 当温度为20℃时测得某二极管的正向电压 $U_D = 0.7V$。若其他参数不变，当温度上升到40℃时，则 U_D 的大小将（　　）。

A. 等于0.7V　　B. 大于0.7V　　C. 小于0.7V　　D. 随机变化

8. 温度升高后，二极管的反向电流将（　　）。

A. 增大　　　　B. 减小　　　　　C. 不变　　　　　D. 锗管减小，硅管增大

1.3 判断题

1. P型半导体是在本征半导体中掺入正五价杂质获得的。（　　）

2. 当外加反向电压增加时，PN结的结电容将会减小。（　　）

3. 稳压二极管只要加上反向电压就能起到稳压作用。（　　）

4. 用指针式万用表测二极管正、反向电阻，在阻值小的一次测量中红表笔接的是二极管正极。 （　）

5. 在结构上，三极管是由两个背靠背的 PN 结组成的，因此，可以用两个背靠背的二极管来代替它使用。 （　）

6. 温度升高时，三极管的电流放大系数 β 将减小。 （　）

7. 三极管的发射极电流为 1mA，基极电流为 $20\mu A$，穿透电流为 0，则集电极电流为 0.98mA。 （　）

8. 三极管的发射极电流等于 1mA，基极电流等于 $20\mu A$，穿透电流等于 0，则其电流放大系数为 49。 （　）

9. 三极管和场效应管均属于电流控制器件。 （　）

10. P 型半导体的多数载流子是空穴，因此 P 型半导体带正电。 （　）

1.4　单色发光二极管的两根引脚不一般长，试问：长引脚与短引脚，哪一个为二极管的正极？

1.5　光电二极管在电路中使用时，是正向连接还是反向连接？

1.6　设二极管为理想的，分析图 1.36 所示电路的二极管是否导通，并求出输出电压 $U_{\circ}$ 等于多少？

1.7　在如图 1.37 所示的发光二极管的应用电路中，若输入电压 $U_i=1.0V$，试问发光二极管是否发光，为什么？

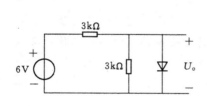

图 1.36　题 1.6 电路

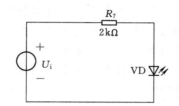

图 1.37　题 1.7 电路

项目2　设计和制作直流稳压电源

📖 **教学引导**

教学目标：

1. 了解由交流电向直流电转化的过程，区分交流电与直流电。

2. 了解几种不同的整流电路、滤波电路和稳压电路。

3. 掌握直流稳压电源电路的使用。

能力目标：

1. 能够进行元器件特性测试和焊接。

2. 能够完成小型实用的直流稳压电源的组装、测量。

3. 能够用常用仪器仪表测试电路。

4. 能够写出直流稳压电源组装测试报告。

知识目标：

1. 理解直流稳压电源的组成及各部分的作用。

2. 能够分析整流、滤波电路的工作情况，估算输出电压的平均值。

3. 学会三端稳压器的使用方法，能够分析开关型稳压电路的工作情况。

4. 掌握直流稳压电源电路的调整与测试方法。

教学组织模式：

自主学习，分组教学。

教学方法：

小组讨论，演示教学。

建议学时：

20 学时。

任务 2.1　制作和测试单相整流滤波电路

任务内容

用二极管、电阻、电容、开关和若干导线制作单相整流滤波电路，并用相关仪器仪表完成电路测试。

任务目标

掌握二极管的单相导电性，电容的滤波作用。能够使用整流二极管和电容搭建单相桥式整流滤波电路,并使用示波器观察输入输出波形。

任务分析

直流稳压电源是所有电子产品提供能源的设备。本次任务就直流稳压电源中的整流和滤波部分进行设计和制作,根据需要合理地选择整流二极管和滤波电容。

任务实施

1. 识读电路图

认真观察图 2.1 所示的单相整流滤波电路,了解该电路的电路结构及元器件种类。

2. 学习整流、滤波电路的基础知识

(1) 整流电路的组成、类型、工作原理。

(2) 滤波电路的组成、类型、工作原理。

3. 学习示波器、信号发生器和电子毫伏表的使用

(1) 将电子毫伏表、示波器、信号发生器相连,要求各仪器的接地端子连接在一起。

(2) 仪器通电预热。

(3) 调节示波器面板上的"辉度、聚集、水平位移、垂直位移"等旋钮至合适位置。

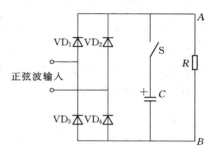

图 2.1 单相整流滤波电路

(4) 测量示波器的校准信号。将示波器输入探头接至校正输出"CAL OUT"端,"VOLTS/DIV"和"TIME/DIV"的微调旋钮置于基准位置,观察并测量显示屏上的方波电压幅值和周期。将测量结果记入表 2.1 中。

表 2.1 校 准 信 号 的 测 量

示波器旋钮位置	挡级	格数 V_{p-p}	测量值	备注
V/div				
t/div				
频率/Hz				

(5) 用示波器测量信号发生器输出波形。

1) 观察正弦波波形。调节信号发生器,在示波器上显示出一个频率为 5kHz 、电压值为 5V (有效值,以下同) 的正弦电压波形,并调节有关旋钮,使在屏幕上显示出大小和周期数不同的波形,按要求将有关旋钮所置挡位记入表 2.2 中。

表 2.2 观 察 电 压 波 形

显示要求	V/div	t/div
一周期、峰峰值刻度约 8 格		
二周期、峰峰值刻度约 4 格		

2) 测量正弦波信号。调节信号发生器,在示波器上显示表 2.3 所要求的正弦波信号,然后用电子毫伏表测量相关信号的有效值,按要求将测量结果填入表 2.3 中。

表 2.3   **正 弦 波 信 号 的 测 量**

正弦波信号	有效值/V		5	1
	最大值/V			
	频率/Hz		250	1000
	周期/ms			
示波器显示	V/div	挡级		
		格数 V_{p-p}		
	t/div	挡级		
		格数（一周）		
有效值/V				

4. 检测元件

查阅电子手册或网络资源，记录图 2.1 中所选电子元器件的图形符号、文字符号等内容，并将所测参数填入表 2.4 中。

表 2.4   **电 子 元 器 件 表**

序号	元件名称	图形符号	文字符号	型号	标称参数	实际参数	功能
1							
2							
3							
4							

5. 制作电路

（1）安装元件。将相关元器件的引线成型，然后按照相对应的位置规范地安装到电路板上。

（2）焊接电路。将元器件依次焊接，要求每一个焊接点都有一定的机械强度和良好的电气性能。

（3）焊接检查。检查焊点，看是否出现虚焊和漏焊；检查桥式整流电路的四个二极管及滤波电容的极性是否焊接正确。

6. 测试电路

（1）按图接线。打开仿真软件 Multisim，按图 2.1 所示连接电路，仿真电路如图 2.2 所示。

（2）设置输入信号。用信号发生器产生大小为 10V、频率为 50Hz 的正弦交流输入信号，接入到电路的输入端。

（3）观测输入和输出波形。

1）接通仿真开关，并打开图中所示"Key"键，显示的单相桥式整流电路的波形如图 2.3 所示。

2）闭合图中所示"Key"键，显示的单相整流滤波电路的波形如图 2.4 所示。

3）记录仿真测试结果，填入表 2.5 中。

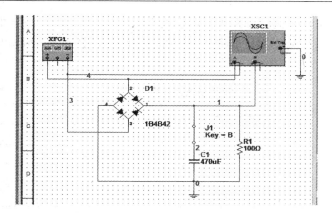

图 2.2 单相整流滤波电路仿真图

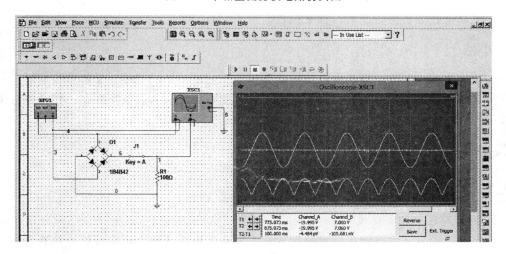

图 2.3 单相桥式整流电路仿真图

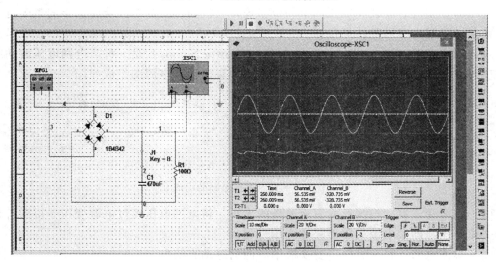

图 2.4 单相整流滤波电路仿真图

（4）测试实际电路。用信号发生器产生大小为 10V、频率为 50Hz 的正弦交流输入信号，接入到电路的输入端。并分别将开关 S 打开和闭合，测量输入和输出的值，并将结果填入表 2.5 中。

表 2.5　　　　　　　　　　　　单相整波滤波电路测试表

项目	开关状态	U_i/V	U_o/V
仿真值	开关打开	大小 10V、频率 50Hz	
	开关闭合	大小 10V、频率 50Hz	
测量值	开关打开		
	开关闭合		

7. 编写任务报告

根据以上任务实施情况编写任务报告。

任务小结

利用仿真平台，完成整流电路的连接与输入、输出波形的观察，了解整流前后信号变化情况。在整流电路的基础上添加滤波元件，继续观察滤波后的波形变化，使学生对由交流信号向直流信号变化过程有一个清晰的了解。

相关知识

2.1.1　直流稳压电源的组成及性能指标

1. 直流稳压电源的组成

几乎所有的电子设备都需要有稳定的直流电源供电，获取直流电源的方法有许多，这里介绍最实用的一种，就是由交流电压经转换而得到直流稳压电源。这个转换过程要通过电源变压器、整流、滤波和稳压四个环节实现。直流稳压电源的性能直接影响整个电子设备的精度、稳定性和可靠性等指标。

直流稳压电源（Direct Current Regulated Power Supply）是一种当电网电压波动或负载改变时，能将输出电压维持基本稳定的电路。直流稳压电源的组成如图 2.5 所示。

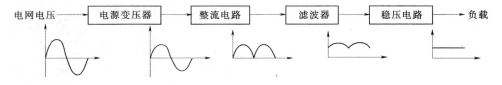

图 2.5　直流稳压电源的组成

（1）电源变压器。根据所需直流电压的大小，将电网电压经过电源变压器得到符合要求的交流电压，即用电源变压器完成降压过程。

（2）整流电路。将交流电压变换成单方向的脉动直流电。

（3）滤波器。用来滤除整流后单向脉动直流电中的交流成分，使输出电压成为比较平滑的直流电压。

（4）稳压电路。使输出的直流电压保持稳定，不受电网电压波动、负载及温度的变化而变化。

2. 直流稳压电源的性能指标

稳压电源的性能指标分为两种：一种是特性指标，主要用来说明输出直流电压和电流的大小；另一种是质量指标，用来衡量输出直流电压的稳定程度。

（1）特性指标。指允许的输入电压 U_i、输出电压 U_o、输出电流 I_o 及输出电压的调节范围。

（2）质量指标。

1）稳压系数 Sr。是指在负载 R_L 和环境温度 T 不变时，稳压电路输出电压的相对变化量与输入电压的相对变化量之比，即

$$Sr=\frac{\Delta U_o/U_o}{\Delta U_i/U_i}\bigg| R_L=常数,\Delta T=0 \qquad (2.1)$$

该指标反映了电网电压对输出电压稳定性的影响，Sr 越小，输出电压受电网电压波动的影响越小，输出电压越稳定。

2）输出电阻 r_o。是在输入电压 U_i 和环境温度 T 不变时，输出电压的变化量与输出电流的变化量之比，即

$$r_o=\frac{\Delta U_o}{\Delta I_o}\bigg| \Delta U_i=0,\Delta T=0 \qquad (2.2)$$

该指标反映了负载变化对输出电压稳定性的影响，r_o 越小，负载变化对输出电压稳定性的影响越小，带负载能力越强，输出电压越稳定。

2.1.2　整流电路

1. 整流电路的作用及分类

整流电路是构成直流稳压电源的最重要环节，它利用整流二极管的单相导电性能，将正负交替变化的交流电变成单方向的脉动直流电，这一过程称为整流。常用的整流电路有半波整流、全波整流、桥式整流和倍压整流。

2. 单相半波整流电路

（1）电路组成。单相半波整流电路如图 2.6 所示。电路由变压器二次侧绕组、整流二极管 VD 和负载 R_L 组成。u_2 为变压器二次电压，U_2 为变压器二次侧的交流电压有效值。

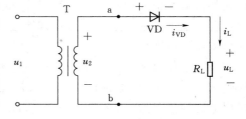

图 2.6　单相半波整流电路

（2）工作原理。在交流电压 u_2 正半周时，a 正 b 负，二极管 VD 正偏导通，产生电流 a→VD→R_L→b。若忽略二极管正向电压，则负载电压等于变压器二次电压。

在交流电压 u_2 负半周时，a 负 b 正，二极管 VD 反向偏置截止，因此负载电流和电压均为零。此时，二极管两端承受一个反向电压，即 $u_{VD}=u_2$。

单相半波整流电路中各处的波形分析如图 2.7 所示。这种电路利用二极管的单向导电

性，使电源电压的半个周期有电流通过负载，称为单相半波整流电路。

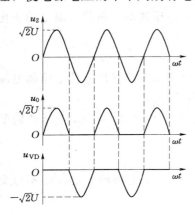

图 2.7 单相半波整流波形图

一个周期内，负载 R_L 上得到单方向的脉动直流电（大小变化、方向不变），两端的电压只有半个周期的正弦波，电压波动大，电源利用率低。

（3）负载上的直流电压和电流的估算。直流电压是指一个周期内脉动电压的平均值。半波整流电路为

$$U_L = \frac{1}{2\pi}\int_0^{2\pi} u_2 \mathrm{d}(\omega t) = \frac{1}{2\pi}\int_0^{\pi} \sqrt{2}U_2 \sin\omega t \, \mathrm{d}(\omega t)$$

$$= \frac{2\sqrt{2}}{2\pi}U_2 \approx 0.45U_2 \tag{2.3}$$

负载的电流平均值为

$$I_L = I_{VD} \approx \frac{U_L}{R_L} \approx 0.45\frac{U_2}{R_L} \tag{2.4}$$

式中：I_{VD} 为流过二极管的平均电流，在负半周时，二极管所承受的最高反向电压为

$$U_{RM} = \sqrt{2}U_2 \tag{2.5}$$

（4）二极管的选择。在半波整流电路中，流经二极管的电流 I_{VD}（平均值）等于流过负载的电流，故选用二极管要求

$$I_F \geqslant I_{VD} = I_L \tag{2.6}$$

$$U_{RM} \geqslant \sqrt{2}U_2 \tag{2.7}$$

根据 I_F 和 U_{RM} 的计算值，查阅有关半导体器件手册选用合适的二极管型号使其定额大于计算值。

3. 单相桥式整流电路

（1）电路组成。为了克服半波整流电路的缺点，常采用单相桥式整流电路，如图 2.8 所示。桥式整流电路中的四只二极管可以是四只分立的二极管，也可以是一个内部装有四个二极管的桥式整流器（桥堆）。

（2）工作原理。在交流电压 u_2 正半周时，二极管 VD_1、VD_3 正向导通，VD_2、VD_4 截止；正半周电流的流向为：$a \rightarrow VD_1 \rightarrow R_L \rightarrow VD_3 \rightarrow b$。

在交流电压 u_2 负半周时，二极管 VD_2、VD_4 正向导通，VD_1、VD_3 反向截止，负半周的电流的流向为：$b \rightarrow VD_2 \rightarrow R_L \rightarrow VD_4 \rightarrow a$。

所以，无论是正半周还是负半周，流经负载的都是自上而下，方向一致。单相桥式整流电路中各处的波形如图 2.9 所示。

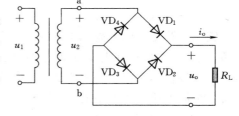
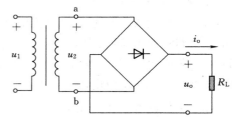

图 2.8 单相桥式整流电路

（3）负载上直流电压和电流的估算。由图 2.9 可知，桥式整流输出电压波形的面积是

半波整流时的两倍。所以输出的直流电压也是半波时的两倍，即

$$U_L \approx 0.9 U_2 \qquad (2.8)$$

负载的电流为

$$I_L \approx 0.9 \frac{U_2}{R_L} \qquad (2.9)$$

（4）整流二极管的选择。在桥式整流电路中，流经二极管的电流 I_{VD}（平均值）等于流过负载电流的一半，故选用二极管要求

$$I_F \geqslant I_{VD} = \frac{I_L}{2} \qquad (2.10)$$

二极管的最大反向电压如图 2.9 所示，在 u_2 正半周时，VD_1、VD_3 导通，将 u_2 并接到反向截止的 VD_2、VD_4 两端，使反向截止的管承受的反向峰值电压为

$$U_{RM} \geqslant U_{DM} = \sqrt{2} U_2 \qquad (2.11)$$

【例 2.1】 已知负载电阻 $R_L = 100\Omega$，负载电压 $U_L = 110V$。现采用单相桥式整流电路，试选择整流二极管的型号和电源变压器二次电压的有效值 U_2。

解：（1）负载电流为

$$I_L = \frac{U_L}{R_L} = \frac{110}{100} = 1.1(A)$$

（2）每只二极管通过的平均电流为

$$I_{VD} = \frac{1}{2} I_L = 0.55(A)$$

（3）变压器二次电压的有效值为

$$U_2 = \frac{U_L}{0.9} = \frac{110}{0.9} = 122(V)$$

$$U_{RM} \geqslant \sqrt{2} U_2 = \sqrt{2} \times 122 = 172.5(V)$$

根据以上的计算结果，可选用 1N4004 二极管或选用 3N 系列硅整流桥堆 N249，其最大整流电流为 1A，最大反向工作电压为 400V。

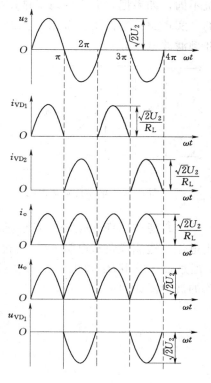

图 2.9　单相桥式整流电路波形图

2.1.3　滤波电路

1. 滤波电路的作用及分类

单相半波和桥式整流电路的输出电压中都含有较大的脉动成分，除了在一些特殊场合（如电镀电解和充电电路）可以直接应用外，一般都不能直接作为电子电路的电源，必须采取措施减小输出电压中的交流成分，使输出电压接近理想的直流电压。这种措施就是采用滤波电路。

构成滤波电路的主要元件是电容和电感。由于电容和电感对交流电和直流电呈现的电

抗不同，如果把它们合理地安排在电路中，就可以达到减小交流成分、保留直流成分的目的，实现滤波的作用。常用的滤波电路有电容滤波电路、电感滤波电路、LC 滤波电路、Ⅱ型滤波电路等。

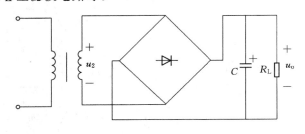

图 2.10　单相桥式整流电容滤波电路

2. 电容滤波电路

如图 2.10 所示为单相桥式整流电容滤波电路。滤波电容容量大，因此一般采用电解电容，在接线时要注意电解电容的正、负极性。电容滤波电路利用电容的充、放电作业，使输出电压由原来整流后的脉动直流电趋于平滑的曲线。

（1）滤波原理。u_2 经桥式整流滤波电路后输出，当数值大于电容两端电压 u_C 时，输出电流一边流经负载电阻 R_L，一边向电容 C 充电。当数值小于电容两端电压 u_C 时，电容 C 通过负载电阻 R_L 放电，u_C 按指数规律缓慢下降。重复上述过程。单相桥式整流滤波电路的波形图如图 2.11 所示。

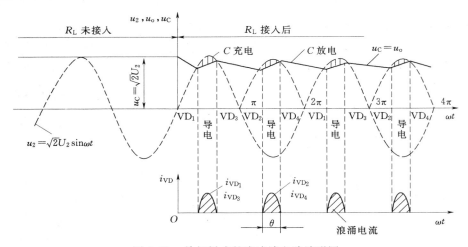

图 2.11　单相桥式整流滤波电路波形图

电容 C 越大，负载电阻 R_L 越大，滤波后输出电压越平滑，并且其平均值越大。

（2）输出直流电压和负载电流的估算。由上述可见，电容放电时间常数为 $\tau = R_L C$，即输出电压的大小与脉动程度、负载电阻直接相关。若 R_L 开路，即输出电流为零，电容 C 无放电通路，一直保持最大充电电压；若 R_L 很小，放电时间常数很小，输出电压几乎与没有滤波时一样。

在工程上，输出直流电压的估算公式为

$$U_o \approx 1.2 U_2（桥式、全波） \tag{2.12}$$

$$U_o \approx U_2（半波） \tag{2.13}$$

估算负载电流的公式为

$$I_o \approx U_o / R_L \tag{2.14}$$

电容滤波电路结构简单、输出电压高、脉动小。但在接通电源的瞬间，将产生很大的充电电流，这种电流称为浪涌电流，同时，因负载电流太大，电容器放电的速度加快，会使负载电压变得不够平稳，所以电容滤波电路只适用于负载变动不大、电流较小的场合。

　　（3）滤波电容的选择。经过桥式整流以后的脉动直流电，波动范围大。后面一般用大小两个电容来进行滤波，因为电容的电压是不能突变的，大电容用来稳定输出，使输出平滑；小电容与大电容并联对地，用来滤除高频干扰，使输出电压更纯净。

　　容量的选择：

　　1）大电容，负载越重，吸收电流的能力越强，所以大电容的容量就要越大。

　　2）小电容，一般取 $0.1\mu F$ 即可。

　　滤波电容的选用原则经实践证明是

$$C \geqslant \frac{(3\sim5)T}{2R_L} \tag{2.15}$$

式中：C 为滤波电容，μF；T 为交流电压周期，s；R_L 为负载电阻，Ω。另外，滤波电容型号的选定应查阅有关元件手册，并取电容的系列标称值。

　　3. 电感滤波电路

　　如图 2.12 所示为桥式整流电感滤波电路图及波形图。滤波元件电感 L 串联在负载 R_L 之间（电感滤波一般不与半波整流搭配）。其滤波原理可用电磁感应原理来解释。当电感中通过交变电流时，电感两端便产生出一反电势阻碍电流变化：当电流增大时，反电势会阻碍电流的增大，并将一部分能量以磁场能量存储起来；当电流减小时，反电势阻碍电流的减小，电感释放出储存的能量。这就大大减小了输出电流的变化，使其变得平滑，达到滤波目的。

　　电感滤波原理也可以解释为：因为电感对交、直流分量的感抗不一样，直流分量经过电感后的损失很小，而交流阻抗很大，使交流电被阻碍，从而降低了输出电压中的脉动成分。因此，负载 R_L 上得到了较为平滑的直流电压。忽略电感 L 上的直流压降，负载 R_L 上的输出电压为 $U_o=0.9U_2$。

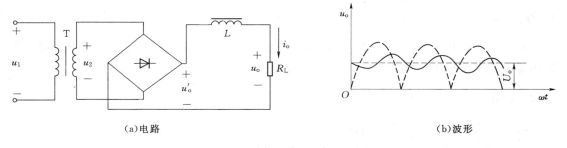

(a)电路　　　　　　　　　　　　　　　　(b)波形

图 2.12　桥式整流电感滤波电路及其波形

　　与电容滤波相比，电感滤波适用于负载电流比较大且变化比较大的场合。不足点是电感体积大、成本高，有电磁干扰。

　　4. 复式滤波电路

　　（1）LC 滤波电路。采用单一的电容或电感滤波时，电路虽然简单，但滤波效果欠佳，大多数场合要求滤波效果好，则把两种滤波方式结合起来，组成LC滤波电路，如图2.13所示。

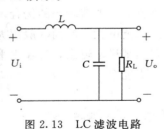

图 2.13　LC 滤波电路

与单一的电容滤波相比，LC滤波电路的优点是：外特性比较好，负载对输出电压影响小，电感元件限制了电流的脉动峰值，减小了对整流二极管的冲击。该电路适用于电流较大，要求电压脉动较小的场合。

LC滤波电路的直流输出电压平均值和电感滤波电路一样，为 $U_o = 0.9U_2$。

（2）Ⅱ型滤波电路。为了进一步减小输出的脉动成分，可在LC滤波电路的输入端增加一个滤波电容，就组成了LC-Ⅱ型滤波电路，如图2.14所示。这种滤波电路的输出电流波形更加平滑，适当地选择电路参数，输出电压也可以达到 $U_o = 1.2U_2$。

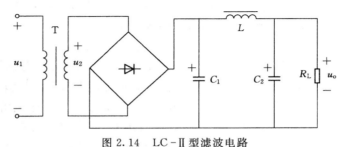

图 2.14　LC-Ⅱ型滤波电路

当负载 R_L 较大，负载电流较小时，可用电阻代替电感，组成 RC-Ⅱ型滤波电路。这种滤波电路体积小、质量轻，所以得到广泛使用。

任务 2.2　设计和制作直流稳压电源

任务内容

用二极管、集成稳压块、电容、电阻等元件设计和制作分别具有正、负两种固定电压输出的小型直流稳压电源。

任务目标

（1）学会制作小型实用的直流稳压电源。
（2）理解直流稳压电源的组成和各部分功能作用。
（3）掌握直流稳压电源的测试方法。

任务分析

语音放大电路的每一部分要正常工作都离不开直流稳压电源。实际上，凡是电子设备都必须有直流电源才能正常工作。电源提供电压电流，才能驱动其他器件工作起来。在实际应用中，直流稳压电源的作用就是将交流电转变为直流电并采取稳压措施来获得电子设备所需要的直流电压。

正弦交流电是一个大小和方向都随时间改变的信号，如何将它转换成一个大小和方向都不随时间改变的直流信号，就必须掌握直流稳压电源电路的各部分组成及功能。这样才能理解在每个功能部分信号做什么变化，才能设计出合理的电路。本任务要求设计输出为两种固定的电压的小型直流稳压电源，可考虑由电源变压器、整流滤波电路和稳压电路构成。两组电压分别考虑在三端稳压的输入端取一种电压信号，只要滤波电容取得大些，输出的电压则相对稳定；另一组电压则经过三端稳压输出，为直流稳压输出。

任务实施

1. 识读电路图

（1）认真观察如图 2.15 所示的直流稳压电源电路图，识读图中电子元器件的图形符号和作用。

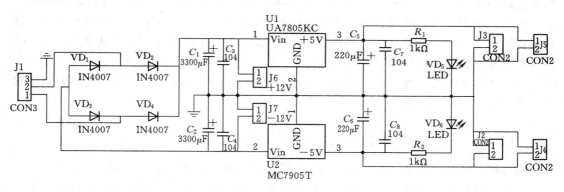

图 2.15　直流稳压电源电路

（2）分析电路的结构组成。语音放大器中的功率放大电路中需要一组对称正负电源，这个电源可以在滤波后获取，如图 2.15 所示。前置电路中所需的电源则从稳压后的输出端获取。电路的输入信号接至变压器降压，根据最后所得的直流电压值的大小选择合适的变压器。整流部分采用的是桥式整流电路，滤波部分采用电容滤波，稳压部分采用固定式输出三端集成稳压器 W7805 和 W7905。

2. 学习直流稳压电源的基础知识

（1）熟悉直流稳压电源的基本结构。

（2）掌握三端集成稳压块的特性及应用。

（3）掌握直流稳压电源的工作原理及计算。

3. 设计电路

由于要求输出正、负两种固定电压，一组可设计为输出±12V，另一组为输出±5V。

（1）选择三端稳压器。为了提高语音放大电路信号放大质量，提高信噪比，将前置部分和功率放大部分分别由两个独立的直流电源来供电。功率放大电路本身对电源电压变化不敏感，只要电源电压足够高就可以，一般不需要稳压的环节，整流后采用大电容滤波即可。所以，在大电容滤波后接入两个输出端口，设法在这两个输出端口采集电压在±12V左右的直流电压，±5V 则经过三端集成稳压块输出。

结合电流要求最大输出为 300mA，由此可考虑选择 W7805 和 W7905，最大电流均为1.5A，输出电压分别为 +5V 和 -5V。

（2）选择滤波电容。当滤波电容偏小时，滤波器输出电压脉动系数大；而偏大时，整流二极管导通角 θ 偏小，整流管峰值电流增大。不仅对整流二极管参数要求高，而且整流电流波形与正弦电压波形偏离大，谐波失真严重，功率因数低，所以电容的取值应当有一个范围。

由于在滤波电容后需要 ±12V 的输出，当输出负载电流为 1A 时，则由欧姆定律可估算出整流滤波电路的等效负载电阻 $R_{\rm L}'$ 约为 12Ω，则可以根据滤波电容的计算公式

$$C \geqslant \frac{(3\sim5)T}{2R_{\rm L}'}$$

估算出滤波电容的取值范围。当在电路频率为 50Hz 的情况下，T 为 20ms，则电容的取值范围为 2500～4167μF，则可以取标称值为 3300μF，耐压值为 35V 的铝电解电容。

另外，由于实际电阻或电路中可能存在寄生电感和寄生电容等因素，电路中极有可能产生高频信号，所以需要一个小的陶瓷电容来滤去这些高频信号。可以选择一个 0.1μF的陶瓷电容来改善负载的瞬态响应。

（3）选择电源变压器。由于桥式整流滤波电路的输出电压约为 12V，且电容取值较大，电源变压器的二次电压

$$U_2 = \frac{U_{\rm i}}{1.2\sim1.4} = \frac{12}{1.2\sim1.4} = 10\sim8.6(\text{V})$$

则可取二次侧输出电压为 9V。即选择变比为 220V/9V 的电源变压器。

（4）选择整流二极管。按最大输出电流 1A 考虑，则二极管正向平均电流可估算为

$$I_{\rm F} \geqslant 500\text{mA}$$

最大反向电压为

$$U_{\rm RM} \geqslant \sqrt{2}U_2$$

则可以选择硅整流二极管 IN4001，其额定正向整流电流为 1A，反向工作峰值电压为50V，满足电路要求。亦可选择硅整流二极管 IN4007，反向工作峰值电压较高。

4．检测元件

查阅电子手册或网络资源，记录图 2.15 中所选电子元器件的图形符号、文字符号等内容，并将所测参数填入表 2.6 中。

表 2.6　　　　　　　　电 子 元 器 件 表

序号	元件名称	图形符号	文字符号	型号	标称参数	实际参数	功能
1							
2							
3							
4							
5							

5. 制作电路

（1）安装元件。将相关元器件的引线成型，然后按照相对应的位置规范地安装到电路板上。

（2）焊接电路。将元器件依次焊接，要求每一个焊接点都有一定的机械强度和良好的电气性能。

（3）焊接检查。检查焊点，看是否出现虚焊和漏焊；检查三端集成稳压器、电解电容和二极管的管脚是否焊接正确。

6. 调试电路

（1）按图接线。打开仿真软件 Multisim，连接仿真电路如图 2.16 所示。

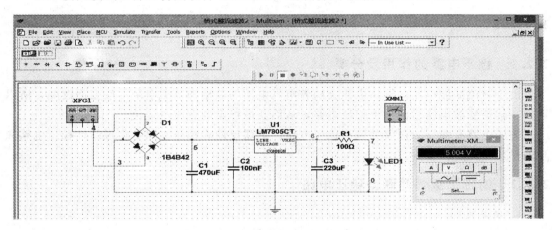

图 2.16　集成稳压器的基本应用电路

（2）用信号发生器产生大小为 9V、频率为 50Hz 的正弦交流输入信号，接入到电路的输入端。打开仿真开关，测量相关电压并填入表 2.7 中。

（3）实际电路测试。按图 2.15 所示连接电路，用信号发生器产生大小为 18V、频率为 50Hz 的正弦输入信号，接入到电路的输入端，测量相关电压并填入表 2.7 中。

表 2.7　　　　　　　　　　　　集成稳压器应用电路测试表

项目	U_i/V	$U_{i'}$/V（整流滤波后）	U_o/V（稳压后）
仿真值	大小 9V、频率 50Hz		
测量值	大小 18V、频率 50Hz		
说明	可直接接变压器，则 U_i 值需测量		

注：如果电路出现故障，要学会故障诊断与处理方法。例如，电路通电后观察无异常，用万用表测量输出电压却无输出，可采用逐级检查的方法逐步确定故障部位：

1）用万用表（交流电压挡）测量变压器二次侧有无电压，若没有电压，则往前检查变压器有无输出。

2）变压器二次侧若有电压，则测量整流滤波输出电压（直流电压挡），若无，则故障应在整流部分。

　　3）整流滤波输出电压若有，则检查集成线性稳压电路，直至确定故障点。

　　7. 编写任务报告

　　根据以上任务实施情况编写任务报告。

任务小结

　　利用仿真平台，完成三端集成稳压电路的连接与相关信号点的测量，可以了解经整流滤波、稳压后信号的变化情况。通过实际电路的连接和测试，不仅提高了元件检测、装配和测试电路的能力，也有利于熟悉直流稳压电源的结构和各个组成部分的功能。

相关知识

2.2.1　稳压电路的作用及分类

　　由于整流滤波电路的输出电压会随着电网电压的波动和负载电阻的改变而改变，所以需要在整流滤波电路后面加上稳压电路，从而获取稳定的直流电压值。

　　稳压电路有稳压二极管并联型稳压电路、串联反馈式稳压电路、集成线性稳压电路和开关稳压电路等许多种。

2.2.2　稳压二极管并联型稳压电路

　　1. 电路结构

　　由稳压二极管和限流电阻 R 构成并联型稳压电路，如图 2.17 所示，输入电压 U_i 是整流滤波后的直流电压，稳压二极管 VD_Z 和负载 R_L 是并联关系，故称并联型稳压电路。

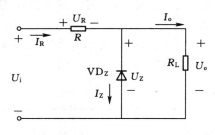

图 2.17　稳压二极管并联型稳压电路

图中稳压二极管 VD_Z 应加反向电压，电阻 R 的作用是限流和分压，它是稳压电路必不可少的组成元件，限流电阻 R 和负载 R_L 是串联关系，输出电压 U_o 就是稳压二极管的稳定电压 U_Z。

　　该电路输出的电压受稳压二极管稳压值的限制，不能任意调节，输出功率小，一般只适用于电压固定、负载电路较小的场合，常用作基准电压源。

　　2. 原理分析

　　从两个方面来分析稳压二极管的稳压原理：一是当电网电压波动时，输出电压是否稳定；二是当负载发生改变时，其输出电压是否稳定。

　　（1）负载不变，电网电压波动。当电网电压升高时，稳压电路的输入电压 U_i 随之升高，必将引起输出电压 U_o（U_Z）的升高，根据稳压二极管的伏安特性，U_Z 增大就会使流过稳压二极管的电流急剧增加，这将导致限流电阻 R 上的压降增加，从而使负载两端的输出电压下降。可见稳压二极管是利用其电流的剧烈变化通过限流电阻转化为压降的变化来吸收输入电压 U_i 的变化，从而维持输出电压 U_o 的稳定。

（2）输入电压不变，负载变化。若负载电阻 R_L 减小，会造成输出电流 I_o 和 I_R 的增大，引起输出电压 U_o 的减小。此时将导致稳压二极管中电流 I_Z 急剧减小，限流电阻 R 上的压降也将减小，从而使输出电压 U_o 提高，维持了输出电压 U_o 的稳定。

以上分析表明，限流电阻的作用不仅是保护稳压二极管，还起着调整电压的作用。正是稳压二极管和限流电阻的互相配合，才完成了稳压的过程。

3. 稳压二极管限流电阻的选择

（1）稳压二极管的选择。选择稳压二极管通常根据稳压电路的输出电压值 U_o 和负载的最大电流 I_{omax} 两方面来考虑。一般取

$$U_Z = U_o \tag{2.16}$$

$$I_{ZM} = (2 \sim 3)I_{omax} \tag{2.17}$$

（2）限流电阻的选择。限流电阻的主要作用是当电网电压波动和负载电阻变化时，使稳压二极管始终工作在其工作区内，即

$$I_{Zmin} \leqslant I_Z \leqslant I_{Zmax}$$

因为

$$I_Z = \frac{U_i - U_Z}{R} - \frac{U_Z}{R_L}$$

所以，限流电阻的取值范围为

$$\frac{U_{imax} - U_Z}{I_{Zmax} + I_{Lmin}} < R < \frac{U_{imin} - U_Z}{I_{Zmin} + I_{Lmax}} \tag{2.18}$$

稳压二极管用于稳压时，稳定电压不可调整。

2.2.3　串联反馈式稳压电路

1. 电路组成

串联反馈式稳压电路的原理电路如图 2.18 所示，主要由四个部分组成：取样电路、基准电压、比较放大及调整电路。

取样电路由 R_2 和电位器 R_1 构成，将输出电压 U_o 按一定比例取出部分电压加到比较放大器的反相输入端。调节 R_1 可改变取样电压的大小。

基准电压由稳压二极管 VD_Z 和 R_3 组成。

比较放大由集成运算放大组成。

调整电路由三极管 VT 组成。

2. 稳压原理

当电网电压变化或负载变化将引起输出电压的变化，而输出电压的变化量由取样电路分压后反馈到比

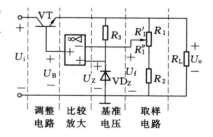

图 2.18　串联反馈式稳压电路

较放大器，再与基准电压比较，比较后得到的误差电压经放大器放大，最后去控制调整管 VT 的集-射极之间电压降，因调整管 VT 与负载 R_L 串联，所以输出电压 $U_o = U_i - U_{CE}$，调整 U_{CE} 从而达到稳定输出电压的目的。

总之，串联反馈式稳压电路利用输出电压的变化来控制调整管 U_{CE} 的变化，从而实现自动稳压。从反馈放大器的角度来看，它实质上是一个电压串联负反馈电路，因而这种电

路能稳定输出电压。

3. 输出电压的调节

串联反馈式稳压电路如图2.18所示，因为

$$U_- = \frac{R_1'' + R_2}{R_1 + R_2} U_0, \text{且} U_- = U_+ = U_z$$

所以忽略 U_{BE} 的数值，则

$$U_o = U_B - U_{BE}$$

$$\approx \left(1 + \frac{R_1'}{R_1'' + R_2}\right) U_z \qquad (2.19)$$

从式（2.19）中可以看出，调节电位器 R_1 可调节输出电压 U_o 的大小。当 R_1 的滑动端移至最上端时，输出电压最小。

$$U_{omin} = U_z \qquad (2.20)$$

同理，当 R_1 滑动端移到最下端时，输出电压最大，可得

$$U_{omax} = \left(1 + \frac{R_1}{R_2}\right) U_z \qquad (2.21)$$

在图2.18所示电路中，调整管是单管，但在实际电路中，调整管不一定是单管，常常用复合管来做调整管。因为调整管承担了全部负载电流，这样可以在负载电流很大的情况下，减轻比较放大器的负载。同时，复合管的 β 大，可减小稳压电路的输出电阻，提高稳压电路的稳压性能。

串联反馈式稳压电路的优点是：输出电压可调，稳压效果较好。但由于调整管与负载串联，当过载或输出端短路时，调整管会因功耗急剧增加而损坏。因此，实际的稳压电路还有过电压和过电流保护等辅助电路。

【例2.2】 如图2.19所示串联反馈式稳压电路中，已知 $U_i = 24V$，稳压二极管的稳压值 $U_z = 5.3V$，$U_{BE} = 0.7V$，三极管 VT_1 的饱和压降 $U_{CES1} = 1V$，$R_1' = R_2' = R_w$，试求：

图2.19 ［例2.2］电路

（1）输出电压 U_o 的可调范围。

（2）当电位器 R_w 位于中间位置时，求 U_o、U_{CE1}、U_{B2}、U_{E2} 和 U_{B1}。

（3）当用电高峰时，电网电压偏低，说明上述电压或电位的变化趋势。

（4）当调节电位器 R_w 时，如 U_o 始终为23V，即输出电压不可调，试分析 VT_1、VT_2 可能的工作状态。

（5）当调节电位器 R_w 时，如 U_o 始终为0，电路没有其他异常，试分析原因。

（6）当电路正常工作时，U_i 与 R_L 均不变，但 U_o 仍有微小变动，试分析原因。

解：（1）输出电压的最小值为

$$U_{omin} = \frac{R_1' + R_w + R_2'}{R_w + R_2'} (U_z + U_{BE2})$$

$$=\frac{3}{2}\times(5.3+0.7)=9(\mathrm{V})$$

输出电压的最大值为

$$U_{\mathrm{omax}}=\frac{R_1'+R_\mathrm{w}+R_2'}{R_2'}(U_Z+U_{\mathrm{BE2}})$$
$$=3\times(5.3+0.7)=18(\mathrm{V})$$

所以，输出电压的可调范围是 $9\sim18\mathrm{V}$。

（2）当电位器 R_w 位于中间位置时，因为 $R_1=R_2$，所以有

$$U_\mathrm{o}=\frac{R_1+R_2}{R_2}=U_{\mathrm{BE2}}+U_Z=2\times6=12(\mathrm{V})$$

$$U_{\mathrm{CE1}}=U_\mathrm{i}-U_\mathrm{o}=24-12=12(\mathrm{V})$$

$$U_{\mathrm{B2}}=U_{\mathrm{BE}}+U_Z=5.3+0.7=6(\mathrm{V})$$

$$U_{\mathrm{E2}}=U_Z=5.3\mathrm{V}$$

$$U_{\mathrm{B1}}=U_{\mathrm{BE}}+U_\mathrm{o}=12+0.7=12.7(\mathrm{V})$$

（3）当用电高峰，电网电压偏低即 U_i 下降时，各点电位的变化趋势是：$U_\mathrm{o}\downarrow$，$U_{\mathrm{B2}}\downarrow$，$U_{\mathrm{E2}}$ 不变，$U_{\mathrm{C1}}\uparrow$，$U_{\mathrm{B1}}\uparrow$，$U_{\mathrm{CE1}}\downarrow$。

（4）因为 $U_\mathrm{o}=23\mathrm{V}$，故 $U_{\mathrm{CE1}}=U_\mathrm{i}-U_\mathrm{o}=1\mathrm{V}$，即调整管 VT$_1$ 处于饱和状态，输出电压不可调；而 $U_{\mathrm{C1}}=U_{\mathrm{B1}}=U_\mathrm{o}+U_{\mathrm{BE}}=23.7\mathrm{V}$，即流过 VT$_2$ 的集电极的电流很小，也就是 VT$_2$ 工作在靠近截止区。当调节电位器 R_w 时，输出电压不可调，主要是调整管 VT$_1$ 的基极电位高且不变。

（5）当调节电位器 R_w 时，如 U_o 始终为 0，说明负载电阻 R_L 为 0 或流过的电流 I_L 为 0，因电路没有其他异常，所以只可能是负载电流 I_L 为 0，这说明调整管 VT$_1$ 可能截止或者开路。

（6）当电路正常工作且 U_i 与 R_L 均不变时，U_o 的稳定性与基准电压的精度、比较放大电路的温度稳定性有很大的关系。所以此时输出电压微小变动的主要原因可能是基准电压的温漂和比较放大电路的零漂。

2.2.4 集成线性稳压电路

集成线性稳压电路把电路中所有的元器件都集中制作在一块硅片上，不但缩小了体积和质量，而且大大提高了电路工作的可靠性，减少了组装和调整的工作量。集成线性稳压电路有很多种，有多端可调式、三端集成稳压器等，其中以三端集成稳压电路的应用最为普遍。下面介绍两种常见的小功率三端集成稳压器：固定式 CW78×× 系列（正电压输出）、CW79×× 系列（负电压输出）和可调式 CW×17 系列、CW×37 系列。

1. 固定式集成稳压器

（1）外形和性能指标。常见的三端固定式集

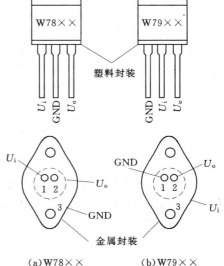

（a）W78××　　　　（b）W79××

图 2.20 三端集成稳压器外形和引脚排列

成稳压器有输出为正电压的 W78×× 系列和输出为负电压的 W79×× 系列。它们的外形和引脚排列如图 2.20 所示，采用金属或塑料封装，因为只有输入、输出和公共接地端三个端子，故称三端集成稳压器。W78×× 系列三端稳压电路的输出电压有 5V、6V、9V、12V、15V、18V 和 24V 共七个挡。型号后两位数字表示其输出电压的稳压值，比如：型号 W7809，表示其输出电压为 9V。W79×× 系列的输出电压值与 W78×× 系列是一样的，它们只是引脚的排列不同而已。

（2）应用实例。

1）固定输出电压的稳压电路。固定输出电压的稳压电路如图 2.21（a）、（b）所示，电容 C_1 是在输入线较长时抵消其电感效应，防止自激，C_2 用来消除高频干扰，改善输出的瞬态特性。当输出电压较高且 C_2 的容量较大时，必须在输入端 1 和输出端 2 之间跨接一只保护二极管，如图 2.21 中虚线所示。否则一旦输入端短路，C_2 会通过稳压器内部电路放电而损坏稳压器。使用时，要避免稳压器公共接地端开路。

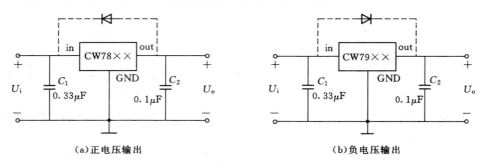

（a）正电压输出　　　　　　　　　　　（b）负电压输出

图 2.21　固定输出电压的稳压电路

2）扩大输出电流的稳压电路。当电子设备所需的最大直流电流不能由三端稳压器满足时，可采用如图 2.22 所示的扩大输出电流的稳压电路。

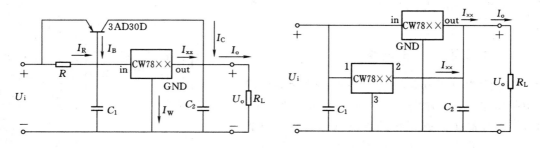

图 2.22　扩大输出电流的稳压电路

3）扩大输出电压的稳压电路。当电子设备所需的直流电压不能由固定电压输出的三端稳压器满足时，可采用扩大输出电压的稳压电路，如图 2.23 所示。

$U_{××}$ 为 W78×× 固定输出电压，则

$$U_o = U_{××} + U_z$$

4）具有正、负电压输出的稳压电路。当需要正、负同时输出的稳压电源，可用 CW78×× 单片稳压器和 CW79×× 单片稳压器连成图 2.24 所示电路，两组稳压器有一个

公共接地端，其整流部分也是公共的。

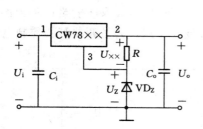

图 2.23　扩大输出电压的稳压电路

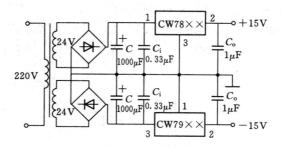

图 2.24　具有正、负电压输出的稳压电路

2. 三端可调式集成稳压器

三端可调式集成稳压器是在三端固定式集成稳压器的基础上发展起来的，克服了三端固定式集成稳压器固定输出的缺点，只需配备少量的外围元件就可以方便地组成精密可调的稳压器。

三端可调式集成稳压器也有正电压输出和负电压输出两种类型。典型的正电压输出的芯片有 CW117、CW217、CW317；典型的负电压输出的芯片有 CW137、CW237、CW337，如图 2.25 所示。

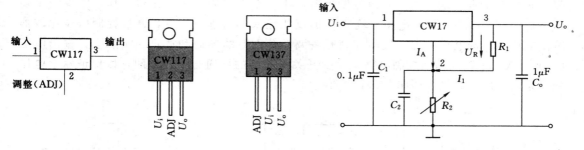

图 2.25　三端可调式集成稳压器　　　　图 2.26　三端可调式基本应用电路

图 2.25 中，1 脚和 3 脚分别是输入脚和输出脚；2 脚为调整端（ADJ），用于外接调整电路以实现输出电压可调。三端可调式集成线性稳压器的调压范围为 $1.25 \sim 37V$，输出电流可达 1.5A。其基本应用电路如图 2.26 所示。

2.2.5　开关稳压电路

前面所讨论的串联反馈式稳压电路属于线性稳压电路，即调整管工作在线性放大状态。这种稳压电路结构简单，调整方便，但是调整管功耗大，电源效率低，且常要装散热器。近年来，普遍使用的是开关稳压电路，这种电路的调整管始终处于饱和或截止状态。当调整管饱和导通时，虽有大电流流过，但其饱和压降很小，所以管耗不大；当调整管截止时，虽管压降大，但其流过的电流很小，管耗也很小。同时由于省去电源变压器，所以开关稳压电路的效率高、体积小、质量轻。开关稳压电路适用于要求体积较小和质量较轻的设备，如电视机、VCD 等家用电器及计算机等设备。

1. 基本结构

开关稳压电路的基本结构如图 2.27 所示，VT 开关调整管工作于开关状态，它与负载 R_L 串联；VD 为续流二极管；L、C 构成滤波器；R_1 和 R_2 组成取样电路；A 为误差放大器，C 为电压比较器，它们与基准电压源、三角波发生器组成开关调整管的控制电路。

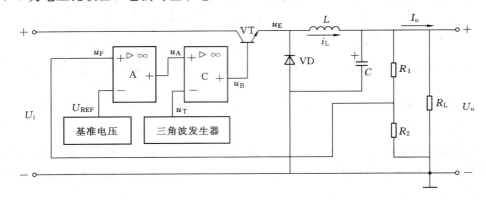

图 2.27　开关稳压电路的结构图

2. 工作原理

误差放大器对来自输出端的取样电压与基准电压的差值进行放大，其输出电压送到电压比较器 C 的同相输入端。三角波发生器产生一个频率固定的三角波电压，它决定了稳压电路的开关频率。送至电压比较器 C 的反相输入端与进行比较，通过控制电压比较器输出电压高、低电平状态，从而控制开关调整管 VT 的导通和截止。实际上，输出电压 U_o 通过取样电阻反馈给控制电路来改变开关调整管的导通与截止时间，以保证输出电压的稳定。对应参数的波形如图 2.28 所示。

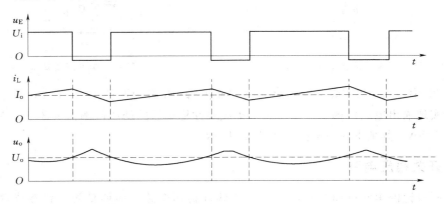

图 2.28　开关稳压电路的波形图

调整管的工作频率较高，最佳频率一般在 $10 \sim 100 \text{kHz}$。频率越高，所需使用的电感和电容越小，电源的尺寸和质量将会越小，成本越低，同时滤波效果也越好。但开关频率越高，开关管饱和和截止的转换次数将增加，损耗也增加，而电源效率将降低。

项目考核

考核内容包含学习态度（15分）、实践操作（70分）、任务报告（15分）等方面的考核，由指导教师结合学生的表现考评，既关注了过程性评价，也体现出了结果性评价，各考核内容及分值见表2.8。

表 2.8 　　　　　　　　　　项 目 考 评 表

学生姓名		任务完成时间		
	项目2	设计和制作直流稳压电源		
考核内容	任务名称	任务2.1 制作和测试单相整流滤波电路	任务2.2 设计和制作直流稳压电源	分值
学习态度（15分）	（1）课堂考勤及上课纪律情况（10分）			
	（2）小组成员分工及团队合作（5分）			
实践操作（70分）	（1）识读电路图（10分）			
	（2）基本元器件的识别与检测（10分）			
	（3）电路仿真测试（10分）			
	（4）电路参数计算（10分）			
	（5）电路制作（10分）			
	（6）电路测试（20分）			
任务报告（15分）				
合计项目评分（分）				
教师评语				

项目总结

凡是电子设备都必须有直流电源才能正常工作。电源提供电压电流，才能驱动其他器件工作起来。在实际应用中，直流稳压电源的作用就是将交流电转变为直流电并采取稳压措施来获得电子设备所需要的直流电压。在项目完成过程中，不仅要学习直流稳压电源的工作原理，还要掌握相关电子元器件的检测、电路装配技能和电路调试的方法。

复 习 思 考 题

2.1 填空题

1. 直流稳压电源一般由_____、_____和_____组成。

2. 线性稳压电源大多采用_____，将交流220V市电变为_____交流低压，然后经_____和_____得到低压，提供给稳压电路。

3. 利用二极管的_____导电性将交变电压变为_____电压的过程，称为整流。

4. 滤波就是保留整流电路整流后的_____分量，滤掉_____分量。

5. 稳压电源的主要技术指标包括_____和_____。

2.2　选择题

1. 电路简单，纹波也较小，输出特性较差，适用于负载电压较高、负载变动较小场合的滤波电路是（　　）。

A. 电感式　　　　　B. 电容式　　　　　C. 复式　　　　　D. 有源

2. 单相桥式整流电路中加入滤波电容后，二极管的导通角将（　　）。

A. 加大　　　　　B. 减小　　　　　C. 不变　　　　　D. 为零

3. 单相变压器的二次电压有效值为10V，经桥式整流电容滤波后，负载上的电压平均值约为（　　）。

A. 10V　　　　　B. 12V　　　　　C. 14V　　　　　D. 16V

4. 滤波电路中整流二极管的导通角较大，峰值电流很小，输出特性较好，适用于低电压、大电流场合的滤波电路是（　　）。

A. 电感式　　　　　B. 电容式　　　　　C. 复式　　　　　D. 有源

5. 单相桥式整流电容滤波电路中，变压器二次电压为 U_2，则空载时的输出电压约为（　　）。

A. 0V　　　　　B. $0.9U_2$　　　　　C. $1.2U_2$　　　　　D. $1.4U_2$

6. 若已知单相桥式整流电路输出电压平均值为 $U_。$，则所需变压器二次电压为（　　）。

A. $0.9U_。$　　　　　B. $1.0U_。$　　　　　C. $1.11U_。$　　　　　D. $1.2U_。$

7. 输出电流为0.5A，输出电压为+12V的三端集成稳压器是（　　）。

A. CW78M12　　　B. CW7812　　　C. CW78L12　　　D. CW79L12

8. 78×00系列稳压器中，输出电流从大到小正确的排序是（　　）。

A. 78L00→78M00→7800　　　　　B. 7800→78M00→78L00

C. 7800→78L00→78M00　　　　　D. 78M00→78L00→7800

9. 整流的目的是（　　）。

A. 将交流变为直流　　　　　B. 将高频变为低频

C. 将正弦波变为方波　　　　　D. 以上都不对

10. 直流稳压电源中滤波电路的作用是（　　）。

A. 将交流变为直流　　　　　B. 将高频变为低频

C. 将交、直流混合量中的交流成分滤掉　　　D. 以上都不对

2.3　判断题

1. 桥式整流电路和半波整流电路中，每个二极管承受的最高反向电压相同。（　　）

2. 全波整流电路中，流过每个整流二极管的平均电流只有负载电流的一半。（　　）

3. 硅稳压二极管并联型稳压电路的输出电流任意变化，稳压二极管都能起稳压作用。

（　　）

4. 稳压电路既能稳定输出电压，又能稳定输出电流。（　　）

5. 电容滤波适用于大电流负载，而电感滤波适用于小电流负载。（　　）

6. 在稳压二极管稳压电路中，稳压二极管的最大稳定电流与输出电压是绝对不变的。

（　　）

2.4 分析图 2.29 所示桥式整流电路中的二极管 VD_2 或 VD_4 断开时负载电压的波形。如果 VD_2 或 VD_4 接反，后果如何？如果 VD_2 或 VD_4 因击穿或烧坏而短路，后果又如何？

2.5 整流滤波电路如图 2.30 所示，二极管为理想元件，电容 $C=1000\mu F$，负载电阻 $R_L=100\Omega$，负载两端直流电压 $U_o=30V$，变压器二次电压 $u_2=\sqrt{2}U_2\sin\omega t$ （V）。

（1）计算变压器二次电压有效值 U_2；

（2）定性画出输出电压 u_o 的波形。

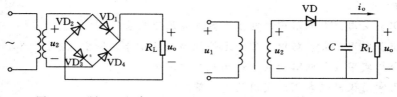

图 2.29　题 2.4 电路　　　　　图 2.30　题 2.5 电路

2.6 整流电路如图 2.31（a）所示，二极管为理想元件，变压器一次电压有效值 U_1 为 220V，负载电阻 $R_L=750\Omega$。变压器变比 $k=10$，试求：

（1）变压器二次电压有效值 U_2；

（2）负载电阻 R_L 上电流平均值 I_o；

（3）在图 2.31（b）列出的常用二极管中选出合适型号的二极管。

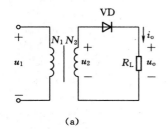

型号	最大整流电流平均值/mA	最高反向峰值电压/V
2AP1	16	20
2AP10	100	25
2AP4	16	50

（a）　　　　　　　　　　　　　　　　（b）

图 2.31　题 2.6 电路

2.7 试设计一个桥式整流电容滤波的硅稳压二极管并联稳压电路，具体参数指标为：输出电压 $U_o=6V$，电网电压波动范围为 $\pm 10\%$，负载电阻 R_1 由 $1k\Omega$ 到 ∞，如何选定稳压二极管及限流电阻？

2.8 220V、50Hz 的交流电压经降压变压器给桥式整流电容滤波电路供电，要求输出直流电压为 24V，电流为 400mA。试选择整流二极管的型号，变压器二次电压的有效值及滤波电容器的规格。

项目 3　设计和制作前置放大电路

📖 **教学引导**

教学目标：

1. 掌握各种基本放大电路的结构特点、基本功能和电路分析方法。

2. 能够准确分析基本放大电路的功能及实际应用。

3. 掌握单元电路的识图方法。

能力目标：

1. 能够识别实用放大电路中的电子元器件并用万用表检测。

2. 能够识别实用放大电路中各部分元件的功能及信号的输出状态。

3. 能够分析实用放大电路的电路结构及工作原理。

4. 能够用常用仪器仪表测试实用放大电路。

5. 能够完成实用放大电路的设计、安装和调试。

知识目标：

1. 三极管的功能及信号的放大。

2. 基本放大电路的结构、类型、工作原理及电路分析方法。

3. 反馈放大电路的类型、判别及作用。

4. 多级放大电路的结构及耦合方式。

教学组织模式：

自主学习，分组教学。

教学方法：

小组讨论，多媒体教学，现场教学。

建议学时：

28 学时。

任务 3.1　设计和制作三极管开关驱动电路

任务内容

用二极管、三极管、继电器和电阻等元件设计和制作一个驱动继电器的三极管开关驱动电路。

任务目标

能够根据电路类型识别电子电路图，在掌握三极管三种工作状态的基础上，根据设计要求正确选择元器件及其参数，检测电子元器件，学会三极管开关驱动电路的制作和调试方法。

任务分析

放大电路是构成电子产品的基础，了解其工作原理及识别其在实际电路中的功能及作用范围对于分析电路产品的功能具有非常重要的作用。通过实用放大电路的设计、制作和调试，可以更为直观地了解放大电路的结构、作用，掌握电路参数的计算。在实际电子电路系统中，经常用三极管开关驱动电路来驱动执行元器件。三极管作为电流控制型的放大元件，由于工作条件的不同，有放大、饱和和截止三种工作状态。本任务中，要根据执行元器件的参数来设计电路，即通过对继电器电压和功率参数的分析，确定出三极管集电极的工作电流，然后由三极管放大特性确定基极电流，从而达到选择基极限流电阻的目的。

任务实施

1. 识别电路图

判断图 3.1 所示电路图的类型，了解该电路的功能及所需要的元器件种类。

2. 判断三极管的工作状态

学习三极管的检测方法，掌握三种工作状态的条件及相关特性。

3. 分析电路并选择元器件参数

（1）查询所给继电器的电气参数，如电压和功率。

（2）计算继电器的额定电流。

$$I = \frac{P}{U}$$

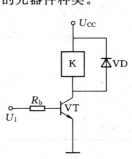

图 3.1　驱动继电器的
开关电路

（3）分析三极管的开关作用及特性。

（4）根据继电器的额定工作电压选择电源电压。

（5）根据继电器的额定工作电流、电源电压 U_{CC}，选择三极管，并检测实际参数。

（6）计算三极管基极电流。

$$I_B = \frac{I_C}{\beta}$$

（7）根据三极管的相关参数，确定电压 U_I，选择基极电阻 R_B。

$$R_B \leqslant \frac{U_I - U_{BE}}{I_B}$$

4. 检测元件

查阅电子手册或网络资源，记录图 3.1 中所选电子元器件的图形符号、文字符号等内容，并将所测参数填入表 3.1 中。

表 3.1　　　　　　　　　　　　电 子 元 器 件 表

序号	元件名称	图形符号	文字符号	型号	标称参数	实际参数	功能
1							
2							
3							
4							

5. 制作电路

（1）安装元件。将相关元器件的引线成型，然后按照相对应的位置规范地安装到电路板上。

（2）焊接电路。将元器件依次焊接，要求每一个焊接点都有一定的机械强度和良好的电气性能。

（3）焊接检查。检查焊点，看是否出现虚焊和漏焊；检查二极管和三极管的管脚是否焊接正确。

6. 测试电路

调试电路并将测试结果填入表 3.2 中。

表 3.2　　　　　　　　　　驱动继电器的开关电路测试表

方法 ＼ 参数	U_{CC}/V	V_B/V	V_C/V	V_E/V	I_B/A	I_C/A	I_E/A
理论计算							
实际测量							
功能描述							

7. 编写任务报告

根据以上任务实施编写任务报告。

任务小结

驱动继电器开关电路的设计利用了三极管的开关特性来实现。在进行调试时，为保证三极管工作在截止和饱和状态，基本电阻 R_B 要适当选取，太大则可能达不到继电器的吸合电压，太小则使继电器电流超过额定工作电流。

相关知识

3.1.1 信号的放大

1. 放大的概念

所谓放大，从表面上看是将信号由小变大，实质上，放大的过程是用小能量的信号通过三极管的电流控制作用，将放大电路中直流电源的能量转化成交流能量输出。在生产实践和科学研究中需要利用放大电路放大微弱的信号，以便观察、测量和利用。

2. 放大电路的组成

（1）结构框图。一个基本放大电路由信号源、放大电路、负载和直流电源组成，具体框图如图 3.2 所示。

图 3.2　放大电路的结构框图

1）信号源。信号源一般是将非电量变为电量的换能器，如各种传感器，将声音变换为电信号的话筒，将图像变换为电信号的摄像管等。它所提供的电压信号或电流信号就是基本放大电路的输入信号。

2）放大电路。用以实现对电信号进行放大的电路。

3）负载。是放大电路输出信号的元件或电路，可由将电信号变成非电信号的输出换能器构成，也可是下一级电子电路的输入电阻。

4）直流电源。是供给放大电路工作时所需要的能量，其中一部分能量转变为输出信号输出，还有一部分为三极管提供合适的偏置信号，以保证三极管工作在放大区，其能量消耗在放大电路中的电阻、器件等耗能元器件中。

（2）放大电路的组成。以固定偏置的共射极放大电路为例，放大电路的组成及各元件作用如图 3.3 所示。

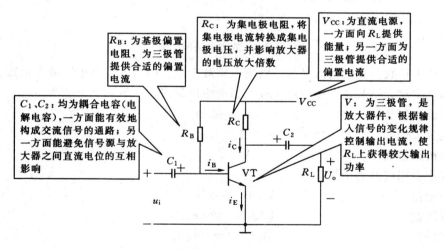

图 3.3　放大电路

3. 放大电路中电压、电流的方向及符号规定

（1）方向规定。在放大电路中，电压以公共端为负，电流以三极管各电极电流的实际方向为正方向。

（2）符号规定。通过特定的符号规定可以使人们更好地掌握电路中的电气量所表达的含义。如图 3.4 所示是三极管基极电流的电流波形，其相关参数符号规定如下：

1）大写字母和大写下标表示直流，如 I_B 表示基极的直流电流。

2）小写字母和小写下标表示交流，如 i_b 表示基极的交流电流。

3）小写字母和大写下标表示总量，如 i_B 表示基极电流总的瞬时值。

4）大写字母和小写下标表示交流有效值，如 I_b 表示基极电流的交流有效值。

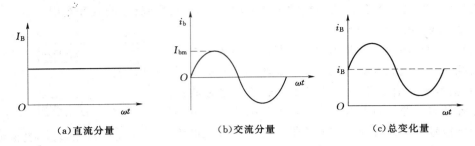

(a)直流分量　　　　(b)交流分量　　　　(c)总变化量

图 3.4　三极管基极的电流波形

4. 放大电路的主要性能指标

放大电路的框图如图 3.5 所示。

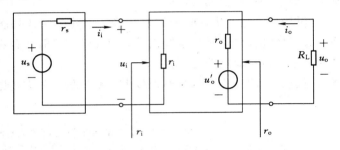

图 3.5　放大电路的框图

（1）放大倍数。放大倍数是衡量放大电路放大能力的指标，有电压放大倍数、电流放大倍数和功率放大倍数，其中以电压放大倍数应用最多。比值表示方法为

电压放大倍数　　　　　　　　$A_u = u_o / u_i$

电流放大倍数　　　　　　　　$A_i = i_o / i_i$

功率放大倍数　　　　　　　　$A_p = P_o / P_i$

工程上常用增益表示为

电压增益　　　　　　　　　　$A_u(dB) = 20\lg|A_u|$

电流增益　　　　　　　　　　$A_i(dB) = 20\lg|A_i|$

功率增益　　　　　　　　　　$A_P(dB) = 10\lg A_p$

（2）输入电阻 r_i。输入电阻从输入端向放大电路内看进去的等效电阻，等于放大电路输出端接实际负载电阻后，输入电压与输入电流之比。它的大小反映了放大电路对信号源的影响程度。其值越大，放大电路从信号源吸取的电压就越大，实际输入电压就越接近于信号源电压。

（3）输出电阻 r_o。输出电阻为等效信号源的内阻。它的大小反映了放大电路带负载能力的大小，越小则带负载能力越强。

（4）通频带。通频带反映了放大电路在不同频率的输入信号下有不同的放大能力。一般通频带为

$$BW = f_H - f_L \qquad\qquad (3.1)$$

式中：f_H 为放大倍数下降到 $0.7A_{um}$ 时的高端频率；f_L 为放大倍数下降到 $0.7A_{um}$ 时的低端频率。

3.1.2　晶体三极管的工作状态

由如图 3.6 所示的三极管输出特性可知，半导体三极管在电路中有三种工作状态：放大、饱和、截止，在模拟电路中一般使用放大作用。饱和和截止状态一般使用在数字电路中，起到开关作用。

1. 放大作用

三极管最基本的作用之一就是放大。当输入信号加至三极管的基极时，基极电流随之变化，进而使集电极电流产生相应的变化。由于三极管本身具有放大倍数 β，根据电流的放大关系 $i_C = \beta i_B$，经过三极管后的信号被放大了 β 倍，输出信号经耦合电容 C 阻止直流成分输出，这时在电路的输出端便得到放大后的信号波形。

而要使三极管处于放大工作状态，不仅自身要具有放大的特性，同时还必须在外电路连接上满足：发射结正偏、集电结反偏。从电位的角度看，对于 NPN 管而言，即相当于 $V_C > V_B > V_E$；对于 PNP 管而言，则相当于 $V_C < V_B < V_E$。

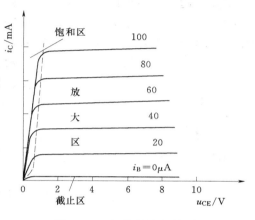

图 3.6　三极管的输出特性

对于三极管工作在放大状态时，满足电流放大关系，$i_C = \beta i_B$，此时三极管可以看作受基极电流控制的受控电流源。

2. 开关作用

三极管除了具有放大作用，还具有开关作用。当三极管处于饱和状态，相当于闭合的开关；当三极管处于截止状态，相当于断开的开关。

（1）饱和工作状态。三极管要工作在饱和状态，在外电路连接上应满足：发射结正偏、集电结正偏。从电位的角度看，对于 NPN 管而言，即相当于 $V_B > V_C$，$V_B > V_E$；对于 PNP 管而言，则相当于 $V_B < V_C$，$V_B < V_E$。

当达到深度饱和时，对于硅管，饱和压降 $U_{CES} \approx 0.3\text{V}$；对于锗管，饱和压降 $U_{CES} \approx 0.1\text{V}$。

（2）截止工作状态。三极管要工作在截止状态，在外电路连接上应满足：发射结反偏、集电结反偏。从电位的角度看，对于 NPN 管而言，即相当于 $V_B < V_C$，$V_B < V_E$；对于 PNP 管而言，则相当于 $V_B > V_C$，$V_B > V_E$。

三极管工作在截止状态时，基极电流很小，近似等于 0。

3. 三极管工作状态的判别

正确判断三极管在电路中的工作状态，有助于分析三极管电路。在实际应用中，截止状态比较容易判断，而饱和和放大状态不好确定。此时，可通过求临界饱和电流，再使实际电流与之比较，大于饱和电流，则为饱和，小于则为放大。

设三极管饱和压降 $U_{CES} \approx 0.3V$，则集电极饱和电流为

$$I_{CS} = \frac{U_{CC} - U_{CES}}{R_c} \approx \frac{U_{CC}}{R_c} \qquad (3.2)$$

基极临界饱和电流为

$$I_{BS} = \frac{I_{CS}}{\beta} \approx \frac{U_{CC}}{\beta R_c} \qquad (3.3)$$

【例 3.1】 电路如图 3.7 所示，三极管参数 $\beta = 50$，$U_{BE} = 0.6V$，$R_b = 72k\Omega$，$R_c = 1.5k\Omega$，$U_{CC} = 9V$，当 $R_W = 0$ 时，三极管处于临界饱和状态，求临界饱和电流是多少？若正常工作时静态集电极电流 I_{CQ} 等于 3mA，此时应把 R_W 调整为多少？

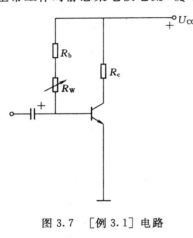

图 3.7 [例 3.1] 电路

解： 因为当 $R_W = 0$ 时，晶体三极管处于临界饱和状态，此时

$$I_{BS} = \frac{U_{CC} - U_{BE}}{R_b}$$

$$= \frac{9 - 0.6}{72} = 0.117(mA)$$

$$I_{CS} = \beta I_{BS} = 50 \times 0.117 = 5.85(mA)$$

正常工作时，$I_{CQ} = 3mA$，则

$$I_{BQ} = \frac{I_{CQ}}{\beta} = \frac{3}{50} = 0.06(mA)$$

$$R_W = \frac{U_{CC} - U_{BE}}{I_{BQ}} - R_B$$

$$= \frac{9 - 0.6}{0.06} - 72 = 68(k\Omega)$$

任务 3.2 设计和制作电压放大器

任务内容

用三极管、电容和电阻等元件设计和制作单管电压放大器，要求电压放大倍数 $A_u \geq 50$，输入电阻 $r_i \geq 2k\Omega$。

任务目标

能够判断三极管放大电路的三种连接形式，学会三极管放大电路的分析方法，根据设计要求正确地选择和检测元器件，学会单管共射极电压放大器的制作和调试方法。

任务分析

在实际电子电路系统中，经常用三极管组成电压放大器来满足电压放大倍数的要求。三极管作为电流控制型的放大元件，由于工作条件的不同，有放大、饱和和截止三种工作

状态。本任务中，要求根据电压放大倍数的要求和输入电阻的要求来设计电压放大器，因此在电阻的参数选择上要兼顾对电压放大倍数和输入电阻的设计指标要求。

任务实施

1. 识别电路图

判断图 3.8 所示电路图的类型，了解该电路的功能及所需要的元器件种类。

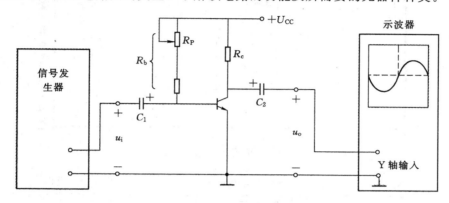

图 3.8　单管放大电路

2. 分析电路

（1）电路的组成。学习三极管的三种电路组成形式及连接特点，掌握各部分元件的作用。

（2）工作分析。学习三极管放大电路的交、直流分析方法；掌握放大器静态工作点对放大器输出波形的影响；交流参数对放大器工作性能的影响。

（3）参数计算。学习三极管放大电路静态工作点的计算方法；电压放大倍数、输入电阻及输出电阻的计算方法。

3. 电路仿真

放大电路的传统设计计算方法比较繁杂，电路参数计算完以后，还需要搭接实际电路反复地调试。而利用计算机辅助设计则简化了这一过程。利用仿真软件 Multisim，按照图 3.8 完成电路连接。根据设计要求，调节电路参数。具体实现过程如下：

（1）按图 3.8 画仿真电路图如图 3.9 所示。

（2）接通仿真开关，用仿真直流电压表和电流表分别测量图 3.9 中三极管三个管脚对地电位，将结果记录入表 3.3 中。

（3）设置信号发生器输出为 1kHz、10mV（最大值），调节电位器使输出信号不失真，并将输入、输出信号的值记入表 3.3 中，画出相应的仿真波形如图 3.10 所示。

表 3.3　　　　　　　　　　　单管放大电路仿真测试结果

Key 位置	U_B	U_E	U_C	u_i	u_o	A_u
0						
50%						
100%						

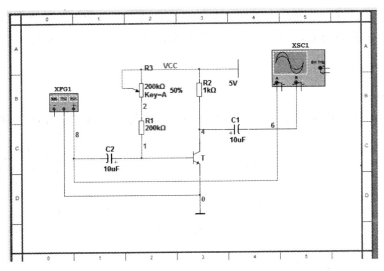

图3.9 单管放大电路仿真图

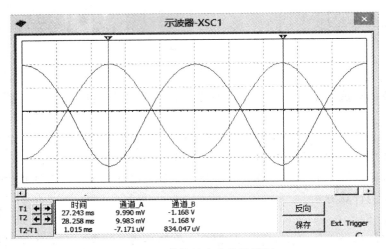

图3.10 单管放大电路波形图

4. 检测元器件

查阅电子手册或网络资源，结合图3.9参数选择的数据，将所选电子元器件的图形符号、文字符号等内容及所测参数填入表3.4中。

表3.4 电 子 元 器 件 表

序号	元件名称	图形符号	文字符号	标称参数	实际参数	功能
1						
2						
3						
4						
5						

5. 制作电路

(1) 安装元件。将相关元器件的引线成型，然后按照图 3.8 将元件规范地安装到电路板上。

(2) 焊接电路。将元器件依次焊接，要求每一个焊接点都有一定的机械强度和良好的电气性能。

(3) 焊接检查。检查焊点，看是否出现虚焊和漏焊；检查三极管的管脚是否焊接正确。

6. 调试电路

(1) 静态测试。将 R_P 调至最大，函数信号发生器输出旋钮旋至零。接通电源，调节 R_P 使三极管集电极-发射极间电压为 2V，用万用表测量 U_B、U_E、U_C，并记在表 3.5 中。

表 3.5　　　　　　　　　　　单管放大电路静态测试

项目	U_B	U_E	U_C	U_{BE}	U_{CE}
测量值					
理论值					

(2) 动态测试。将信号发生器与放大电路输入端相连，调节信号发生器使放大器输入端信号 u_i 为 1kHz、10mV 的正弦信号（用毫伏表测量信号电压值）。用示波器观察放大器输出端 u_o 的波形，在波形不失真的情况下，当 $R_L = \infty$ 和 $R_L = 5.1k\Omega$ 时，用毫伏表测量这两种情况下 u_o 的值，并记入表 3.6 中。并用示波器观察 u_o 和 u_i 的相位关系。

表 3.6　　　　　　　　　　　单管放大电路动态测试

R_L	u_i / mV	u_o	A_u（测量值）	A_u（计算值）	输入输出相位关系
∞	10				
5.1kΩ	10				

(3) 工作点改变对波形的影响。分别增大和减小 R_P，观察工作点及波形变化情况，并记录在表 3.7 中。

表 3.7　　　　　　　　　　　单管放大工作点变化分析

R_P	U_B	U_E	U_C	U_{BE}	U_{CE}	波形情况
增大						
减小						

(4) 最大不失真输出电压的测试。将输入信号 u_i 由 10mV 逐渐增大，用示波器观察输出波形，如出现失真，调节 R_P 消除失真，继续增大信号，到同时出现双向切顶失真为止，此时放大器工作点为最佳工作点，放大器的动态范围最大，测出不失真的最大输出电压及输入电压，并记录在表 3.8 中。

表 3.8   单管放大电路最大不失真输出测试

静 态 测 试					动 态 测 试		
U_B	U_E	U_C	U_{BE}	U_{CE}	u_i	u_o	A_u

（5）测量频率特性。在上述动态测试中，图 3.8 所示电路中的耦合电容可视为短路，三极管的极间电容可视为开路。但是，这些电容的容抗分别在低频和高频时对信号有衰减和分流作用，使电压放大倍数下降。为反映电压放大倍数随信号频率的降低和升高而下降的特性，可按以下步骤进行测量。

在 $f = 1\text{kHz}$ 的条件下，调节 u_i 使 $U_o = 1\text{V}$，然后保持 u_i 的幅值不变，改变频率，在频率降低和升高的过程中，当 $U_o = 0.707\text{V}$ 时所对应的频率即分别为下限频率和上限频率，选取若干点记录在表 3.9 中。

表 3.9   单管放大电路频率测试

f/Hz				1000			
U_o/V	0.707			1			0.707
结论		$f_H =$		$f_L =$		通频带 BW =	

7. 编写任务报告

根据以上任务实施编写任务报告。

任务小结

本任务在设计、制作和调试单管交流电压放大器的实施过程中，要求重点掌握三极管放大电路的组成、放大原理和电路中的元件测试，并能通过相关的常用仪器仪表完成电路相关参数的测试，并与理论分析的结果进行比较，进一步提高单元电路设计和制作的能力。

相关知识

3.2.1 放大电路的工作分析

1. 工作原理

如图 3.11 所示基本放大电路中，只要适当选取 R_b、R_c 和 U_{CC} 的值，三极管就能够工作在放大区。下面以图 3.11 所示电路为例，分析放大电路的工作原理。

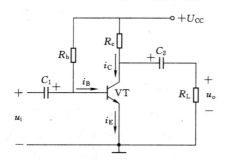

图 3.11 基本放大电路的原理图

（1）无输入信号时。在接通直流电源 U_{CC} 后，当 $u_i = 0$ 时，由于基极偏置电阻 R_b 的作用，晶体管基极就有正向偏流 I_B 流过，由于晶体管的电流放大作用，那么集电极电流

$$I_C = \beta I_B \qquad (3.4)$$

集电极电流在集电极电阻 R_c 上形成的压降为

$$U_C = I_C R_c \qquad (3.5)$$

显然，晶体管集电极−发射极间的管压降为

$$U_{CE} = U_{CC} - I_C R_c \tag{3.6}$$

当 $u_i = 0$ 时，放大电路处于静态或称直流工作状态，这时的基极电流 I_B、集电极电流 I_C 和集电极−发射极电压 U_{CE} 用 I_{BQ}、I_{CQ}、U_{CEQ} 表示。它们在三极管特性曲线上所确定的点就称为静态工作点，其习惯上用 Q 表示。如图 3.12 所示。这些电压和电流值都是在无信号输入时的数值，所以称为静态电压和静态电流。

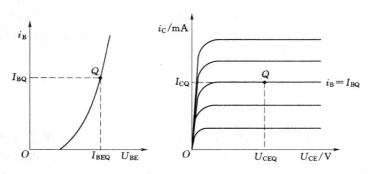

图 3.12　基本放大电路的静态工作点

（2）输入交流信号时。当放大器的输入端加入正弦交流信号电压 u_i 时，放大电路处于动态状态，电路中各电极的电压、电流都是由直流量和交流量叠加而成的。放大电路的动态工作状态波形如图 3.13 所示。

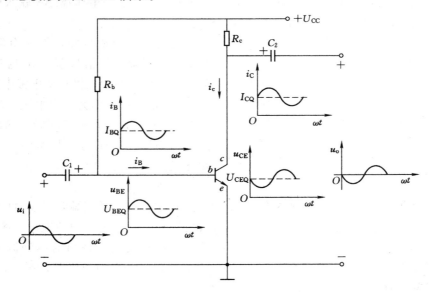

图 3.13　放大电路的动态工作状态

信号电压 u_i 将和静态正偏压 U_{BE} 相串联作用于晶体管发射结上，加在发射结上的电压瞬时值为

$$u_{BE} = U_{BE} + u_i \tag{3.7}$$

基极电流 i_B 由两部分组成：一是固定不变的静态基极电流 I_B；二是作正弦变化的交

63

流基极电流 i_b，即

$$i_B = I_B + i_b \tag{3.8}$$

由于晶体管的电流放大作用，集电极电流 i_C 将随基极电流 i_B 变化，同样，i_C 也由两部分组成：一是固定不变的静态集电极电流 I_C；二是作正弦变化的交流集电极电流 i_c。其瞬时值为

$$i_C = I_C + i_c \tag{3.9}$$

晶体三极管集电极-发射极间的电压 u_{CE} 也由两部分组成：一是固定不变的静态管压降 U_{CE}，二是作正弦变化的交流集电极-发射极电压 u_{ce}。由基尔霍夫电压定律可知

$$
\begin{aligned}
u_{CE} &= U_{CC} - i_C R_c \\
&= U_{CC} - (I_C + i_c) R_c \\
&= (U_{CC} - I_C R_c) + (-i_c R_c) \\
&= U_{CE} + u_{ce}
\end{aligned}
\tag{3.10}
$$

如果负载电阻 R_L 通过耦合电容 C_2 接到晶体管的集电极-发射极之间，则由于电容 C_2 的隔直作用，负载电阻 R_L 上就不会出现直流电压。但对交流信号 u_{ce}，很容易通过隔直电容 C_2 加到负载电阻 R_L 上，形成输出电压 u_o。如果电容 C_2 的容量足够大，则对交流信号的容抗很小，忽略其上的压降，则管压降的交流成分就是负载上的输出电压，因此有

$$u_o = u_{ce} \tag{3.11}$$

把输出电压 u_o 和输入信号电压 u_i 进行对比，可以得到如下结论：

（1）输出电压的波形和输入信号电压的波形相同，只是输出电压幅度比输入电压大。

（2）输出电压与输入信号电压相位差为 $180°$。

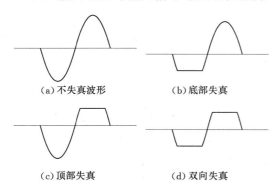

图 3.14　基本放大电路的输出波形

通过以上分析可知，放大电路工作原理实质是用微弱的信号电压 u_i 通过三极管的控制作用去控制三极管集电极电流 i_C，i_C 在 R_L 上形成压降作为输出电压。i_C 是直流电源 U_{CC} 提供的。因此三极管的输出功率实际上是利用三极管的控制作用，直流电能转化成交流电能的功率。

2. 失真现象

所谓失真，是指输出信号的波形与输入信号的波形不成比例的现象。图 3.14 所示是基本放大电路输出的各种波形。由图中可知，图 3.14 （a）是不失真波形，图 3.14 （b）、（c）、（d）均产生了失真。

（1）底部失真。输出波形如图 3.14 （b）所示。

1）产生原因。因静态工作点偏高，即 I_{BQ} 太大，引起 I_{CQ} 太大，导致三极管进入饱和区，亦称为饱和失真。

2）解决措施。调大基极偏置电阻 R_b 或减小集电极电阻 R_c。

（2）顶部失真。输出波形如图 3.14 （c）所示。

1）产生原因。因静态工作点太低，即 I_{BQ} 太小，导致三极管进入截止区，亦称为截

止失真。

2）解决措施。减小基极偏置电阻 R_b 或增大集电极电阻 R_c。

（3）双向失真。此时，静态工作点合适，但输入电压的幅值过大。减小幅值即可。

3. 放大电路的偏置方式

由失真现象分析可知，放大电路只有设置了合适的静态工作点 Q，才能不失真地放大交流信号。因此，设置直流偏置电路，是实现对交流信号放大的前提。放大电路中常见的直流偏置电路有以下几种。

（1）固定偏置式电路。

1）电路组成。固定偏置式电路如图 3.15 所示，$+U_{CC}$ 经电阻 R_b 为发射结提供正向偏置电压，经电阻 R_c 为集电结提供反向偏置电压。

2）静态工作点的估算。

$$I_{BQ} = \frac{U_{CC} - U_{BEQ}}{R_b} \tag{3.12}$$

$$I_{CQ} = \beta I_{BQ} \tag{3.13}$$

$$U_{CEQ} = U_{CC} - I_{CQ} R_c \tag{3.14}$$

3）电路的特点。固定偏置式电路结构简单、容易调整，但静态工作点不稳定。在温度变化、三极管老化、电源电压波动等外部因素的影响下，将引起静态工作点的变动，严重时将使放大电路不能正常工作，其中影响最大的是温度的变化。例如，当 I_{BQ} 固定时，温度升高，β 值增大。I_{CQ} 增大，U_{CEQ} 减小，使 Q 点变化。

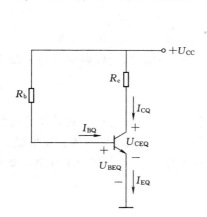

图 3.15　固定偏置式直流电路

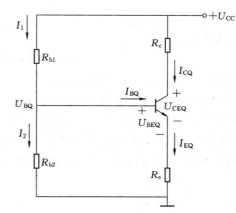

图 3.16　分压式偏置直流电路

（2）分压式偏置电路。

1）电路组成。分压式偏置电路如图 3.16 所示，在基极设置了上偏置电阻 R_{b1} 和下偏置电阻 R_{b2}，在发射极加了一个电阻 R_e 进行温度补偿。

2）静态工作点的估算。若满足：$I_2 \gg I_{BQ}$，则基极电位基本恒定，不随温度变化。

$$I_1 \approx I_2 \approx \frac{U_{CC}}{R_{b1} + R_{b2}} \tag{3.15}$$

$$U_{BQ} \approx \frac{R_{b2}}{R_{b1} + R_{b2}} U_{CC} \tag{3.16}$$

若满足： $U_{BQ} \gg U_{BE}$，则集电极电流基本恒定，不随温度变化。

$$I_{EQ} = \frac{U_{BQ} - U_{BEQ}}{R_e} \qquad (3.17)$$

$$I_{CQ} \approx I_{EQ} \qquad (3.18)$$

$$I_{BQ} = \frac{I_{CQ}}{\beta} \qquad (3.19)$$

$$U_{CEQ} = U_{CC} - I_{CQ}R_c - I_{EQ}R_e \qquad (3.20)$$

在估算时一般选取： $I_2 = (5 \sim 10)I_{BQ}$，$U_{BQ} = (5 \sim 10)U_{BEQ}$，$R_{b1}$、$R_{b2}$ 的阻值一般为十几千欧。

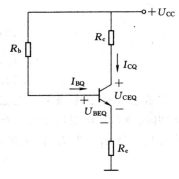

图 3.17　带有发射极电阻的
固定偏置直流电路

3）电路的特点。在基极设置了上偏置电阻 R_{b1} 和下偏置电阻 R_{b2}，稳定基极电位。在发射极加了一个电阻 R_e 进行温度补偿。R_e 越大，稳定 Q 点效果越好，但是对于交流量，R_e 越大，交流损失越大。

（3）带有发射极电阻的固定偏置电路。

1）电路组成。电路组成如图 3.17 所示。

2）静态工作点估算。

$$I_{BQ} = \frac{U_{CC} - U_{BEQ}}{R_b + (1+\beta)R_e} \qquad (3.21)$$

$$I_{CQ} = \beta I_{BQ} \qquad (3.22)$$

$$U_{CEQ} \approx U_{CC} - I_{CQ}(R_c + R_e) \qquad (3.23)$$

3）电路特点。该电路结构比较简单，与不带 R_e 的固定偏置式电路相比，静态工作点较稳定。

4. 放大电路的三种连接方式

三极管对小信号实现放大作用时在电路中可有三种不同的连接方式，又称三种组态。分别为共发射极接法、共集电极接法和共基极接法，它们分别以发射极、集电极、基极作为输入回路和输出回路的公共端，构成不同的放大电路，以 NPN 管为例，如图 3.18 所示。

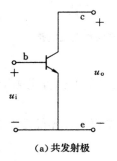　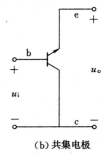　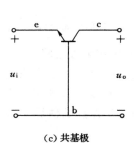

（a）共发射极　　　　　　（b）共集电极　　　　　　（c）共基极

图 3.18　三种组态放大电路

3.2.2　共发射极放大电路

共发射极放大电路按照直流偏置的不同，主要有两种连接方式：一种为固定偏置的共发射极放大电路；另一种为分压式共发射极放大电路。

1. 固定偏置的共发射极放大电路

固定偏置的共发射极放大电路的电路组成如图 3.19（a）所示。

（1）直流分析。直流分析是指放大电路无信号输入（$u_i = 0$）时的分析，即通常说的静态工作状态。在直流分析下，只研究直流电源作用下，电路中各直流量的大小。即确定放大电路的静态工作点的数值。通常静态工作点 Q 指：I_{BQ}、I_{CQ}、U_{CEQ}。

通过直流分析，可以较好地确定放大电路中三极管的工作状态。

1）直流通路。在直流信号作用下，电容可视为开路，电感视为短路，由此得到的等效电路图称为直流通路。如图 3.19（b）所示。

2）近似估算法求静态工作点。近似估算法是利用三极管三个电极的电流关系，结合放大电路的特性，通过公式计算的方法。

$$I_{BQ} = \frac{U_{CC} - U_{BEQ}}{R_b} \tag{3.24}$$

$$I_{CQ} = \beta I_{BQ} \tag{3.25}$$

$$U_{CEQ} = U_{CC} - I_{CQ}R_c \tag{3.26}$$

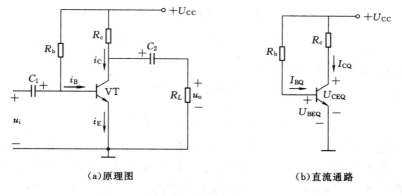

（a）原理图　　　　　　　　　　　　　（b）直流通路

图 3.19　固定偏置的共发射极放大电路

3）图解分析法求静态工作点。图解分析法指在三极管的输入特性和输出特性共同确定静态工作点 Q。利用图解分析法能直观地分析和了解静态值的变化对放大电路的影响。

具体步骤如下：

①由输入特性确定 I_{BQ}。在输入特性曲线上，画出直线 $U_{BE} = U_{CC} - I_B R_b$，它们的交点即为 I_{BQ}。如图 3.20（a）所示。

②由输出特性确定 I_{CQ} 和 U_{CEQ}。由 $U_{CE} = U_{CC} - I_C R_c$，画出直流负载线。由 I_{BQ} 确定的那条输出特性与直流负载线的交点就是 Q 点。则 Q 点的坐标即对应得 I_{CQ} 和 U_{CEQ}，如图 3.20（b）所示。

【例 3.2】　在图 3.19(a) 中，已知 $U_{CC} = 20V$，$R_c = 6.8k\Omega$，$R_b = 510k\Omega$，$\beta = 45$，试求

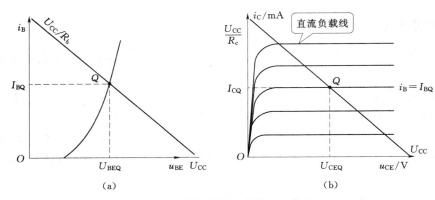

（a）　　　　　　　　　　　　　　（b）

图 3.20　图解分析法求静态工作点

（1）放大电路的静态值；

（2）如果偏置电阻 R_b 由 510kΩ 减至 100kΩ，三极管的工作状态有何变化？

解：（1）
$$I_{BQ} \approx \frac{U_{CC}}{R_b} = \frac{20}{510}(\text{mA}) \approx 40(\mu\text{A})$$

$$I_{BS} = \frac{I_{CS}}{\beta} \approx \frac{U_{CC}}{R_c\beta} = \frac{20}{6.8 \times 45} = 65(\mu\text{A})$$

因为 $I_{BQ} < I_{BS}$，所以电路处于三极管的放大区。

$$I_{CQ} = \beta I_{BQ} = 45 \times 0.04 = 1.8(\text{mA})$$
$$U_{CEQ} = U_{CC} - I_{CQ}R_c = 20 - 1.8 \times 6.8 = 7.8(\text{V})$$

（2）
$$I_{BQ} \approx \frac{U_{CC}}{R_b} = \frac{20}{100}(\text{mA}) \approx 200(\mu\text{A}) > I_{BS}$$

表明三极管已进入饱和工作状态。

$$U_{CEQ} = U_{CES} \approx 0.3\text{V}$$

$$I_{CQ} = I_{CS} \approx \frac{U_{CC}}{R_c} = \frac{20}{6.8} = 2.9(\text{mA})$$

4）设置静态工作点 Q 的意义。设置合适的静态工作点，可以使放大电路的放大信号不失真，并可使放大电路工作在较佳的工作状态，获取较高的效率，静态是动态的基础。

（2）**交流分析**。交流分析是指放大电路有信号输入（$u_i \neq 0$）时的分析，即通常所说的动态工作状态。在交流分析中，主要是依据等效电路计算电压放大倍数 A_u、输入电阻 r_i、输出电阻 r_o 等。

1）交流通路。所谓交流通路，是指在信号源 u_i 的作用下，只有交流电流所流过的路径。画交流通路时，放大电路中的耦合电容 C 短路；由于直流电源 U_{CC} 的内阻很小，对交流变化量几乎不起作用，故可看作短路。如图 3.21 所示。

2）微变等效电路。即在交流通路的基础上，将三极管进一步等效所得的电路即为

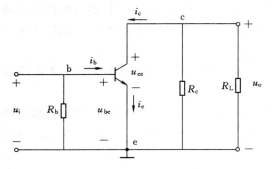

图 3.21　固定偏置共射极放大电路的交流通路

微变等效电路。三极管等效原则如下：

① 三极管的基极-发射极间用 r_{be} 等效，即表示为

$$r_{be} = \frac{\Delta u_{BE}}{\Delta i_B}\bigg|_{u_{CE}=常数} = \frac{u_{be}}{i_b} \tag{3.27}$$

其值近似估算为

$$r_{be} \approx 200 + (1+\beta)\frac{26(\text{mV})}{I_{EQ}(\text{mA})} \tag{3.28}$$

② 三极管的集电极-发射极间等效为受控电流源，即 $i_c = \beta i_b$。

按以上等效原则，可得三极管等效电路如图 3.22 所示。

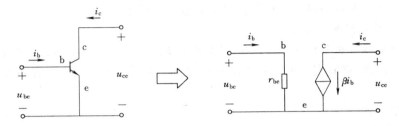

图 3.22　三极管微变等效电路图

图 3.19（a）所对应的固定偏置共射极放大电路的微变等效电路如图 3.23（a）所示。若考虑信号源内阻，则对应用的固定偏置共射极放大电路的微变等效电路则如图 3.23（b）所示。

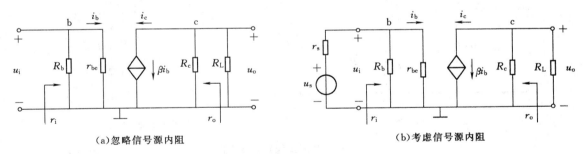

（a）忽略信号源内阻　　　　　　　　　（b）考虑信号源内阻

图 3.23　共射极放大电路的微变等效电路

3）动态参数的估算。

① 放大倍数的估算。由图 3.23（a）可知

$$u_o = -\beta i_b R'_L$$

其中

$$R'_L = R_L /\!/ R_c$$

$$u_i = i_b r_{be}$$

则电压放大倍数

$$（负载时）A_u = \frac{u_o}{u_i} = \frac{-\beta i_b R'_L}{i_b r_{be}} = -\beta\frac{R'_L}{r_{be}} \tag{3.29}$$

$$（空载时）A_u = -\beta\frac{R_c}{r_{be}} \tag{3.30}$$

由图 3.23 （b）可知，因为求得源电压放大倍数

$$A_{us} = \frac{u_o}{u_s} = \frac{U_o}{U_i}\frac{U_i}{U_s} = A_u\,\frac{r_i}{r_s + r_i} \tag{3.31}$$

②输入电阻。

$$r_i = \frac{u_i}{i_i} = R_b // r_{be} \tag{3.32}$$

值越大，从电压源获取的信号也越大。

③输出电阻。

$$r_o = R_c \tag{3.33}$$

值越小，带负载能力越强，电压波动对负载影响就小。

2. 分压式共发射极放大电路

（1）电路组成。在基极 b 设置了上偏置电阻 R_{b1} 和下偏置电阻 R_{b2}，在发射极 e 加了一个电阻 R_e 进行温度补偿。两个耦合电容具有通交流隔直流的作用。电路如图 3.24 （a）所示。

（2）直流分析。

1）直流通路。按照电容开路的原则，等效的直流通路如图 3.24 （b）所示。

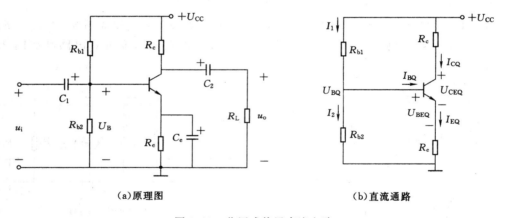

(a)原理图   (b)直流通路

图 3.24 分压式偏置直流电路

2）近似估算法求解静态工作点。若满足：$I_2 \gg I_{BQ}$，则基极电位基本恒定，不随温度变化。

$$I_1 \approx I_2 \approx \frac{U_{CC}}{R_{b1} + R_{b2}} \tag{3.34}$$

$$U_{BQ} \approx \frac{R_{b2}}{R_{b1} + R_{b2}}U_{CC} \tag{3.35}$$

若满足：$U_{BQ} \gg U_{BE}$，则集电极电流基本恒定，不随温度变化。

$$I_{EQ} = \frac{U_{BQ} - U_{BEQ}}{R_e} \tag{3.36}$$

$$I_{CQ} \approx I_{EQ} \tag{3.37}$$

$$I_{BQ} = \frac{I_{CQ}}{\beta} \qquad (3.38)$$

$$U_{CEQ} = U_{CC} - I_{CQ}R_c - I_{EQ}R_e \qquad (3.39)$$

在估算时，一般选取：$I_2 = (5 \sim 10)I_{BQ}$，$U_{BQ} = (5 \sim 10)U_{BEQ}$，$R_{b1}$、$R_{b2}$ 的阻值一般为十几千欧。

（3）交流分析。

1）微变等效电路。按照三极管等效的原则及交流状态下电容短路，电源 U_{CC} 也短路的原则，画出的微变等效电路如图 3.25 所示。

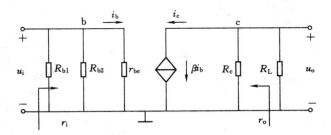

图 3.25　分压式放大电路的微变等效电路

2）动态参数的计算。

①放大倍数的估算。

$$（负载时）A_u = \frac{u_o}{u_i} = \frac{-\beta i_b R_L'}{i_b r_{be}} = -\beta \frac{R_L'}{r_{be}} \qquad (3.40)$$

其中

$$R_L' = R_L // R_c$$

$$（空载时）A_u = -\beta \frac{R_c}{r_{be}} \qquad (3.41)$$

其计算式与固定偏置是一样的。

②输入电阻。

$$r_i = R_{b1} // R_{b2} // r_{be} \qquad (3.42)$$

③输出电阻。

$$r_o = R_c \qquad (3.43)$$

3）频率特性。同一放大电路对不同频率的信号（或同一信号中的不同频率成分）放大倍数和相位不同。放大倍数和信号频率的关系称为幅频特性，相位与信号频率的关系称为相频特性，频率特性包含幅频特性和相频特性。

图 3.26（a）、（b）所示图形分别为分压式共射极放大电路的幅频特性和相频特性。

通频带为

$$BW = f_H - f_L$$

式中：f_H 为放大倍数下降到 $0.7A_{um}$ 时的高端频率；f_L 为放大倍数下降到 $0.7A_{um}$ 时的低端频率。

（4）电路特点。通过在基极采用上、下偏置电阻，并在发射极接上电阻，利用 R_e 进行温度补偿，从而有效地稳定了静态工作点。这种分压式偏置结构的工作点比较稳定，不易出现失真。对直流而言，R_e 越大，稳定 Q 点效果越好；对交流而言，R_e 越大，交流损失越大，为避免交流损失加旁路电容 C_e。

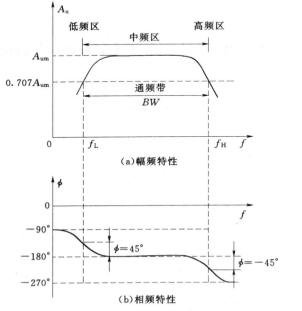

图 3.26　共射极放大电路的频率特性　　　　图 3.27　〔例 3.3〕电路

【例 3.3】　在图 3.27 所示放大电路中，已知 $U_{CC}=12V$，$R_c=6k\Omega$，$R_{e1}=300\Omega$，$R_{e2}=2.7k\Omega$，$R_{b1}=60k\Omega$，$R_{b2}=20k\Omega$，$R_L=6k\Omega$，$R_s=100\Omega$，晶体管 $\beta=50$，$U_{BE}=0.6V$，试求：

（1）静态工作点 I_{BQ}、I_{CQ} 及 U_{CEQ}。

（2）画出微变等效电路。

（3）求输入电阻 r_i、r_o、A_u 及 A_{us}。

解：（1）由直流通路求静态工作点，对应的直流通路如图 3.28（a）所示。

$$U_{BQ}\approx\frac{R_{b2}}{R_{b1}+R_{b2}}U_{CC}=\frac{20}{60+20}\times12=3(V)$$

$$I_{CQ}\approx I_{EQ}=\frac{U_{BQ}-U_{BE}}{R_e}=\frac{3-0.6}{3}=0.8(mA)$$

$$I_{BQ}\approx\frac{I_{CQ}}{\beta}=\frac{0.8}{50}(mA)=16(\mu A)$$

$$U_{CEQ}=U_{CC}-I_{CQ}R_c-I_E(R_{e1}+R_{e2})$$
$$=12-0.8\times6-0.8\times3=4.8(V)$$

（2）微变等效电路如图 3.28（b）所示。

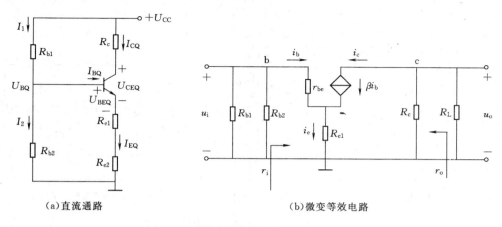

（a）直流通路　　　　　　　　　　　（b）微变等效电路

图 3.28　［例 3.3］等效电路变等效电路

（3）求动态参数。

$$A_u = -\frac{\beta R_L'}{r_{be} + (1+\beta)R_{e1}} = -8.69$$

$$r_i = R_b // [r_{be} + (1+\beta)R_e] \approx 8.03(\text{k}\Omega)$$

其中
$$r_{be} = 200 + (1+\beta)\frac{26}{I_E} = 200 + 51 \times \frac{26}{0.8}(\Omega) = 1.86(\text{k}\Omega)$$

$$R_b = R_{b1} // R_{b2} = 15(\text{k}\Omega)$$

$$r_o = R_c \approx 6(\text{k}\Omega)$$

$$A_{us} = A_u \frac{r_i}{r_i + R_s} = -8.62$$

3.2.3　共集电极放大电路

1. 电路组成

共集电极放大电路如图 3.29（a）所示，交流信号从基极输入，从发射极输出，故该电路又称射极输出器。图 3.29（b）所示为该电路对应的直流通路，图 3.29（c）所示为该电路的微变等效电路。由交流通路可看出，集电极为输入、输出的公共端，故称为共集电极放大电路（简称共集放大电路）。

2. 近似估算法求静态工作点 Q

由图 3.29（b）所示直流通路可知

$$U_{CC} = I_{BQ}R_b + U_{BEQ} + (1+\beta)I_{BQ}R_e$$

$$I_{BQ} = \frac{U_{CC} - U_{BEQ}}{R_B + (1+\beta)R_e} \tag{3.44}$$

可以推出

$$I_{CQ} = \beta I_{BQ} \tag{3.45}$$

$$U_{CEQ} \approx U_{CC} - I_{CQ}R_E \tag{3.46}$$

射极电阻 R_E 具有负反馈作用，能稳定静态工作点 I_c，当温度升高时，有以下变化过程：

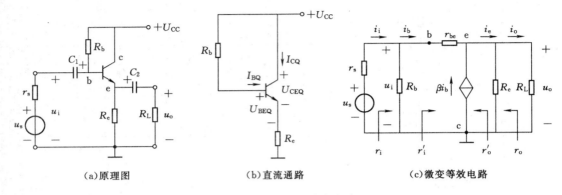

$$t(℃) \uparrow \rightarrow I_{CQ} \uparrow \rightarrow U_E \uparrow \rightarrow U_{BEQ} \downarrow \rightarrow I_{BQ} \downarrow \rightarrow I_{CQ} \downarrow$$

（a）原理图　　　　　　（b）直流通路　　　　　　（c）微变等效电路

图 3.29　共集电极放大电路

3. 微变等效电路法估算动态参数

（1）求电压放大倍数。由图 3.29（c）可知，因为

$$u_o = i_e R'_L = (1+\beta) i_b R'_L$$

其中

$$R'_L = R_e // R_L$$

$$u_i = i_b [r_{be} + (1+\beta) R'_L]$$

所以

$$A_u = \frac{u_o}{u_i} = \frac{(1+\beta) R'_L}{r_{be} + (1+\beta) R'_L} < 1 \tag{3.47}$$

一般有 $(1+\beta) R'_L \gg r_{be}$，故 A_u 略小于 1（接近 1），$u_o \approx u_i$，当 u_i 一定时，输出电压 u_o 基本保持不变，故此电路称为射极跟随器，也称电压跟随器。该电路没有电压放大作用，但仍具有电流放大作用。

（2）求输入电阻。

$$r'_i = r_{be} + (1+\beta) R'_L$$

$$r_i = R_b // r'_i = R_b // [r_{be} + (1+\beta) R'_L] \tag{3.48}$$

通常 R_b 阻值较大（几十至几百千欧）。同时，$r_{be} + (1+\beta) R'_L$ 也比 r_{be} 大得多，因此，射极输出器的输入电阻高，可达几十到几百千欧。

（3）求输出电阻。

$$r_o = R_e // \frac{r_{be} + (R_b // r_s)}{1+\beta} \tag{3.49}$$

在大多数情况下，有

$$R_e \gg \frac{r_{be} + (R_b // r_s)}{1+\beta}$$

所以

$$r_o \approx \frac{r_{be} + (R_b // r_s)}{1+\beta} \tag{3.50}$$

可见，射极输出器具有很小的输出电阻，一般为几至几百欧。

4. 电路特点

电压放大倍数小于 1 而约等于 1，输入电阻高，输出电阻小。

因输入电阻高，它常被用在多极放大电路的第一级，可以提高输入电阻，减轻信号源负担。因输出电阻低，它常被用在多极放大电路的末级，可以降低输出电阻，提高带负载能力。利用 r_i 大、r_o 小以及 $A_u \approx 1$ 的特点，也可将射极输出器放在放大电路的两级之间，起到阻抗匹配作用，这一级射极输出器称为缓冲级或中间隔离级。

3.2.4　共基极放大电路

1. 电路组成

共基极放大电路如图 3.30（a）所示。直流通路采用的是分压偏置式，直流通路如图 3.30（b）所示。交流信号经 C_1 从发射极输入，从集电极经 C_2 输出，C_1、C_2 为耦合电容，C_b 为基极旁路电容，使基极交流接地，故称为共基极放大器。其微变等效电路如图 3.30（c）所示。

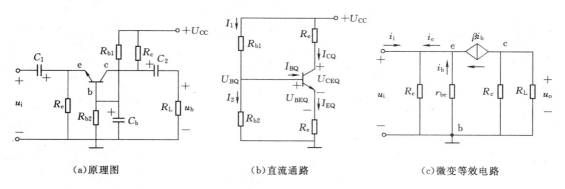

（a）原理图　　　　　　　　　（b）直流通路　　　　　　　　　（c）微变等效电路

图 3.30　共基极放大电路

2. 近似估算法求静态工作点 Q

结果同分压式偏置电路。

3. 微变等效电路法估算动态参数

（1）电压放大倍数。

$$（负载时）A_u = \frac{u_o}{u_i} = \frac{-\beta i_b R_L'}{-i_b r_{be}} = \beta \frac{R_L'}{r_{be}} \tag{3.51}$$

其中

$$R_L' = R_L // R_c$$

$$（空载时）A_u = \beta \frac{R_c}{r_{be}} \tag{3.52}$$

（2）输入电阻。

$$r_i = R_e // \frac{r_{be}}{1+\beta} \tag{3.53}$$

（3）输出电阻。

$$r_o \approx R_c \tag{3.54}$$

综上所述，共基极放大电路的特点是：输入电阻低；输出电阻同共射极放大电路一样；输出电压与输入电压同相，电压放大倍数与共射极放大电路绝对值一样。此外，从图 3.30（c）可看出，电流放大倍数 $A_i \approx i_c / i_e < 1$，约等于 1。

4. 三种组态放大电路的比较

上述所讲的三种组态放大电路是用三极管组成放大电路的基本形式，其他类型的单级放大电路归根到底都是由这三种变化而来的。三种组态放大电路的比较见表 3.10。

表 3.10　　　　　　　　　晶体三极管的三种基本放大电路

项目	共射极放大电路	共集电极放大电路	共基极放大电路
电路形式	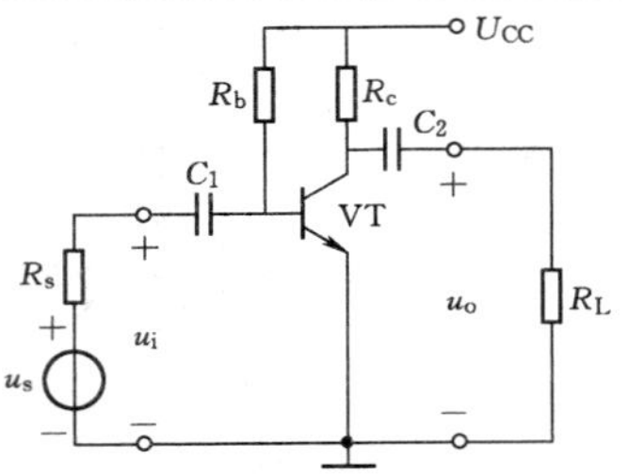 （电路图）	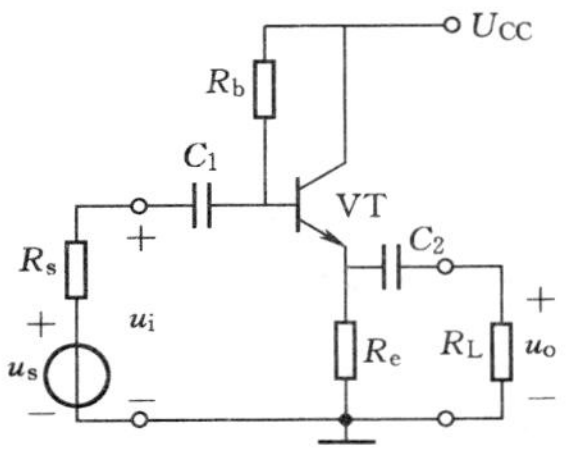 （电路图）	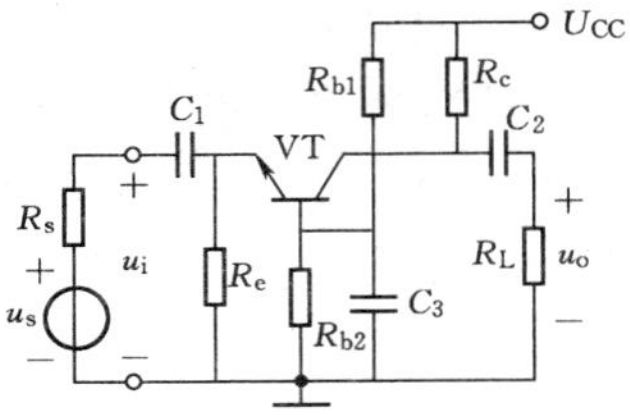 （电路图）
直流通道	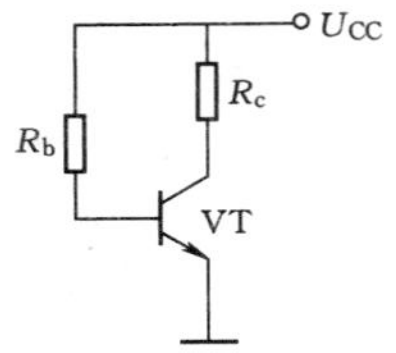 （电路图）	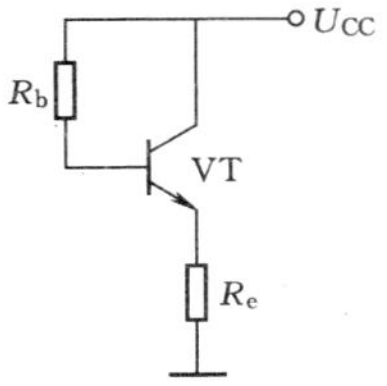 （电路图）	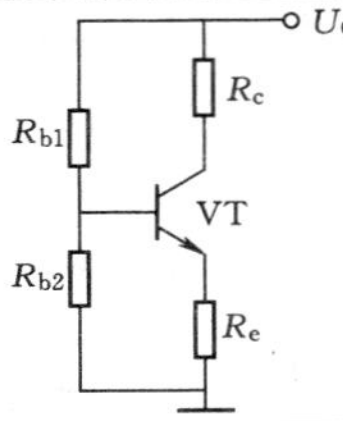 （电路图）
静态工作点	$I_B \doteq \dfrac{U_{cc}}{R_b}$ $I_C = \beta I_B$ $U_{CE} = U_{CC} - I_e R_e$	$I_B = \dfrac{U_{CC}}{R_b + (1+\beta)\,R_e}$ $I_C = \beta I_B$	$U_B \doteq \dfrac{R_{b2}}{R_{b1}+R_{b2}} U_{CC}$ $I_C = I_E = \dfrac{U_B - 0.7}{R_e}$ $U_{CE} = U_{CC} - I_C\,(R_c + R_e)$
交流通道	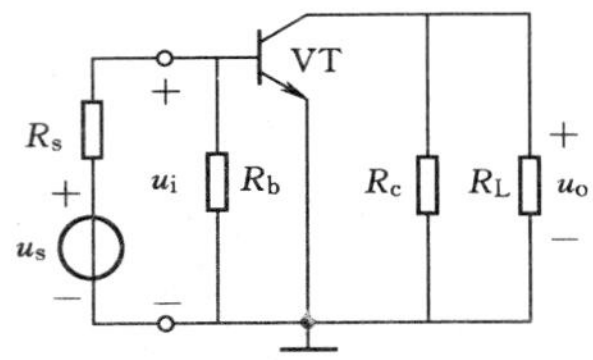 （电路图）	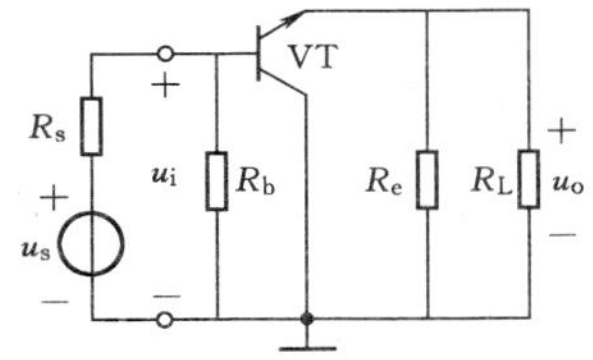 （电路图）	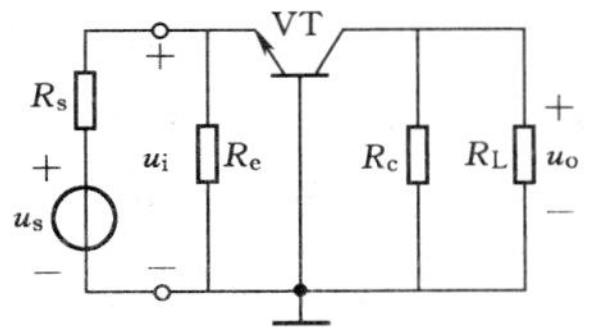 （电路图）
微变等效电路	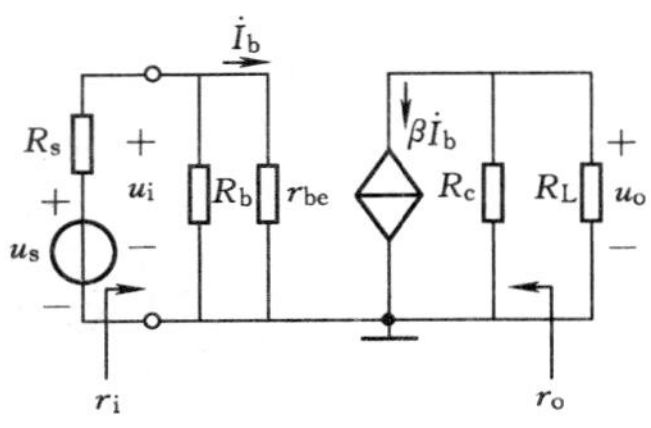 （电路图）	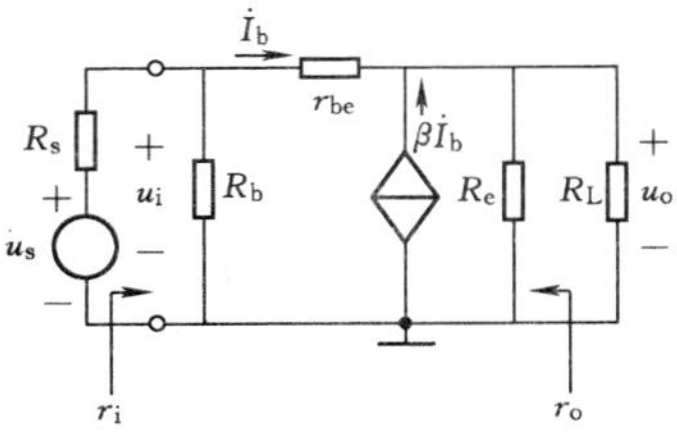 （电路图）	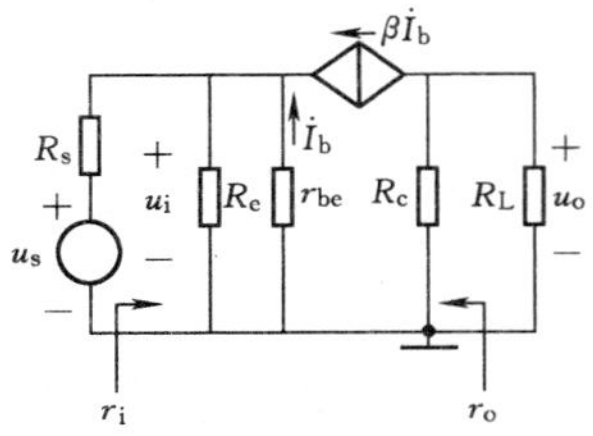 （电路图）

续表

项目	共射极放大电路	共集电极放大电路	共基极放大电路
A_u	$-\dfrac{\beta R'_L}{r_{be}}$	$\dfrac{(1+\beta)\,R'_L}{r_{be}+\,(1+\beta)\,R'_L}$	$\dfrac{\beta R'_L}{r_{be}}$
r_i	$R_b//r_{be}$	$R_b//\,[r_{be}+\,(1+\beta)\,R'_L]$	$R_e//\dfrac{r_{be}}{1+\beta}$
r_o	R_c	$R_e//\dfrac{r_{be}+R'_s}{1+\beta},\ R'_s=R_b//R_s$	R_c
用途	多级放大电路的中间级	输入级、输出级或缓冲级	高频电路或恒流源电路

任务 3.3　设计和制作前置放大电路

任务内容

用三极管、电容和电阻等元件设计和制作前置放大电路。

任务目标

能够判断多级放大电路的耦合方式，学会三极管放大电路的分析方法，根据设计要求正确地选择和检测元器件，学会前置放大器的制作和调试方法。

任务分析

在音频功率放大器电路中，由于输入信号较小，因此需要在信号输入端接前置放大电路，主要是实现电压放大，并利用射极跟随器作为缓冲级。本任务设计的前置放大电路为两级放大，第一级放大电路为分压式共发射极放大电路，第二级放大电路为射极跟随器。

任务实施

1. 识别电路图

判断图 3.31 所示电路图的类型，了解该电路的功能及所需要的元器件种类。

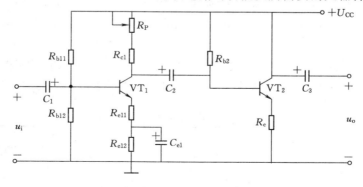

图 3.31　前置放大电路

2．分析电路

（1）电路连接。学习多级放大电路的连接方式，掌握各部分元件的作用。

（2）工作分析。学习三极管放大电路的交、直流分析方法；掌握放大器静态工作点对放大器输出波形的影响；交流参数对放大器工作性能的影响。学习负反馈对放大电路性能的影响。

（3）参数计算。学习三极管放大电路静态工作点的计算；电压放大倍数、输入电阻及输出电阻的计算。

3．电路仿真

放大电路的传统设计计算方法比较繁杂，电路参数计算完以后，还需要搭接实际电路反复地调试。而利用计算机辅助设计则简化了这一过程。具体实现过程如下：

（1）按图3.31画仿真电路图如图3.32所示。

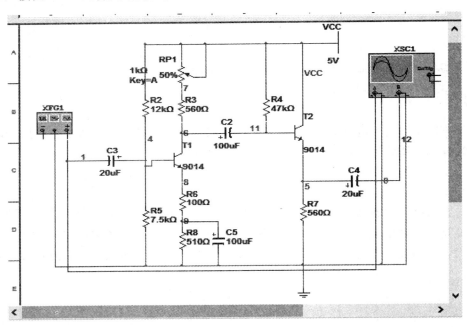

图3.32 前置放大电路仿真图

（2）接通仿真开关，用仿真直流电压表和电流表分别测量图3.32中两个三极管三个管脚对地电位，将结果记入表3.11中。

（3）设置信号发生器输出为1kHz、10mV（最大值），调节电位器使输出信号不失真，并将输入、输出信号的值记入表3.11中，相应的仿真波形如图3.33所示。

表3.11　　　　　　　　　　　　　　前置放大电路仿真测试结果

项目	U_B	U_E	U_C	u_i	u_o	A_u
第一级						
第二级						

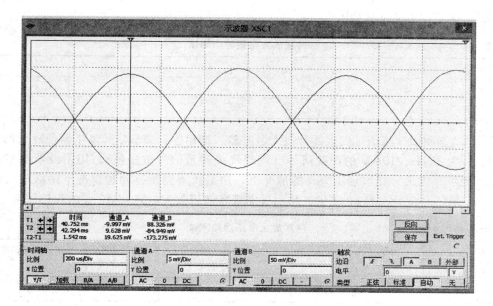

图 3.33 前置放大电路仿真波形图

4. 检测元器件

查阅电子手册或网络资源，结合图 3.32 选择的数据，将所选电子元器件的图形符号、文字符号等内容及所测参数填入表 3.12。

表 3.12 　　　　　　　　　　电 子 元 器 件 表

序号	元件名称	图形符号	文字符号	标称参数	实际参数	功能
1						
2						
3						
4						
5						
6						

5. 制作电路

（1）安装元件。将相关元器件的引线成型，然后按照图 3.31 将元件规范地安装到电路板上。

（2）焊接电路。将元器件依次焊接，要求每一个焊接点都有一定的机械强度和良好的电气性能。

（3）焊接检查。检查焊点，看是否出现虚焊和漏焊；检查三极管和电解电容的管脚是否焊接正确。

6. 调试电路

（1）静态测试。将 R_P 调至最大，函数信号发生器输出旋钮旋至零。接通电源，调节 R_P 使三极管 VT_1 的集电极-发射极间电压为 1.5V，用万用表测量 VT_1 和 VT_2 的 U_B、

U_E、U_C，并记录在表 3.13 中。

表 3.13　　　　　　　　　　前置放大电路静态测试

项目	U_B	U_E	U_C	U_{BE}	U_{CE}
VT$_1$					
VT$_2$					

（2）动态测试。将信号发生器与放大电路输入端相连，调节信号发生器使放大器输入端信号 u_i 为 1kHz、10mV 的正弦信号（用毫伏表测量信号电压值）。用示波器观察放大器输出端的 u_o 波形，在波形不失真的情况下，用毫伏表测量这两种情况下两级放大电路的 u_i、u_o 值，并记录在表 3.14 中。用示波器观察两级放大电路 u_o 和 u_i 的相位关系。

表 3.14　　　　　　　　　　前置放大电路动态测试

项目	u_i/mV	u_o	A_u（测量值）	A_u（计算值）	输入输出相位关系
第一级	10				
第二级	10				

（3）工作点改变对波形的影响。分别增大和减小 R_P，观察工作点及波形变化情况，并记录在表 3.15 中。

表 3.15　　　　　　　　　　前置放大电路工作点变化分析

项目		U_B	U_E	U_C	U_{BE}	U_{CE}	波形情况
增大 R_P	VT$_1$						
	VT$_2$						
减小 R_P	VT$_1$						
	VT$_2$						

（4）最大不失真输出电压的测试。将输入信号 u_i 由 10mV 逐渐增大，用示波器观察输出波形，如出现失真，调节 R_P 消除失真，继续增大信号，到同时出现双向切顶失真为止，此时放大器工作点为最佳工作点，放大器的动态范围最大，测出不失真的最大输出电压及输入电压，并记录在表 3.16 中。

表 3.16　　　　　　　　　　前置放大电路最大不失真输出测试

放大级	静　态　测　试					动　态　测　试		
第一级	U_B	U_E	U_C	U_{BE}	U_{CE}	u_i	u_o	A_u
第二级								

（5）测量频率特性。在上述动态测试中，图 3.31 所示电路中的耦合电容可视为短路，三极管的极间电容可视为开路。但是，这些电容的容抗分别在低频和高频时对信号有衰减和分流作用，使电压放大倍数下降。为反映电压放大倍数随信号频率的降低和升高而下降的特性，可按以下步骤进行测量。

在 $f=1kHz$ 的条件下，调节 u_i 使 $U_o=1V$，然后保持 u_i 的幅值不变，改变频率，在频率降低和升高的过程中，当 $U_o = 0.707V$ 时所对应的频率即下限频率和上限频率，选取若干点记录在表 3.17 中。

表 3.17　　　　　　　　　　　　　前置放大电路频率测试

f/Hz				1000			
U_o/V	0.707			1			0.707
结论		$f_H=$		$f_L=$		通频带 BW=	

7. 编写任务报告

根据以上任务实施情况编写任务报告。

任务小结

本任务在设计、制作和调试前置放大电路的实施过程中，要求重点掌握三极管放大电路的组成、放大原理和电路中的元件测试，了解多级放大电路的连接方式。并能通过相关的常用仪器仪表完成电路相关参数的测试，并与理论分析的结果进行比较，进一步提高单元电路设计、制作和调试的能力。

相关知识

3.3.1　多级放大电路

1. 多级放大电路的组成

在实际应用中，放大器的输入信号都较微弱，有些小到几微伏，如要推动负载工作，必须经多级放大电路，所以为了获得足够高的增益，或满足电路对输入电阻和输出电阻的要求。实用电路通常由几级基本放大器组成。

图 3.34 为多级放大电路的结构框图，其中的输入级和中间级主要用作电压放大，可将微弱的输入电压放大到足够的幅度。后面的输出级用作功率放大。

图 3.34　多级放大电路的结构框图

2. 多级放大电路的耦合方式

多级放大电路是由两级或两级以上的单级放大电路连接而成的。在多级放大电路中，级与级之间的连接方式称为耦合方式。而级与级之间耦合时，必须满足：①耦合后，各级电路仍具有合适的静态工作点；②保证信号在级与级之间能够顺利地传输过去；③耦合后，多级放大电路的性能指标必须满足实际的要求。

为了满足上述要求，一般常用耦合方式有阻容耦合、直接耦合、变压器耦合三种方式。

（1）阻容耦合。级与级之间通过电容连接的方式称为阻容耦合方式，如图 3.35 所示电路为两级阻容耦合放大电路。

由于电容器有通交流隔直流的作用，因此前一级的输出信号可以通过耦合电容传送到后级的输入端，而各级的直流工作状态相互之间无影响，所以各级电路的静态工作点相互独立，互不影响。这给放大电路的分析、设计和调试带来了很大的方便。此外，它还具有体积小、质量轻的优点。这些优点使它得到广泛的应用。但缓慢变化的信号在通过耦合电容时会受到很大的衰减，阻容耦合方式不适合传送这类信号。

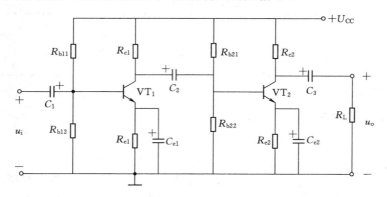

图 3.35　阻容耦合放大电路

（2）直接耦合。将两级阻容耦合放大器中的耦合电容去掉，改为用一根导线连接，这种连接方式称为直接耦合，如图 3.36 所示。

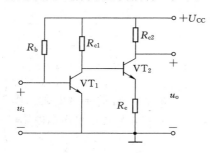

图 3.36　直接耦合放大电路

直接耦合放大电路不仅能放大交流信号，也能放大直流或缓慢变化的信号。由于直接耦合各级的直流通路互相沟通，因此各级的静态工作点互相影响。温度造成的直流工作点漂移会被逐级放大，出现因温度变化后，静态工作点的变化量等同于有交流信号输出的温度漂移。一般直接耦合方式常用于集成电路的级间连接。

（3）变压器耦合。通过变压器实现级间耦合的放大电路如图 3.37 所示。变压器 T_1 将第一级的输出信号电压变换成第二级的输入信号电压，T_1 变压器中间耦合，实现前后两级的阻抗匹配，T_2 将第二级的输出信号电压变换成负载 R_L 所要求的电压。

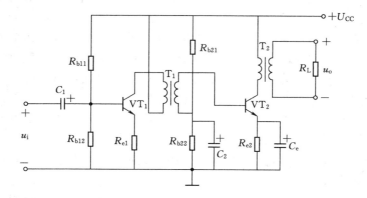

图 3.37　变压器耦合放大电路

变压器耦合的最大优点是能够进行阻抗、电压和电流的变换，这在功率放大器中常用到。此外还具有很好的隔直作用。变压器耦合的缺点是体积和质量都较大、高频性能差、价格高，不能传送变化缓慢的信号或直流信号。

3. 性能指标估算

（1）电压放大倍数。多级放大器的电压放大倍数 A_u 等于各级电压放大倍数的乘积。即

$$A_u = A_{u1} A_{u2} A_{u3} \cdots \tag{3.55}$$

式中：A_{u1}、A_{u2}、A_{u3}、$\cdots$ 分别是各级的电压放大倍数。

由于在多级放大器中，每个单级放大器是互相影响的。前一级的输出电压 u_o 可看成后一级的输入信号 u_i，而后一级的输入电阻又是前一级的负载电阻。在计算各级的电压放大倍数时，必须考虑放大器相互之间的影响。

（2）输入电阻。多级放大电路的输入电阻就是输入级的输入电阻。当输入级为共集电极放大电路时，要考虑第二级的输入电阻作为前级负载时对输入电阻的影响。

（3）输出电阻。多级放大电路的输出电阻就是输出级的输出电阻。当输出级为共集电极放大电路时，要考虑其前级对输出电阻的影响。

（4）频率特性。耦合后，多级放大电路的通频带比单级放大电路的通频带窄。

3.3.2　反馈放大电路

1. 反馈的基本知识

将放大电路输出量（电压或电流）的一部分或全部，通过某些元件或网络（称为反馈网络），反向送回到输入端，来影响原输入量（电压或电流）的过程称为反馈。

有反馈的放大电路称为反馈放大电路，其组成框图如图 3.38 所示。

（1）正向传输和反向传输。正向传输指信号从输入端到输出端的传输；反向传输指信号从输出端到输入端的传输。

（2）开环和闭环。开环状态指电路中只有正向传输，没有反向传输；闭环状态指既有正向传输，又有反向（反馈）传输。

（3）本级反馈与级间反馈。本级反馈指反馈只存在某一级放大电路中；级间反馈指反馈存在两级以上的放大器中。

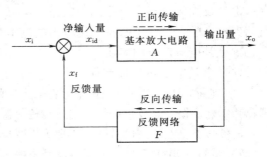

图 3.38　反馈放大电路的组成框图

2. 反馈的类型及判别

（1）正、负反馈。在反馈放大电路中，反馈量使放大器净输入量得到增强的反馈称为正反馈，使净输入量减弱的反馈称为负反馈。

1）判别方法。通常采用"瞬时极性法"来区别是正反馈还是负反馈，具体方法如下：

①假设信号某一瞬时的极性。即在电路中，从输入端开始，沿着信号流向，标出某一时刻有关节点对"地"的瞬时极性，通常设输入端为"+"。

通常，信号经过电阻和电容极性不变。对于三极管放大电路，基极信号与发射极信号同向，与集电极信号反向。

②根据输入与输出信号的相位关系，确定输出信号和反馈信号的瞬时极性。

③根据反馈信号与输入信号的连接情况，分析净输入量的变化，如果反馈信号使净输入量增强，即为正反馈；反之为负反馈。即若反馈量与输入量作用在同一点上，两者极性相反为负反馈；极性相同为正反馈。若反馈量与输入量作用在两个点上，两者极性相同为负反馈；极性相反为正反馈。

2）特点。正反馈增强净输入量，使放大倍数增大。负反馈削弱净输入量，使放大倍数减小。

（2）交、直流反馈。在放大电路中存在直流分量和交流分量，若反馈信号是交流量，则称为交流反馈，它影响电路的交流性能；若反馈信号是直流量，则称为直流反馈，它影响电路的直流性能，如静态工作点。若反馈信号中既有交流量也有直流量，则反馈对电路的交流性能和直流性能都有影响。

（3）电压反馈和电流反馈。依据反馈信号在输出端的取样方式来判断。从输出端看，若反馈信号取自输出电压，则为电压反馈；若取自输出电流，则为电流反馈。

1）判断方法。采用输出短路法或输出开路法。

①输出短路法。假设输出端负载交流短路（$R_L = 0$），此时 $u_o = 0$，$i_o \neq 0$，若反馈信号消失了，则为电压反馈；若反馈信号仍然存在，则为电流反馈。

②输出开路法。假设将输出端负载 R_L 两端开路（即 $R_L = \infty$），此时，$i_o = 0$，但 $u_o \neq 0$，若反馈量是零，就是电流反馈；反之则为电压反馈。

2）特点。电压反馈的重要特点是能稳定输出电压、减小输出电阻。无论反馈信号是以何种方式引回到输入端，实际上都是利用输出电压本身通过反馈网络来对放大电路起自动调整作用的，这是电压反馈的实质。

电流反馈的重要特点是能稳定输出电流、增大输出电阻。无论反馈信号是以何种方式引回到输入端，实际上都是利用输出电流本身通过反馈网络来对放大电路起自动调整作用的，这就是电流反馈的实质。

（4）串联反馈和并联反馈。

1）判断方法。以依据反馈信号在输入端的连接方式。若反馈网络的出口与信号源串联，则称为串联反馈。若反馈网络的出口与信号源并联，则称为并联反馈。由此可得出，若反馈信号与信号源接在不同的端子上，即为串联反馈。若接在同一个端子上，则为并联反馈。

2）特点。串联反馈中，反馈信号与输入信号串联，可以使电路的输入电阻增大。并联反馈中，反馈信号与输入信号并联，可以使电路的输入电阻减小。

【例 3.4】　判断图 3.39 所示电路的反馈类型。

解：从图中可知，本级反馈元件有 R_{e1} 和 R_{e2}，级间反馈元件有 R_f。

（1）由图可知，按照瞬时极性法，反馈元件 R_{e1} 的反馈信号与输入信号极性相同，反馈点与信号输入点异点，所以为负反馈；R_{e1} 对交、直流均起作用，所以为交、直流反馈；从输出端看，按照输出短路法可知，输出电压为 0，但反馈信号并不为 0，所以为电流反馈；从输入端看，反馈信号与输入信号串联，所以为串联反馈。综上所述，则可知 R_{e1} 的反馈类型为交、直流的串联电流负反馈。

（2）用同样的方法可以判断出 R_{e2} 的反馈类型为直流的串联电流负反馈。

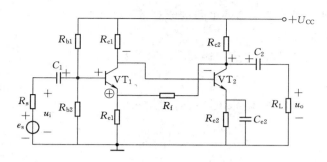

图3.39　[例3.4]电路

（3）对于R_f，为级间反馈，其反馈从VT_2的集电极引出，是电压反馈；反馈电压引入到VT_1的发射极，是串联反馈。结合瞬时极性法可判断出R_f引导的反馈类型为交、直流的串联电压负反馈。

3. 负反馈电路

（1）负反馈放大电路的四种组态。根据输出端的取样方式和输入端的连接方式，可以组成四种不同类型的负反馈电路：电压串联负反馈、电压并联负反馈、电流串联负反馈和电流并联负反馈。

（2）负反馈对放大电路性能的影响。由图3.38所示反馈电路的框图可知，对于负反馈，反馈量与输入量相反，则可得各信号量的关系式如下

$$x_{id} = x_i - x_f \tag{3.56}$$

$$A = \frac{x_o}{x_{id}} \tag{3.57}$$

$$F = \frac{x_f}{x_o} \tag{3.58}$$

$$A_f = \frac{x_o}{x_i} = \frac{x_o}{x_{id} + x_f} = \frac{A}{1 + AF} \tag{3.59}$$

式（3.59）表明闭环增益A_f是开环增益A的$\dfrac{1}{1+AF}$，小于A。其中，（$1+AF$）称为反馈深度，它的大小反映了反馈的强弱；乘积AF常称为环路增益。

1）降低放大倍数，提高放大倍数的稳定性。引入负反馈使放大倍数的稳定性提高。放大倍数下降至$\dfrac{1}{1+|AF|}$倍，其稳定性提高$1+|AF|$倍。若$|AF| \gg 1$，称为深度负反馈，此时

$$A_f \approx \frac{1}{F} \tag{3.60}$$

在深度负反馈的情况下，闭环放大倍数仅与反馈电路的参数有关。反馈信号近似等于输入信号；净输入信号近似为0。

此时，闭环放大电路的两输入端近似短路，相当于虚短。闭环放大电路的输入端近似断开，相当于虚断。

2）改善波形失真。负反馈是利用失真的波形来改善波形的失真，因此只能减小失真，而不能完全消除失真。

3）展宽通频带。引入负反馈使电路的通频带宽度增加 $1+|AF|$ 倍。

4）对输入电阻的影响。

①串联负反馈。使电路的输入电阻提高为原来的 $1+|AF|$。即

$$r_{if}=(1+|AF|)r_i \qquad (3.61)$$

②并联负反馈。使电路的输入电阻降低为原来的 $\dfrac{1}{1+|AF|}$。即

$$r_{if}=\frac{r_i}{1+|AF|} \qquad (3.62)$$

5）对输出电阻的影响。

①电压负反馈。使电路的输出电阻降低为原来的 $\dfrac{1}{1+|AF|}$。即

$$r_{of}=\frac{r_o}{1+|A_0F|} \qquad (3.63)$$

电压负反馈具有稳定输出电压的作用，即有恒压输出特性，故输出电阻降低。

②电流负反馈。使电路的输出电阻提高 $1+|AF|$。即

$$r_{of}=(1+|A_0F|)r_o \qquad (3.64)$$

电流负反馈具有稳定输出电流的作用，即有恒流输出特性，故输出电阻提高。

（3）负反馈的应用。

1）注意事项。

①负反馈在应用中要根据使用要求选择合适的负反馈类型。

②要考虑估算在深度负反馈下放大电路的性能。

③如何防止负反馈放大电路产生自激振荡，以保证放大电路工作的稳定性。

2）放大电路引入负反馈的一般原则。

①要稳定放大电路的某个量，就采用某个量的负反馈方式。如：稳定电压量，引入电压负反馈；稳定交流量，引入交流负反馈。

②根据对输入、输出电阻的要求来选择反馈类型。如：提高输入电阻，引入串联负反馈；反之为并联负反馈。减小输出电阻，引入电压负反馈；反之为电流负反馈。

③根据信号源及负载来确定反馈类型。如：信号源为恒压源时，引入串联负反馈；为恒流源时，引入并联负反馈。负载要求恒压源输出，引入电压负反馈；要求恒流源输出，引入电流负反馈。

（4）负反馈放大电路的稳定性。

1）影响稳定性的主要原因。反馈深度太大，产生自激振荡，即放大电路在无外加输入信号时，能输出一定频率和幅度信号的现象。

2）自激振荡的原因。

①高频段。基本放大电路在高频段产生附加相移，而当相移达到 $180°$，则变成了正反馈，正反馈量足够大时就产生自激振荡。

②低频段。各级的交流电源在直流电源内阻上产生压降，形成电源内阻的交流耦合，在级间形成正反馈。

3）自激振荡的消除方法。若在高频段形成，可在基本放大电路中插入相伴补偿网络

（消振网络），以改变基本放大电路高频段的频率特性，从而破坏自激振荡条件，使其不能振荡。如：

①在级联处与地间接电容 C，形成电容滞后补偿。

②级联处与地间接 R、C，形成 RC 滞后补偿。

③或者在三极管基极与集电极间直接连 C 或 RC，形成密勒效应补偿。

若在低频段形成，则可采用低内阻的稳压电源（大概零点几欧），在电路的电源进线处加去耦电路，即 RC 电路，R 与电源串联后，经 C 与地连接，可滤掉低频信号，再将小容量电容与 C 并联，滤掉高频信号。

项目考核

考核内容包含学习态度（15 分）、实践操作（70 分）、任务报告（15 分）等方面的考核，由指导教师结合学生的表现考评，既关注了过程性评价，也体现出了结果性评价，各考核内容及分值见表 3.18。

表 3.18 项 目 考 评 表

学生姓名		任务完成时间			
项目 3		设计和制作前置放大电路			
考核内容	任务名称	任务 3.1　设计和制作三极管开关驱动电路	任务 3.2　设计和制作电压放大器	任务 3.3　设计和制作前置放大电路	分值
学习态度（15 分）	（1）课堂考勤及上课纪律情况（10 分）				
	（2）小组成员分工及团队合作（5 分）				
实践操作（70 分）	（1）识读电路图（10 分）				
	（2）基本元器件的识别与检测（10 分）				
	（3）电路仿真测试（10 分）				
	（4）电路参数计算（10 分）				
	（5）电路制作（10 分）				
	（6）电路测试（20 分）				
任务报告（15 分）					
合计项目评分（分）					
教师评语					

项目总结

该项目包含了三个任务，由简到难，包含了对三极管的识测，三极管工作状态的判别，三极管放大电路的设计、分析和测试及前置放大电路的设计、分析和测试，既体现了对理论知识的学习，又加强了对元器件的检测、仪器仪表的使用和单元电路设计和分析的能力。在项目实施过程中，加强了识读电路图的训练和元器件的检测，培养了专业基本素质。

复 习 思 考 题

3.1 填空题

1. 晶体三极管的三个工作区分别为_____工作区、_____工作区和_____工作区。在放大电路中，晶体三极管通常工作在_____工作区。

2. 直流通路是指在_____作用下_____流经的通路，交流通路是指在_____作用下_____流经的通路，画直流通路时_____可视为开路、_____可视为短路；画交流通路时_____和_____可视为短路。

3. 衡量放大器的主要技术指标是_____要高、_____特性要好、_____失真要小、_____和_____电阻要适当。

4. 放大电路的静态工作点由它的_____通路决定，而放大电路的放大倍数、输入电阻、输出电阻等由它的_____通路决定。

5. 放大电路只有加上合适的_____电源，才能正常工作。

6. 直接耦合放大电路能放大_____信号，阻容耦合放大电路能放大_____信号。

7. 为了扩宽频带，应在放大电路中引入_____反馈。

8. 要得到一个输入电阻大、输出电阻小的阻抗变压器，应在放大电路中引入_____反馈。

3.2 选择题

1. 三极管具有电流放大作用的外部条件必须使（　　）。

A. 发射结正偏，集电结反偏　　　B. 发射结反偏，集电结正偏

C. 发射结正偏，集电结正偏　　　D. 发射结反偏，集电结反偏

2. 测得电路中的 NPN 型硅管各极电位分别如下：$U_B = -3V$，$U_C = -5V$，$U_E = -3.7V$，则该管工作在（　　）状态。

A. 放大　　　B. 截止　　　C. 饱和　　　D. 倒置

3. 放大器的静态工作点设置得过低，容易产生（　　）。

A. 截止失真　　B. 线性失真　　C. 饱和失真　　D. 交越失真

4. 对于放大电路，所谓开环是指（　　）。

A. 无负载　　B. 无信号源　　C. 无反馈通路　　D. 无电源

5. 构成反馈通路的元件（　　）。

A. 只能是电阻　　　　　　　　B. 只能是晶体管、集成运放等有源器件

C. 只能是无源器件　　　　　　D. 可以是无源器件，也可以是有源器件

6. 三极管工作在开关状态，则它工作在（　　）。

A. 饱和与放大区　　　　　　　B. 饱和与截止区

C. 放大与截止区　　　　　　　D. 以上都不对

7. 对于 PNP 管共射极放大器，输出电压波形底部被削平是（　　）。

A. 饱和失真　　　　　　　　　B. 截止失真

C. 交越失真　　　　　　　　　D. 线性失真

8. 共射、共基和共集三种基本放大电路中，电压放大倍数约为 1 的是（　　）。

A. 共射极放大器　　　　　　　B. 共基极放大器

C. 共集电极放大器　　　　　　D. 以上都不对

9. 共射、共基和共集三种基本放大电路中，输入电压与输出电压相位相反的是
（　　）。

A. 共射极放大器　　　　　　　B. 共基极放大器

C. 共集电极放大器　　　　　　D. 以上都不对

10. 大功率三极管的金属外壳一般是（　　）极。

A. B　　　　　　B. C　　　　　　C. E　　　　　　D. 屏蔽

11. 对于三极管的分类，下面说法正确的是（　　）。

A. PNP 型管就是锗管，而 NPN 型管就是硅管

B. PNP 型管就是硅管，而 NPN 型管就是锗管

C. 硅三极管包括 NPN 型和 PNP 型，而锗三极管只 PNP 型管

D. 三极管包括 NPN 型和 PNP 型，而每一种又分硅管和锗管

12. 直流负反馈是指（　　）。

A. 只存在于直接耦合电路中的负反馈　　B. 直流通路中的负反馈

C. 放大直流信号时才有的负反馈　　　　D. 只存在于阻容耦合电路中的负反馈

13. 在放大电路中，为了稳定静态工作点，可以引入（　　）。

A. 交流负反馈和直流负反馈　　　B. 直流负反馈

C. 交流负反馈　　　　　　　　　D. 交流正反馈

14. 在放大电路的输入量保持不变的情况下，若引入反馈后（　　），则说明引入的
反馈是负反馈。

A. 输出量增大　　B. 净输入量增大　　C. 净输入量减小　　D. 反馈量增加

15. 在反馈放大电路中，如果反馈信号和输出电压成正比，称为（　　）反馈。

A. 电流　　　　　　B. 串联　　　　　　C. 电压　　　　　　D. 并联

16. 在反馈放大电路中，如果反馈信号与输入信号在输入回路以电流形式进行比较，
则称为（　　）反馈。

A. 电流　　　　　　B. 串联　　　　　　C. 电压　　　　　　D. 并联

17. 当放大电路所用信号源的内阻很大时，若引入（　　）负反馈，则负反馈效果
不佳。

A. 电流　　　　　　B. 串联　　　　　　C. 电压　　　　　　D. 并联

18. 为了稳定放大电路的输出电压，应引入（　　）负反馈。

A. 电流　　　　　　B. 串联　　　　　　C. 电压　　　　　　D. 并联

19. 为了稳定放大电路的输出电流，应引入（　　）负反馈。

A. 电流　　　　　　B. 串联　　　　　　C. 电压　　　　　　D. 并联

20. 某负反馈放大电路的开环增益 $A=10000$，当反馈系数 $F=-0.0004$ 时，其闭环增益为（　　）。

A. 2500　　　　　　B. 2000　　　　　　C. 1000　　　　　　D. 1500

3.3　判断题

1. 反馈信号的大小与输出电压大小成比例的反馈称为电压反馈。　　　　　　（　　）

2. 加入反馈后，净输入信号得到加强，则此反馈类型为负反馈。　　　　　　（　　）

3. AF 的乘积称为环路放大倍数，$1+AF$ 则称为反馈深度。　　　　　　（　　）

4. 要求恒流输出时，则应该引入电流负反馈。　　　　　　　　　　　　　（　　）

5. 当输入信号为恒压源时，应该选择并联负反馈。　　　　　　　　　　　（　　）

6. 放大电路引入深度负反馈的特点是：放大倍数几乎仅仅决定于反馈网络。（　　）

7. 放大器的负反馈深度越大，放大倍数下降越多。　　　　　　　　　　　（　　）

8. 在共集电极放大电路中，发射极电阻 R_e 是反馈元件。　　　　　　　（　　）

9. 采用瞬时极性法可以判断是电压反馈还是电流反馈。　　　　　　　　　（　　）

10. 引入深度负反馈的放大电路的闭环放大倍数可以近似等于 F 的倒数。（　　）

3.4　电路如图 3.40 所示，晶体管 VT 的电流放大系数 $\beta=50$，$R_b=300\text{k}\Omega$，$R_e=3\text{k}\Omega$，晶体管 VT 处于什么工作状态？为什么？

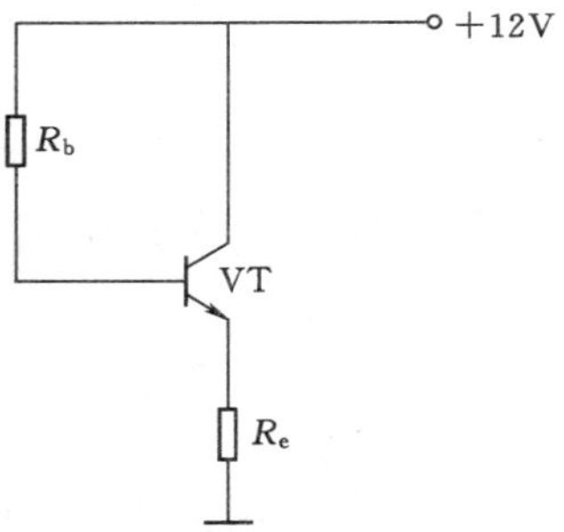

图 3.40　题 3.4 电路

3.5　在如图 3.40 所示放大电路中，已知 $U_{CC}=12\text{V}$，$R_e=2\text{k}\Omega$　$R_b=200\text{k}\Omega$，$R_L=2\text{k}\Omega$，晶体管 $\beta=60$，$U_{BE}=0.6\text{V}$，信号源内阻 $R_s=100\Omega$，试求：

（1）静态工作点 I_B、I_E 及 U_{CE}；

（2）画出微变等效电路；

（3）A_u、r_i 和 r_o。

3.6　按下列技术指标，设计固定偏置放大器，要求满足：

（1）电源电压 $U_{CC}=12\text{V}$；

（2）电压放大倍数 $A_{um}=40$；

（3）负载电阻 $R_L=2\text{k}\Omega$；

（4）输入信号 $U_s=10\text{mV}$；

（5）信号源内阻 $r_s=200\Omega$；

（6）频带宽度 $20\sim50$ kHz。

3.7　在图 3.41 所示放大电路中，已知 $U_{CC}=12\text{V}$，$R_c=6\text{k}\Omega$，$R_{e1}=300\Omega$，$R_{e2}=2.7\text{k}\Omega$，$R_{b1}=60\text{k}\Omega$，$R_{b2}=20\text{k}\Omega$，$R_L=6\text{k}\Omega$，晶体管 $\beta=50$，$U_{BE}=0.6\text{V}$，试求：

（1）静态工作点 I_B、I_C 及 U_{CE}；

（2）画出微变等效电路；

（3）输入电阻 r_i、r_o 及 A_u。

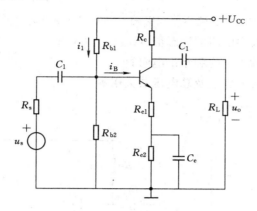

图 3.41　题 3.7 电路

3.8　分别改正图 3.42 所示各电路中的错误，使它们有可能放大正弦波信号。要求保留电路原来的共射接法和耦合方式。

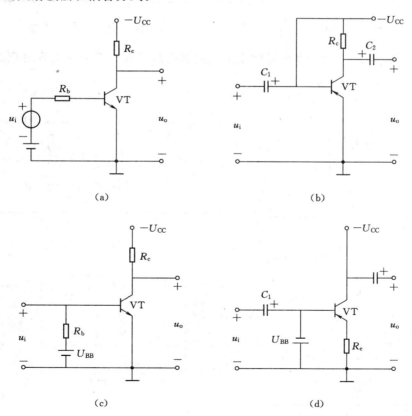

图 3.42　题 3.8 电路

3.9 如图 3.43 所示，晶体管的 $\beta=80$，$r_{bb'}=100\Omega$。分别计算 $R_L=\infty$ 和 $R_L=3\mathrm{k}\Omega$ 时的 Q 点、$\dot{A}_u$、R_i 和 R_o。

3.10 如图 3.44 所示的两级电压放大电路，已知 $\beta_1=\beta_2=50$，VT_1 和 VT_2 均为 3DG8D。

（1）计算前、后级放大电路的静态值（$U_{BE}=0.6\mathrm{V}$）；

（2）求放大电路的输入电阻和输出电阻；

（3）求各级电压的放大倍数及总电压放大倍数。

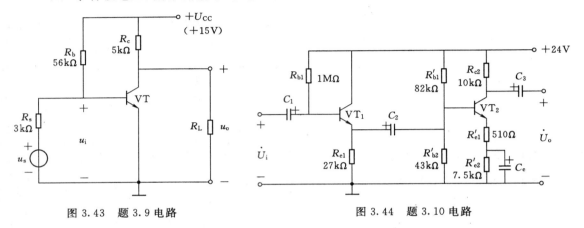

图 3.43 题 3.9 电路　　　　图 3.44 题 3.10 电路

3.11 画出图 3.45 所示各电路的直流通路和交流通路。设所有电容对交流信号均可视为短路。

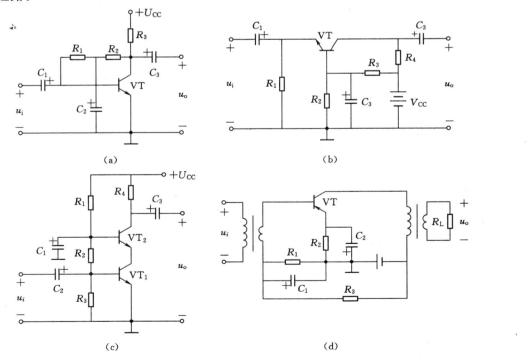

（a）　　　　　　　　　　（b）

（c）　　　　　　　　　　（d）

图 3.45 题 3.11 电路

3.12 已知图 3.46 所示电路中，晶体管的 $\beta=100$，$r_{be}=1\text{k}\Omega$。

（1）现已测得静态管压降 $U_{CEQ}=6\text{V}$，估算 R_b；

（2）若测得 $\dot{U}_i$ 和 $\dot{U}_o$ 的有效值分别为 1mV 和 100mV，则求负载电阻 R_L。

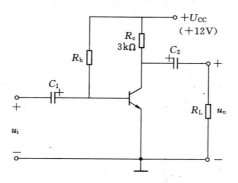

图 3.46　题 3.12 电路

3.13 图 3.47（a）、（b）所示各放大电路中，试说明存在哪些反馈支路，并判断哪些是正反馈，哪些是负反馈，哪些是直流反馈，哪些是交流反馈。如为交流负反馈，请判断反馈的组态。

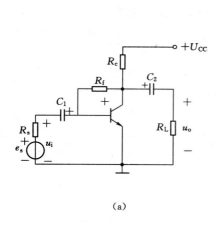

（a）

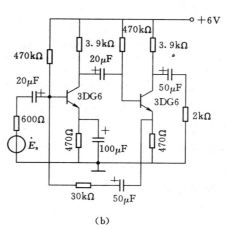

（b）

图 3.47　题 3.13 电路

项目4　设计和制作音调控制电路

📖 **教学引导**

教学目标：

1.掌握差动放大电路、集成运算放大电路的结构特点、基本功能和电路分析方法。

2.能够分析差动放大电路和集成放大电路的功能及实际应用。

3.了解波形产生的原理和条件。

4.掌握单元电路的识图方法。

能力目标：

1.能够识别三极管 β 值分选电路、音调控制电路中的电子元器件并用万用表检测。

2.能够识别三极管 β 值分选电路、音调控制电路的结构及各部分元件的功能。

3.能够用常用仪器仪表测试三极管 β 值分选电路和音调控制电路。

4.能够完成三极管 β 值分选电路、音调控制电路的设计、安装和调试。

知识目标：

1.差动放大电路的组成及工作原理。

2.集成运算放大电路的特点、工作状态和电路分析方法。

3.信号产生的原理。

教学组织模式：

自主学习，分组教学。

教学方法：

小组讨论，多媒体教学，现场教学。

建议学时：

20 学时。

任务4.1　设计和制作三极管 β 值分选电路

任务内容

用集成运算放大器、电阻等相关元件设计和制作三极管 β 值分选电路。

任务目标

能够识读电子电路图，掌握集成运算放大器的特点及功能，根据设计要求正确地选择元器件及其参数，检测电子元器件，学会三极管 β 值分选电路的制作和调试方法。

任务分析

在元器件生产中，由于生产过程和生产工艺的不一致性，经常会遇到某些参数（比如电阻的阻值、三极管 β 值）分散性较大的问题，需要对这些参数进行分档，并印上不同的规格标记。元器件参数的分选可利用电压比较器来实现，通过把元件参数变换为电压，与电压比较器的基准电压值相比较，输出高、低两种不同的电平，用发光二极管指示即可。在电路设计上，可考虑三极管 β 值三档分选，界限分别为 100 和 200，分选范围为：$\beta <$ 100、$100 < \beta < 200$ 和 $\beta > 200$。

任务实施

1. 识读电路图

认真观察图 4.1 所示三极管 β 值三档分选电路图，了解该电路的结构及元器件种类。

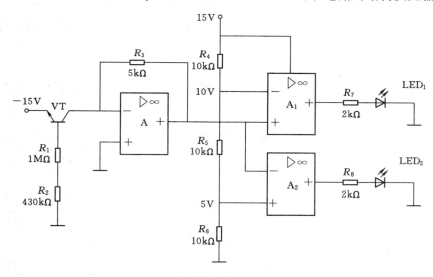

图 4.1　晶体三极管 β 值分选电路

2. 学习集成运算放大器的基础知识

（1）了解集成运算放大器的基本结构。

（2）了解集成运算放大器的特性及应用。

（3）掌握集成运算放大器的电压放大电路及比较电路的工作原理及计算。

3. 设计电路

三极管 β 值三挡分选电路在设计上，先将被测三极管的 β 值变换为电压输出，当 β 值分别为 100 和 200 时，电压输出分别为 5V 和 10V，把这两个值分别作为两个电压比较器的基准电压。当 $\beta < 100$ 时，LED$_1$ 灭、LED$_2$ 亮；当 $100 < \beta < 200$ 时，LED$_1$ 和 LED$_2$ 均灭；当 $\beta > 200$ 时，LED$_1$ 亮、LED$_2$ 灭。

（1）电源电压设为 ± 15V。

（2）选择被测三极管基极限流电阻 R_B（即 $R_1 + R_2$）。设三极管基极电流 $I_B = 10\mu A$，则

$$R_B = \frac{U_{R_B}}{I_B}$$

（3）选择电阻 R_3。设 β 值分别取 100 和 200 时，电压放大器的输出电压为 5V 和 10V。则

$$I_C = \beta I_B$$

$$R_3 = \frac{U_o}{I_C}$$

（4）选择电阻 R_4、R_5、R_6。把电压放大器的输出电压 5V 和 10V 作为两个比较器的基准电压，则可选择三个 $10k\Omega$ 的电阻对 15V 的电压进行分压实现。

（5）选择发光二极管 LED_1、LED_2 及限流电阻 R_7、R_8。限流二极管的选择控制在使发光二极管通过的电流为 5～20mA 即可。

4. 检测元件

查阅电子手册或网络资源，记录图 4.1 中所选电子元器件的图形符号、文字符号等内容，并将所测参数填入表 4.1 中。

表 4.1　　　　　　　　　　电　子　元　器　件　表

序号	元件名称	图形符号	文字符号	型号	标称参数	实际参数	功能
1							
2							
3							
4							
5							
6							

5. 制作电路

（1）安装元件。将相关元器件的引线成型，然后按照相对应的位置规范地安装到电路板上。

（2）焊接电路。将元器件依次焊接，要求每一个焊接点都有一定的机械强度和良好的电气性能。

（3）焊接检查。检查焊点，看是否出现虚焊和漏焊；检查集成运算放大器的管脚和二极管的管脚是否焊接正确。

6. 测试电路

调试电路并将测试结果填入表 4.2 中。

表 4.2　　　　　　　　　　　　　　　分 选 电 路 测 试 表

三极管 β 值	电压放大器	比较器输出电平		发光二极管的亮、暗		结论
	U_o/V	A_1	A_2	LED_1	LED_2	

7. 编写任务报告

根据以上任务实施情况编写任务报告。

任务小结

三极管 β 值三挡分选电路的设计利用将被测三极管的参数变换为电压，与电压比较器的基准电压值相比较，输出高、低两种不同的电平，用发光二极管的不同指示效果来确定三极管 β 值的范围。在进行装配和调试时，要注意集成放大器是否接线正确，电源选择是否正确；比较器的基准电压是否合适。

相关知识

4.1.1　差动放大电路

1. 直接耦合放大电路

直接耦合放大电路具有很好的低频特性，可以放大直流信号，由于电路中没有大容量电容，所以易于将全部电路集成在一块硅片上，构成集成放大电路。但是各级之间采用了直接耦合的连接方式后，出现前后级之间静态工作点相互影响、电平移动及零点漂移的问题。

（1）各级静态工作点之间相互影响。直接耦合电路前后级之间存在直流通路，当某一级的静态工作点发生变化时，其前后级也受到影响。这样静态工作点的计算和调试都比较复杂。

（2）电平移动问题。在由 NPN 型管组成的共射放大电路中，集电极的电位总比基极电位高，接成多级放大电路后，集电极电位将逐级升高以至于接近电源电压，从而造成输出电压的动态范围减小。为解决电平移动问题，需要用正负两个电源。

（3）零点漂移问题。零点漂移是直接耦合放大电路存在的一个特殊问题。理论上，当放大器输入交流对地短路即 $u_i = 0$ 时，放大器输出电压 u_o 也应为零，但实际上输出电压 u_o 会偏离零点出现忽大忽小、忽快忽慢的变化，即 $\Delta u_o \neq 0$，这种现象称零点漂移（Zero Drift），简称零漂。

产生零漂的原因很多，如温度的变化、电源电压的波动、元器件本身的老化等，其中由温度变化导致半导体参数的变化（简称温漂）是零漂的主要原因。温漂是最难克服的因素，这是由于半导体器件的导电性对温度非常敏感，而温度又很难维持恒定。在直接耦合放大电路中，当环境温度变化时，将引起晶体管参数 U_{BE}、β、I_{CBO} 的变化，从而使放大电路的静态工作点发生变化，这种变化将逐级放大和传递，使得最后一级的输出产生较大的偏移。直接耦合放大电路的级数越多，放大倍数越大，则零点漂移越严重，并且在各级产生的零漂中，第一级产生零漂影响最大，因此，减小零漂的关键是改善放大电路第一级的性能。

抑制零漂主要有以下措施：

1）选用参数稳定性好、高质量的硅管。硅管受温度的影响比锗管小得多，所以高质量的直流放大器的前置放大级几乎都用硅管。

2）在电路中引入直流负反馈，稳定静态工作点。

3）采用高质量的直流稳压电源，减少电源电压的波动引起的零漂。

4）采用温度补偿的方法，利用热敏元件去补偿放大器的零漂。

5）将两个参数对称的单管放大电路接成差动放大电路的结构形式，使输出端的零漂相互抵消。这是解决零漂问题的主要方法。

2. 基本差动放大电路的组成及工作原理

差动放大器又称为差分放大器，它不仅能放大直流信号，而且能有效地减少由于电源波动和晶体管随温度变化而引起的零漂，因而获得广泛的应用，特别是大量地应用于集成运算放大电路中。

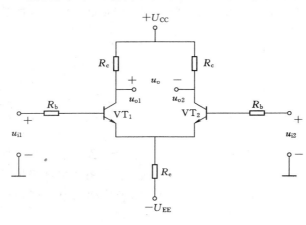

图 4.2　基本差动放大电路的组成

（1）基本差动放大电路的组成。基本差动放大电路的组成如图 4.2 所示，此电路由两个结构相同、参数完全对称的单管共射放大电路组成，该电路有两个输入端 u_{i1} 和 u_{i2} 和两个输出端 u_{o1} 和 u_{o2}。输入信号 u_i 被分成两个部分加到两个三极管 VT_1、VT_2 的基极，输出电压 u_o 为两管集电极电压之差。

R_e 具有负反馈作用，可以稳定电路的静态工作点，进一步抑制零漂。尤其在电路为单端输出时，只有 R_e 对零漂起抑制作用。R_e 的阻值越大，电流负反馈作用越强，抑制零漂作用就越显著。但是，在 U_{cc} 一定时，过大的 R_e 会使集电极电流过小，静态工作点下降，导致动态范围变小，电压放大倍数下降。为此，接入负电源 $-U_{EE}$ 扩大动态范围。

（2）静态分析。当输入信号为零，即 $u_{i1}=u_{i2}=0$，放大电路处于静态，对应的直流通路如图 4.3 所示。

由于电路完全对称，由图可知

$$I_{BQ1}=I_{BQ2}=I_{BQ}$$

$$I_{EQ1}=I_{EQ2}=I_{EQ}$$

$$I_{CQ1}=I_{CQ2}=I_{CQ}$$

$$U_{CQ1}=U_{CQ2}=U_{cc}-I_{CQ}R_c$$

$$U_o=U_{CQ1}-U_{CQ2}=0$$

由基极输入回路，因为

$$I_{BQ}R_b + U_{BEQ} + I_{Re}R_e = U_{EE}$$

所以可得

$$I_{EQ1} = I_{EQ2} = \frac{U_{EE} - U_{BEQ}}{2R_e + \dfrac{R_b}{1+\beta}} \qquad (4.1)$$

则静态工作点 Q 估算如下

$$I_{EQ1} = I_{EQ2} \approx \frac{U_{EE}}{2R_e} \qquad (4.2)$$

$$I_{CQ1} = I_{CQ2} \approx I_{EQ1} \qquad (4.3)$$

$$I_{BQ1} = I_{BQ2} = \frac{I_{CQ}}{\beta} \qquad (4.4)$$

$$U_{CEQ1} = U_{CEQ2}$$
$$\approx U_{CC} + U_{EE} - I_{CQ1}(R_c + 2R_e) \qquad (4.5)$$

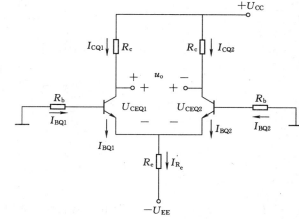

图 4.3　基本差动放大电路的直流通路

（3）动态分析。

1）输入信号的类型。对于交流输入的电路，其输入信号分为以下三种：

①共模信号。即大小相等、极性相同的输入信号，共模输入信号用 u_{ic} 表示，即

$$u_{ic} = u_{i1} = u_{i2}$$

②差模信号。即大小相等、极性相反的输入信号，差模输入信号用 u_{id} 表示，即

$$u_{i1} = -u_{i2}$$
$$u_{id} = u_{i1} - u_{i2} = 2u_{i1}$$

③不规则信号。即大小不等、极性不定的输入信号。不规则信号用 u_i 表示，常作为比较放大来应用。对于不规则信号，可将其分解成一对差模信号和一对共模信号。若两不规则信号分别为 u_{i1} 和 u_{i2}，则

$$u_{i1} = \frac{u_{id}}{2} + u_{ic}$$

$$u_{i2} = -\frac{u_{id}}{2} + u_{ic}$$

其中

$$u_{id} = u_{i1} - u_{i2}$$
$$u_{ic} = (u_{i1} + u_{i2})/2$$

2）对差模信号的分析。当输入差模信号时，对应的电压放大倍数称为差模电压放大倍数，用 A_{ud} 来表示。差模信号输入时的交流通路如图 4.4 所示。

①差模电压放大倍数表示为

$$A_{ud} = \frac{u_{od}}{u_{id}} = \frac{u_{o1} - u_{o2}}{u_{i1} - u_{i2}} = \frac{2u_{o1}}{2u_{i1}} = -\frac{\beta R_c}{r_{be} + R_b} \qquad (4.6)$$

由式（4.6）可知，差动放大器能放大两个输入端的电压差，或者说能够放大差模输入信号，且其放大倍数和基本放大器（单管）的放大倍数相同。

当在两个管子的集电极接上负载 R_L 时，有

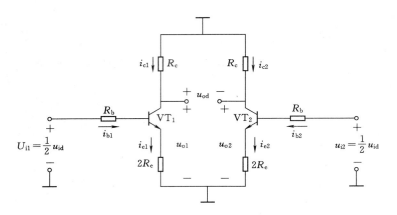

图 4.4　差模信号输入时的交流通路

$$A_{ud} = -\frac{\beta R'_L}{r_{be} + R_b} \tag{4.7}$$

当双端输出时，如果电路对称，恰好在 $R_L/2$ 处电位为零。所以式中，$R'_L = R_c //$ $(R_L/2)$，这是在求放大倍数时需注意的问题。

②差模输入电阻

$$r_{id} = 2(R_b + r_{be}) \tag{4.8}$$

③差模输出电阻

$$r_{od} = 2R_c \tag{4.9}$$

3）对共模信号分析。当输入共模信号时，对应的电压放大倍数称为共模电压放大倍数，用 A_{uc} 来表示。共模信号输入时的交流通路如图 4.5 所示。

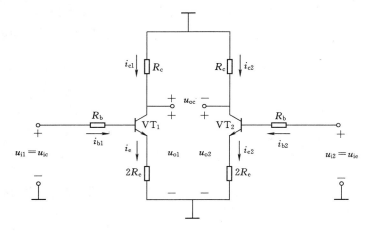

图 4.5　共模信号输入时的交流通路

由图中可知，结合共模信号的特点，可得

$$A_{uc} = \frac{u_{oc}}{u_{ic}} = \frac{u_{oc1} - u_{oc2}}{u_{ic}} = 0 \tag{4.10}$$

由此可知，差动放大电路对共模信号没有放大能力。

显然，当差动放大器的两个输入端电压有差别时，输出就有变动；当输入电压无差别或相同时，输出就无变动，这就是差动放大器取名的由来。

　　4）共模抑制比。差动放大器对差模信号有放大作用，而对共模信号则有抑制作用，差模放大倍数越大，共模放大倍数越小（因为实际情况 $A_{uc} \approx 0$），差动放大器的性能越好。为了综合考查差动放大电路对差模信号的放大能力和对共模信号的抑制能力，特引入了一个指标参数——共模抑制比，即 K_{CMR}。常用分贝表示

$$K_{CMR} = 20\lg \ | \ A_{ud}/A_{uc} \ | \ \text{（dB）} \tag{4.11}$$

　　共模抑制比 K_{CMR} 越大，差动放大器的性能越好，即对共模信号的抑制能力越强。

　　理想差动放大器的 $K_{CMR} \to \infty$，因为 $A_c = 0$，但实际上差动放大器不可能完全对称，即共模输入时输出并不为 0，即 $A_{uc} \neq 0$，所以，实际的 K_{CMR} 不等于 ∞。

　　（4）抑制零漂的原理。在电路结构相同、参数完全对称的情况下，由于环境温度变化引起静态工作点的漂移折合到输入端，相当于在两个输入端加上了大小相等、极性相同的共模信号。那么两只管子的集电极电位在温度变化时也相等，电路以两只管子集电极电位差作为输出，所以差动放大器的输出电压为零。显然，可以认为差动放大器对共模信号没有放大作用，也就是差动放大器对共模信号有抑制作用或者说能有效抑制零漂。由此可知，该电路是依靠电路的对称性消除零漂的。

　　3. 长尾式差动放大电路

　　由于基本差动放大电路存在如下不足：

　　（1）完全对称的元器件并不存在。

　　（2）如果采用单端输出（输出电压从一个管子的集电极与"地"之间取出），零漂根本无法抑制。

　　所以单靠提高电路的对称性来抑制零漂是有限度的。为此，常采用图 4.6 所示的长尾式差动放大电路。与基本差动放大电路相比，该电路增加了调零电位器 R_P。R_P 又称调零电位器，其作用是调节电路的对称性。因为电路不可能完全对称，当输入电压为零时，输出电压不一定等于零。这时可以通过调节 R_P，使输出电压为零。但 R_P 在电路中起负反馈作用，因此阻值不宜过大，一般 R_P 值取在几十至几百欧。

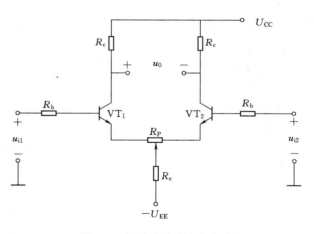

图 4.6　长尾式差动放大电路

　　在图 4.6 中，因 R_P 阻值很小，为了简化分析过程，可忽略 R_P 的影响，简化后的电路如图 4.2 所示。

　　只要合理选择 R_e 的阻值，并与电源 $-U_{EE}$ 相配合，就可以设置合适的静态工作点。

　　4. 恒流源差动放大电路

　　长尾式差动放大电路中，R_e 越大，抑制零漂能力越强。在 U_{EE} 一定的前提下，增大

R_e 将使电压放大倍数下降，因此必须提高 U_{EE}。而过高的 U_{EE} 既不经济又难以实现，另外 R_e 太大也不易集成化。于是想到了采用一种交流电阻大、直流电阻小的恒流源代替 R_e。电路如图 4.7 所示。

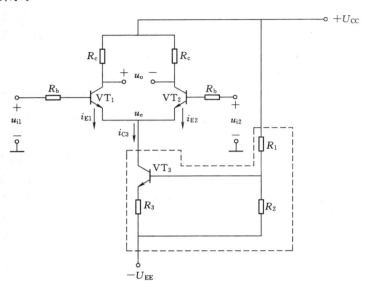

图 4.7　恒流源差动放大电路

5．差动电路的几种接法

差动放大电路有两个输入端和两个输出端，若两个输入端与地之间分别接入信号源，称为双端输入；若仅一个输入端与地之间接信号源，而另一输入端直接接地，称为单端输入。负载接于两管集电极之间，称为双端输出；负载接于某一单管的集电极与地之间，称为单端输出。

差动放大电路按输入输出的不同连接方式可分为四种：双端输入、双端输出，双端输入、单端输出，单端输入、双端输出，单端输入、单端输出。在信号源与两个输入端的连接方式及负载从输出端取出电压的方式上可以根据需要灵活选择。

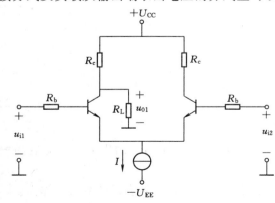

图 4.8　双端输入、单端输出差动放大电路

（1）双端输入、双端输出。即两个输入端均接输入信号，负载接在两管集电极之间。如前述图 4.3 差动电路分析可知，差模信号引起两管电流反向变化，流过 R_e 的电流 i_{e1} 与 i_{e2} 大小相同、极性相反。所以 R_e 上的电流为零，电压也为零，故发射极可视为"地"电位，此处"地"称为"虚地"，所以输入差模信号时，R_e 对电路不起作用。

在这种接法中，虽然差动放大电路用了两只晶体管，但它的差模电压放大能力只相当于单管共射放大电路。因而差动放大电路是以牺牲一只管子的放大倍数为代价，换取了抑制零漂。

（2）双端输入、单端输出。电路如图 4.8 所示，输出信号只从一管的集电极对地输出，这种输出方式称为单端输出。此时由于只取出一管的集电极电压变化量，只有双端输出电压的一半，因而差模电压放大倍数也只有双端输出时的一半。

1）差模放大倍数 A_{ud}。因为输出电压为

$$u_o = -\beta i_b (R_c // R_L)$$

输入电压为

$$u_i = 2i_b (R_b + r_{be})$$

所以，差模电压放大倍数为

$$A_{ud} = -\frac{1}{2} \frac{\beta R_L'}{R_b + r_{be}} \tag{4.12}$$

其中

$$R_L' = R_c // R_L$$

2）输入、输出电阻。根据输入电阻的定义，可以得到

$$R_{id} = 2(R_b + r_{be}) \tag{4.13}$$

式中，$R_b = R_{b1} = R_{b2}$，它是单管共射放大电路输入电阻的两倍。

电路的输出电阻为

$$R_{od} = R_c \tag{4.14}$$

3）共模放大倍数 A_{uc}

$$A_{uc} \approx \frac{R_c // R_L}{2R_e} \tag{4.15}$$

信号也可以从三极管的集电极输出，此时式中无负号，表示同相输出。

（3）单端输入、双端输出。将差放电路的一个输入端接地，信号只从另一个输入端输入，负载接在两管集电极之间，这种连接方式称为单端输入，如图 4.9 所示。

（4）单端输入、单端输出。将差放电路的一个输入端接地，信号只从另一个输入端输入，输出信号只从一管的集电极对地输出，这种连接方式称为单端输入，如图 4.10 所示。

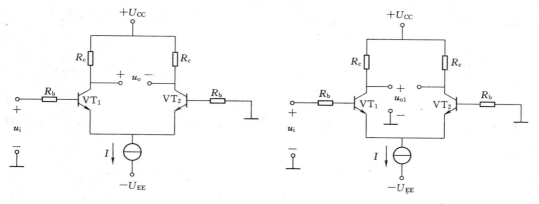

图 4.9　单端输入、双端输出差动放大电路　　图 4.10　单端输入、单端输出差动放大电路

由于单端输入与双端输入情况相同，因而单端输入、单端输出电路计算与双端输入、

单端输出电路计算相同。

可以推导出单端输入、双端输出，单端输入、单端输出的主要动态参数，见表 4.3。

表 4.3　　　　　　　　　　　　**四种差动放大电路主要动态参数表**

类型	A_{ud}	A_{uc}	R_{id}	R_{od}	K_{CMR}
双入双出	$A_{ud}=-\dfrac{\beta\left(R_c//\dfrac{R_L}{2}\right)}{R_s+r_{be}}$	$A_{uc}=0$	$R_{id}=2\ (R_b+r_{be})$	$2R_c$	∞
单入双出	$A_{ud}=-\dfrac{\beta\left(R_c//\dfrac{R_L}{2}\right)}{R_s+r_{be}}$	$A_{uc}=0$	$R_{id}=2\ (R_b+r_{be})$	$2R_c$	∞
双入单出	$A_{ud}=-\dfrac{\beta\ (R_c//R_L)}{2\ (R_b+r_{be})}$	$A_{uc}\approx-\dfrac{R_c//R_L}{2R_E}$	$R_{id}=2\ (R_b+r_{be})$	R_c	$K_{CMR}=\dfrac{\beta R_e}{R_b+r_{be}}$
单入单出	$A_{ud}=-\dfrac{\beta\ (R_c//R_L)}{2\ (R_b+r_{be})}$	$A_{uc}\approx-\dfrac{R_c//R_L}{2R_E}$	$R_{id}=2\ (R_b+r_{be})$	R_c	$K_{CMR}=\dfrac{\beta R_e}{R_b+r_{be}}$

【例 4.1】　在图 4.6 所示的差动放大电路中，已知 $U_{CC}=U_{EE}=12V$，$\beta=50$，$R_c=30k\Omega$，$R_e=27k\Omega$，$R_b=10k\Omega$，$R_P=500\Omega$，设 R_P 的活动端调在中间位置，负载电阻 $R_L=20k\Omega$。试估算放大电路的静态工作点 Q、差模电压放大倍数 A_{ud}、差模输入电阻 R_{id} 和输出电阻 R_o。

解： 由三极管的基极回路可知

$$I_{BO}=\frac{U_{EE}-U_{BEO}}{R_b+(1+\beta)(2R_e+0.5R_P)}=\frac{12-0.7}{10+51\times(2\times27+0.5\times0.5)}\approx0.004(mA)=4(\mu A)$$

则
$$I_{CQ}\approx\beta I_{BQ}=50\times0.004=0.2(mA)$$

$$U_{CQ}=U_{CC}-I_{CQ}R_c=12-0.2\times30=6(V)$$

$$U_{BQ}=-I_{BQ}R_b=-0.004\times10=-0.04(V)=40(mA)$$

放大电路中引入 R_e 对差模电压放大倍数没有影响，但调零电位器只流过一根管子的电流，因此将使差模电压放大倍数降低。放大电路的交流通路如图 4.11 所示。

由图可求得差模电压放大倍数为

$$A_{ud}=-\frac{\beta R_L'}{R_b+r_{be}+(1+\beta)\dfrac{R_P}{2}}$$

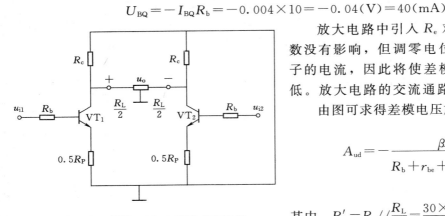

图 4.11　[例 4.1] 电路的交流通路

其中　$R_L'=R_c//\dfrac{R_L}{2}=\dfrac{30\times(20/2)}{30+(20/2)}=7.5(k\Omega)$

$$r_{be}=300+(1+\beta)\frac{26}{I_{EQ}}=300+51\times\frac{26}{0.2}=6930(\Omega)=6.93(k\Omega)$$

则
$$A_{ud}=-\frac{50\times7.5}{10+6.93+51\times0.5\times0.5}=-12.6$$

差模输入电阻

$$R_{\mathrm{id}}=2\left[R_{\mathrm{b}}+r_{\mathrm{be}}+(1+\beta)\frac{R_{\mathrm{P}}}{2}\right]=2\times(10+6.93+51\times0.5\times0.5)\approx59(\mathrm{k}\Omega)$$

差模输出电阻

$$R_{\mathrm{o}}=2R_{\mathrm{c}}=2\times30=60(\mathrm{k}\Omega)$$

4.1.2　集成运算放大器

集成运算放大器是一种高放大倍数、高输入电阻、低输出电阻、集成化了的直接耦合多级放大器。它在自动控制、测量设备、计算技术和电信等几乎一切电子技术领域中获得了日益广泛的应用。

集成运算放大器的外形有多种，有圆形、扁平形、双列直插式等，如图 4.12 所示。有 8 管脚、14管脚等，其结构如图 4.13 所示。

图 4.12　集成运算放大器的外形

1. 集成运算放大器的组成及分类

（1）组成。集成运算放大器的内部通常包含四个基本组成部分：输入级、中间级、输出级和偏置电路，如图 4.14 所示。

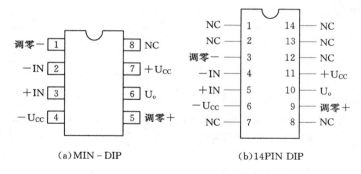

（a）MIN - DIP　　　　　（b）14PIN DIP

图 4.13　集成运算放大器的结构

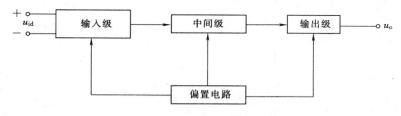

图 4.14　集成运算放大器的组成

由于集成运算放大器是一种多级直接耦合放大电路，所以，要求输入级具有抑制零漂的作用。另外，还要求输入级具有较高的输入电阻。因此在输入级常采用双端输入的差动放大电路。

中间级的作用是放大信号。要求有尽可能高的电压放大倍数。中间级常采用直接耦合共发射电压放大电路。

输出级与负载相连，因此要求带负载能力要强。常采用直接耦合的功率放大电路。此外，输出级一般还有过电流保护电路，用以防止电流过大烧坏输出电路。

偏置电路的功能主要是为输入级、中间级和输出级提供合适的静态工作点。偏置电路一般采用电流源电路。

如图 4.15 所示为 μA741 的内部结构图。

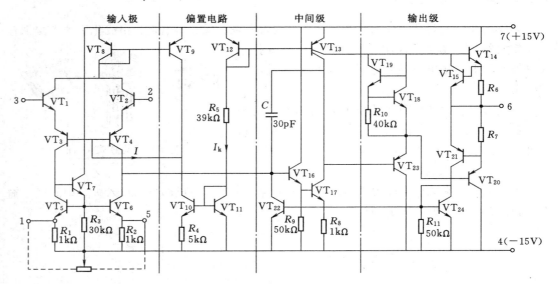

图 4.15　μA741 的内部结构图

集成运算放大器具有两个输入端和一个输出端，在两个输入端中，一个为同相输入端，标注"＋"，表示输出电压与此输入端的电压相位相同；另一个为反相输入端，标注"－"，表示输出电压与此输入端的电压相位相反。电路符号如图 4.16 所示。

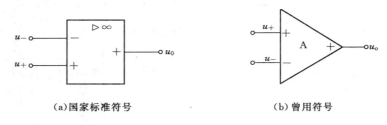

（a）国家标准符号　　　　　　　　　　（b）曾用符号

图 4.16　集成运算放大器符号

（2）分类。集成运算放大器有以下四种分类方法。

1）按其用途分类。集成运算放大器按其用途分为通用型及专用型两大类。

2）按其供电电源分类。集成运算放大器按其供电电源分类，可分为两类：双电源集成运算放大器和单电源集成运算放大器。

这类运放采用特殊设计，在单电源下能实现零输入、零输出。交流放大时，失真较小。

3）按其制作工艺分类。集成运算放大器按其制作工艺分类，可分为三类：双极型集成运算放大器、单极型集成运算放大器、双极-单极兼容型集成运算放大器。

4）按运放级数分类。按单片封装中的运放级数分类，集成运放可分为四类：单运放、双运放、三运放和四运放。

（3）集成电路的型号命名方法。按照 GB/T 3430—1989《半导体集成电路型号命名方法》，集成电路型号应由五部分组成，具体如下：

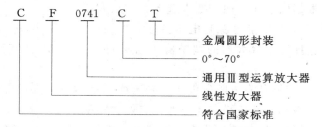

2. 集成运算放大器的主要参数及选择

（1）集成运算放大器的主要参数。集成运算放大器在应用及选取时都应针对集成运算放大器的性能参数进行，而集成运算放大器的参数较多，这里介绍主要的技术指标。

1）开环差模电压增益 A_{od}。运算放大器在没有外部反馈作用时的差模电压增益称为开环差模电压增益，定义为运算放大器开环时的差模输出电压与差模输入电压之比，即

$$A_{\mathrm{od}} = \frac{U_{\mathrm{od}}}{U_{\mathrm{id}}}$$

2）共模抑制比 K_{CMR}。共模抑制比等于差模放大倍数与共模放大倍数比的绝对值，即 $\mathrm{CMRR} = |A_{\mathrm{od}}| / |A_{\mathrm{oc}}|$。它是衡量集成运算放大器抑制零漂的能力的重要指标，通常为 $80 \sim 160\mathrm{dB}$。

3）差模输入电阻 R_{id}。集成运放在开环情况下输入差模信号时的输入电阻。该指标越大越好，一般为 $10\mathrm{k}\Omega \sim 3\mathrm{M}\Omega$。

4）输入失调电压 U_{io} 当输入电压为零，存在一定的输出电压时，将这个输出电压折算到输入端就是输入失调电压。它在数值上等于输出电压为零时，输入端应施加的直流补偿电压。它主要反映了输入级差动对管的失配程度，一般 U_{io} 为 $2 \sim 10\mathrm{mV}$，高质量运算放大器 $U_{\mathrm{io}} < 1\mathrm{mV}$。

5）输入失调电流 I_{io}。当输出端电压为零时流入两输入端的静态基极电流之差称为输入失调电流 I_{io}，记为

$$I_{\mathrm{io}} = |I_{\mathrm{B1}} - I_{\mathrm{B2}}|_{U_{\mathrm{o}}=0}$$

它表示差放输入级两管 β 不对称所造成的影响，通常，I_{io} 越小越好，一般为 $1 \sim 10\mathrm{nA}$。

6）输出电阻 R_{o}。在开环条件下，运放等效为电压源时的等效动态内阻称为运放的输出电阻。其理想值为零，实际值一般为 $100\Omega \sim 1\mathrm{k}\Omega$。

7）最大输出电压 U_{om}。最大输出电压是指运放在标称电源电压时，其输出端所能提供的最大不失真峰值电压。其值一般低于电源电压 $2\mathrm{V}$。

8）最大输出电流 I_{om}。最大输出电流是指运放在标称电源电压和最大输出电压下，运放所能提供的正向或负向的峰值电流。

9）开环带宽 f_{BW}。开环带宽 f_{BW} 又称 $-3dB$ 带宽，是指开环差模电压增益下降 3dB 时所对应的频率范围。

（2）集成运算放大器的选择。通常情况下，在设计集成运算放大器应用电路时，没有必要研究运算放大器的内部电路，而是根据设计需求寻找具有相应性能指标的芯片。因此，了解运算放大器的类型，理解运算放大器主要性能指标的物理意义，是正确选择运算放大器的前提。应根据以下几方面的要求选择运算放大器：

1）信号源的性质。根据信号源是电压源还是电流源、内阻大小、输入信号的幅值及频率变化范围等，选择运算放大器的差模输入电阻 r_{id}、开环带宽（或单位增益带宽）等指标参数。

2）负载的性质。根据负载电阻的大小，确定所需运算放大器的输出电压和输出电流的幅值。对于容性负载和感性负载，还要考虑它们对频率参数的影响。

3）精度要求。对集成运放精度要求恰当，过低不能满足要求，过高将增加成本。

4）环境条件。选择集成运放时，必须考虑工作温度范围、工作电压范围、功耗与体积限制及噪声源的影响等因素。

（3）运算放大器在使用中的一些问题。

1）运算放大器的选择。从性价比方面考虑，尽量选择通用运算放大器，只有在通用运算放大器不满足应用要求时才采用特殊运算放大器。通用运算放大器是市场上销售最多的品种，只有这样才能降低成本。

2）使用集成运算放大器首先要会辨认封装形式，目前常用的封装是双列直插式和扁平形。

3）学会辨认管脚，不同公司的产品管脚排列是不同的，需要查阅手册，确认各个管脚的功能。

4）一定要清楚运算放大器的电源电压、输入电阻、输出电阻、输出电流等参数。

5）集成运算放大器单电源使用时，要注意输入端是否需要增加直流偏置，使两个输入端的直流电位相等。

6）设计集成运算放大器电路时，应该考虑是否增加调零电路、输入保护电路、输出保护电路。

根据上述分析就可以通过查阅手册等手段选择某一型号的运算放大器，必要时还可以通过各种 EDA 软件进行仿真，最终确定最满意的芯片。目前，各种专用运算放大器和多方面性能俱佳的运算放大器种类繁多，采用它们会大大提高电路的质量。

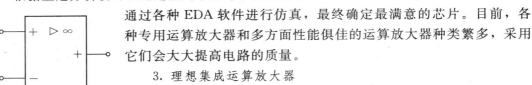

图 4.17　理想集成运算
放大器的符号

3. 理想集成运算放大器

（1）理想集成运算放大器的指标。理想集成运算放大器的符号如图 4.17 所示。分析集成运放的各种应用电路时，常常将集成运放看作一个理想的运算放大器。所谓理想运放，就是将集成运放的各项技术指标理想化，即集成运放的各项指标如下：

1）开环差模电压增益 $A_{od} = \infty$。

2）开环差模输入电阻 $R_{id} = \infty$。

3）开环输出电阻 $R_{\text{o}}=0$。

4）共模抑制比 $\text{CMRR}=\infty$。

5）开环带宽 $f_{\text{BW}}=\infty$。

由于实际运算放大器与理想运算放大器比较接近，因此在分析电路的工作原理时，用理想运算放大器代替实际运算放大器所带来的误差并不严重，这在一般工程计算中是允许的。但若需要对运算结果专门进行误差分析，则必须考虑实际的运算放大器。因为运算精度直接与实际运算放大器的技术指标有关。本书讨论的各种应用电路中，除特别注明外，都将集成运算放大器作为理想运算放大器来考虑。

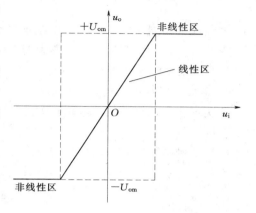

图 4.18　集成运放的传输特性曲线

（2）理想运放的两种工作状态。在各种应用电路中集成运放的工作状态有两种：线性工作状态和非线性工作状态，在其传输特性曲线上对应两个区域：线性区和非线性区。其传输特性曲线如图 4.18 所示。

1）线性区。当集成运算放大器工作在线性区时，其输入与输出满足如下关系

$$u_{\text{o}}=A_{\text{od}}(u_{+}-u_{-}) \tag{4.16}$$

式中：u_{o} 是集成运放的输出电压；u_{+} 和 u_{-} 分别是集成运放的同相输入端电压和反相输入端电压；A_{od} 是其开环差模电压增益。如图 4.18 所示，输出量与输入量呈线性关系，图中虚线所示部分为线性区。通常集成运放接成闭环且为负反馈时，工作在线性区。

理想运放工作在线性区有以下两个重要特性：

①虚短。因为

$$A_{\text{od}}=\frac{u_{\text{o}}}{u_{+}-u_{-}}=\infty$$

$$u_{+}-u_{-}\rightarrow 0$$

所以

$$u_{+}\approx u_{-} \tag{4.17}$$

即反相输入端与同相输入端近似等电位，通常将这种现象称为"虚短"。

②虚断。因为输入电阻为无穷大，所以两个输入端的输入电流也均为零，即

$$i_{+}=i_{-}=0 \tag{4.18}$$

通常将这种现象称为"虚断"。

利用这两条结论会使运算放大器电路分析过程大为简化。

2）非线性区。集成运算放大器工作在开环状态或接成闭环且为正反馈时，输入端加微小的电压变化量都将使输出电压超出线性放大范围，达到正向最大电压 $+U_{\text{om}}$ 或负向最大电压 $-U_{\text{om}}$，其值接近正负电源电压，如图 4.18 所示。这时集成运算放大器工作在非线性状态，在这种状态下，也有两条重要特性：

①输出电压只有两种可能取值。

当 $u_{+}>u_{-}$ 时

$$u_o = +U_{om} \qquad\qquad (4.19)$$

当 $u_+ < u_-$ 时

$$u_o = -U_{om} \qquad\qquad (4.20)$$

②输入电流为零，即

$$i_+ = i_- = 0$$

与线性区相同，集成运放工作在非线性区时两个输入端的输入电流也均为零。

由此可知，在分析集成运算放大器电路时，首先应判断它是工作在什么区域，然后才能利用上述有关结论进行分析。

4. 集成运算放大器的线性应用

能实现各种运算功能的电路称为运算电路。在运算电路中，集成运算放大器必须工作在线性区。

（1）比例运算电路。输出量与输入量成比例的运算放大电路称为比例运算电路。按输入信号的不同接法，比例运算可分为同相比例运算和反相比例运算两种基本电路形式，它们是各种运算放大电路的基础。

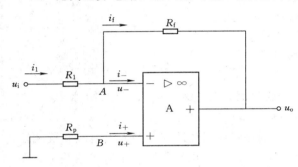

图 4.19　反相比例运算电路

1）反相比例运算电路。反相比例运算电路如图 4.19 所示，输入信号加在反相输入端，R_p 是平衡电阻，用以提高输入级的对称性，一般取 $R_p = R_1 /\!/ R_f$。反馈电阻 R_f 跨接在输出端与反相输入端之间，形成深度电压并联负反馈。因此，集成运放工作在线性区。

由虚断 $i_+ = i_- = 0$，可得

$$u_+ = 0$$

由虚短 $u_- = u_+$，可得

$$u_- = 0$$

可见集成运放的反相输入端与同相输入端电位均为零，如同图中 A、B 两点接地一样，因此称 A、B 两点为"虚地"点。

由节点电流定律可得

$$i_1 = i_f$$

由电路可得

$$i_1 = \frac{u_i - u_-}{R_1} = \frac{u_i}{R_1}$$

$$i_f = \frac{u_- - u_o}{R_f} = -\frac{u_o}{R_f}$$

所以

$$u_o = -\frac{R_f}{R_1} u_i \qquad\qquad (4.21)$$

由上式可知，该电路的输出电压与输入电压成比例，且相位相反，实现了信号的反相

比例运算。其比值仅与 R_f/R_1 有关，而与集成运算放大器的参数无关，只要 R_f 和 R_1 的阻值精度稳定，便可得到精确的比例运算关系。当 R_f 和 R_1 相等时，$u_o = -u_i$，该电路成为一个反相器。

2）同相比例运算电路。同相比例运算电路如图 4.20 所示，输入信号从同相端输入，反馈电阻 R_f 仍然接在输出端与反相输入端之间，形成电压串联深度负反馈。同理，取 $R_p = R_1//R_f$，由图可知

$$u_i = u_+ = u_-$$

$$i_1 = i_f$$

$$\frac{0 - u_-}{R_1} = \frac{u_- - u_o}{R_f}$$

$$u_i = u_- = \frac{R_1}{R_1 + R_1} u_o$$

所以
$$u_o = \left(1 + \frac{R_f}{R_1}\right) u_i \tag{4.22}$$

上式表明，输出电压与输入电压成同相比例关系，比例系数 $\left(1 + \frac{R_f}{R_1}\right) \geqslant 1$，且仅与电阻 R_1 和 R_f 有关。当 $R_f = 0$ 或 $R_1 \to \infty$ 时，$u_o = u_i$，该电路构成了电压跟随器，如图 4.21 所示，其作用类似于射极跟随器。

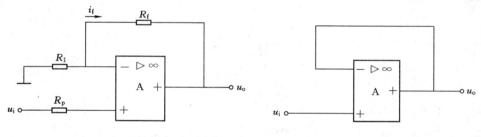

图 4.20　同相比例运算电路　　　　　图 4.21　电压跟随器

同相比例运算电路引入的是电压串联负反馈，所以输入电阻很高，输出电阻很低。

（2）加法运算电路。加法运算电路如图 4.22 所示，图中画出三个输入端，实际上可以根据需要增加输入端的数目，其中平衡电阻 R_p 为

$$R_p = R_1//R_2//R_3//R_f$$

因为 $u_- = u_+ = 0$，$i_- = 0$，所以

$$i_f = i_1 + i_2 + i_3$$

即
$$-\frac{u_o}{R_f} = \frac{u_{i1}}{R_1} + \frac{u_{i2}}{R_2} + \frac{u_{i3}}{R_3}$$

则
$$u_o = -\left(\frac{R_f}{R_1} u_{i1} + \frac{R_f}{R_2} u_{i2} + \frac{R_f}{R_3} u_{i3}\right) \tag{4.23}$$

若 $R_1 = R_2 = R_3 = R_f$，则输出电压为

$$u_o = -(u_{i1} + u_{i2} + u_{i3}) \tag{4.24}$$

所以该电路为一个反相加法电路。若将三个输入信号分别从同相端加入，则可得到同

相加法电路。

（3）减法运算电路。减法运算电路如图 4.23 所示。由图可得

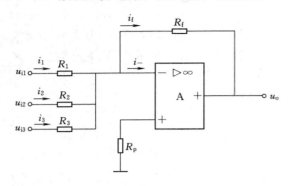

图 4.22　加法运算电路　　　　　　　　　　图 4.23　减法运算电路

$$i_1 = i_f$$

$$\frac{u_{i1} - u_-}{R_1} = \frac{u_- - u_o}{R_f}$$

则

$$u_- = \frac{R_f u_{i1} + R_1 u_o}{R_1 + R_f}$$

又因为

$$i_2 = i_3$$

$$\frac{u_{i2} - u_+}{R_2} = \frac{u_+}{R_3}$$

则

$$u_+ = \frac{R_3 u_{i2}}{R_2 + R_3}$$

由于 $u_- = u_+$，所以

$$u_o = \left(1 + \frac{R_f}{R_1}\right)\left(\frac{R_3}{R_2 + R_3}\right)u_{i2} - \frac{R_f}{R_1}u_{i1} \qquad (4.25)$$

当 $R_1 = R_2 = R_3 = R_f$ 时

$$u_o = u_{i2} - u_{i1} \qquad (4.26)$$

可见该电路能实现减法功能。

【例 4.2】　求图 4.24 所示电路输出电压与输入电压的表达式并说出该电路功能。（为了保证外接电阻平衡，要求 $R_1 // R_2 // R_f = R_3$）。

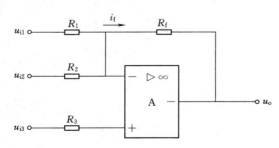

图 4.24　［例 4.2］电路

解：利用独立源线性叠加原理，当 u_{i1} 和 u_{i2} 作用于电路时，令 u_{i3} 接地，这时电路变为反相加法电路，此时输出为 u_{o1}，则

$$u_{o1} = -\left(\frac{R_f}{R_1}u_{i1} + \frac{R_f}{R_2}u_{i2}\right)$$

同理，当 u_{i3} 作用于电路时，令 u_{i1} 和 u_{i2} 接地，这时电路变为同相比例运算电路，

此时输出为 u_{o2}，则

$$u_{o2} = \left(1 + \frac{R_1 R_2 R_f}{R_1 + R_2}\right) u_{i3}$$

输出电压为

$$u_o = u_{o2} + u_{o1} = \left(1 + \frac{R_1 R_2 R_f}{R_1 + R_2}\right) u_{i3} - \left(\frac{R_f}{R_1} u_{i1} + \frac{R_f}{R_2} u_{i2}\right)$$

该电路能实现加减法运算功能。

（4）积分电路。把前述的反相比例运算电路中的反馈电阻 R_f 用电容 C 代替，就构成了一个基本的积分电路，如图 4.25（a）所示。

由"虚地"和"虚短"的概念可得，由电路可得 $i_C = i_R = u_i / R$，所以输出电压 u_o 为

$$u_o = -u_C = -\frac{1}{C} \int i_C \mathrm{d}t = -\frac{1}{RC} \int u_i \mathrm{d}t \qquad (4.27)$$

从而实现了输出电压与输入电压的积分运算。式（4.27）表明，输出电压为输入电压对时间的积分，且相位相反。

当 $u_i = U_1$ 时，这时的输出为

$$u_o = -\frac{U_1}{RC} t + u_C \bigg|_{t_0}$$

若 $t_0 = 0$ 时刻电容两端电压为零，则输出为

$$u_o = -\frac{U_1}{RC} t = -\frac{U_1}{\tau} t$$

$\tau = RC$ 为积分时间常数。当 $t = \tau$ 时，$u_o = -U_1$，这时 t 记为 t_1。当 $t > t_1$，u_o 值再增大，直到 $u_o = -U_{om}$，这时运算放大器进入非线性区，积分作用停止，输出保持不变。

积分电路除了作为基本运算电路之外，利用它的充、放电过程还可以用来实现延时、定时以及各种波形的产生和变换。积分电路可作波形变换，如图 4.25（b）所示，该电路可将矩形波变成三角波输出。积分电路在自动控制系统中用以延缓过渡过程的冲击，使被

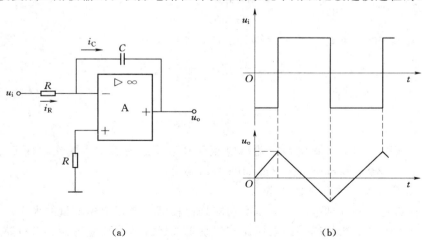

(a)　　　　　　　　　　　　(b)

图 4.25　积分电路

控制的电动机外加电压缓慢上升，避免其机械转矩猛增，造成传动机械的损坏。积分电路还常用来做显示器的扫描电路，以及模/数转换器、数学模拟运算等。

（5）微分电路。将积分电路中的 R 和 C 互换，就可得到微分（运算）电路，如图 4.26（a）所示。假设电容 C 的初始电压为零，那么微分是积分的逆运算，A 点同样为"虚地"，即 $u_A \approx 0$，再根据"虚断"的概念，$i- \approx 0$，则 $i_R \approx i_C$。

则输出电压为

$$u_o = -i_R R = -i_C R = -RC \frac{\mathrm{d}u_C}{\mathrm{d}t} = -RC \frac{\mathrm{d}u_i}{\mathrm{d}t} \tag{4.28}$$

上式表明，输出电压为输入电压对时间的微分，且相位相反。

微分电路的波形变换作用如图 4.26（b）所示，可将矩形波变成尖脉冲输出。微分电路在自动控制系统中可用作加速环节，例如电动机出现短路故障时，起加速保护作用，迅速降低其供电电压。

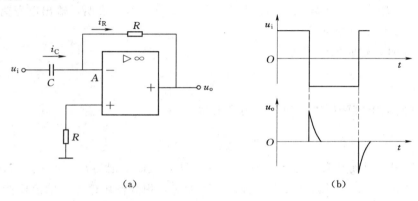

(a)　　　　　　　　　　　　　(b)

图 4.26　微分电路

【例 4.3】　在积分电路中，$R = 20\ \mathrm{k}\Omega$，$C = 1\mu\mathrm{F}$，运算放大器的最大输出电压 $U_{om} = \pm 15\mathrm{V}$，$u_i$ 为一正向阶跃电压：$u_i = \begin{cases} 0(t=0) \\ 1\mathrm{V}(t>0) \end{cases}$。

求 $t \geqslant 0$ 范围内 u_o 与 u_i 之间的运算关系，并画出波形。

解：
$$u_o = \frac{U_I}{R_1 C} t = \frac{1}{20 \times 10^3 \times 1 \times 10^{-6}} t = -50t$$

当 $u_o = U_{om} = -15\mathrm{V}$ 时，有

$$t = \frac{-15}{-10} = 1.5(\mathrm{s})$$

计算结果表明，积分运算电路的输出电压受到运算放大器最大输出电压 U_{om} 的限制。当 u_o 达到 $-U_{om}$ 后就不再增长。波形图如图 4.27 所示。

5. 集成运算放大器的非线性应用

电压比较器是信号处理电路，其基本功能是比较两个或多个模拟量的大小，并由输出端的高、低电平来表示比较结果。电压比较器是集成运放非线性应用的典型电路，经常应用在波形变换、信号发生、模/数转换等电路中。它可分为单门限电压比较器和滞回电压比较器两类。

（1）单门限电压比较器。单门限电压比较器的基本电路如图 4.28 所示。电压比较器的输入通常是两个模拟量，一般情况下，其中一个输入信号是固定不变的参考电压 U_{REF}，另一个输入信号则是变化的信号 u_i。电压比较器中的运算放大器工作在开环状态，其输出只有两种可能的状态：正向最大电压 $+U_{om}$ 或反向最大电压 $-U_{om}$。

图 4.28（a）所示是基本电压比较器的电路和电压传输特性。由于图中的理想集成运算放大器工作在非线性区，因此有：

输入电压 $u_i > U_{REF}$ 时

$$u_o = -U_{om} \qquad (4.29)$$

输入电压 $u_i < U_{REF}$ 时

$$u_o = +U_{om} \qquad (4.30)$$

输入电压 $u_i = U_{REF}$ 时

$$-U_{om} < u_o < +U_{om}$$

输出处于翻转状态。

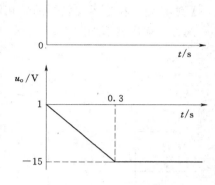

图 4.27 [例 4.3] 波形图

由此可看出输出电压具有两值性，同时可作出电压比较器的输入输出电压关系曲线，也称电压传输特性曲线，如图 4.28（b）所示。

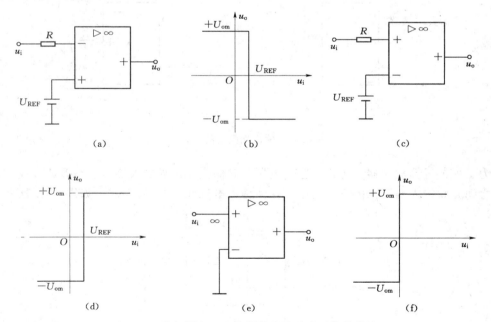

图 4.28 单门限电压比较器的电路及电压传输特性

若希望当 $u_i > U_{REF}$ 时，$u_o = +U_{om}$，只需将 u_i 与 U_{REF} 调换即可，如图 4.28（c）所示，其电压传输特性如图 4.28（d）所示。

如果把 u_- 端接地，即 $U_{REF}=0$，输入信号与零进行电压比较，则电路称为过零比较器，如图 4.28（e）所示，其电压传输特性如图 4.28（f）所示。

【例 4.4】 在过零比较器的反相输入端加正弦波信号，画出其输出波形。

解： 其输出波形如图 4.29 所示。电路能将输入的正弦波转换成矩形波，实现波形变换。

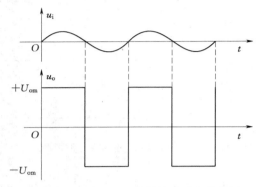

图 4.29 过零电压比较器的波形变换作用

有时为了获取特定输出电压或限制输出电压值，在输出端采取稳压二极管限幅。如图 4.30 所示。在图 4.30（a）中，VS_1、VS_2 为两只反向串联的稳压二极管（也可以采用一个双向击穿稳压二极管），实现双向限幅。

当输入电压 $u_i>0$ 时，VS_1 正向导通，VS_2 反向导通限幅，不考虑二极管正向管压降时，输出电压 $U_o=-U_Z$。

当输入电压 $u_i<0$ 时，VS_1 反向导通限幅，VS_2 正向导通，不考虑二极管正向管压降时，输出电压 $U_o=+U_Z$。

因此，输出电压被限制在 $\pm U_Z$ 之间。

图 4.30（a）也可接成图 4.30（b）的形式，其原理相同。

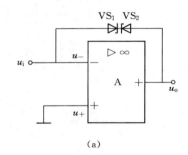
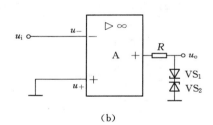

图 4.30 输出端限幅的比较器

为了保护运算放大器，防止因输入电压过高而损坏运算放大器，在运算放大器的两输入端之间并联接入两个二极管进行限幅，使输入电压在 $\pm 0.7V$ 左右，如图 4.31 所示。

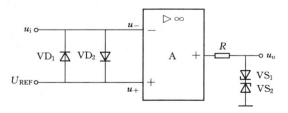

图 4.31 具有输入保护的电压比较器

（2）滞回电压比较器。单门限电压比较器其状态翻转的门限电压在某一个固定值上。其电路比较简单，当输入电压在基准电压值附近有干扰的波动时，将会引起输出电压的跳变，可能致使执行电路产生误动作。在实际应用时，如果实际测得的信号存在外界干扰，即在正弦波上叠加了高频干扰，过零电压比较器就容易出现多次误翻转，如图 4.32 所示。

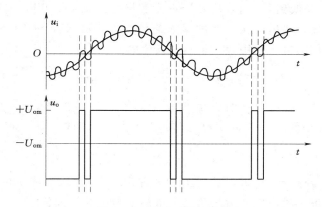

图 4.32　外界干扰的影响

并且，电路的灵敏度越高，越容易产生这种现象。为了提高电路的抗干扰能力，常常采用滞回电压比较器，如图 4.33（a）所示。电路引入了正反馈，因此运算放大器工作在非线性区。电路的电压传输特性如图 4.33（b）所示。

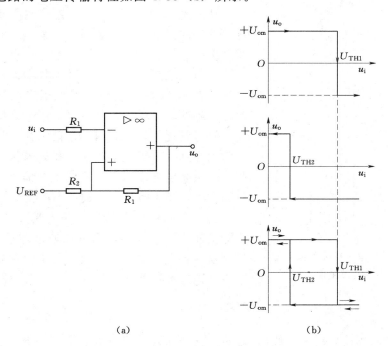

（a）　　　　　　　　　　　　　　　　（b）

图 4.33　滞回电压比较器的电路及电压传输特性

根据叠加定理，令 $u_i = u_+$，求出的 u_i 称为门限电压，用 U_T 表示。

$$U_+ = \frac{R_f}{R_2 + R_f} U_{REF} \pm \frac{R_2}{R_2 + R_f} U_Z$$

1）输入信号由大变小。当 u_i 足够大时，$u_o = -U_Z$，同相输入端电压

$$U_+ = \frac{R_f}{R_2 + R_f}U_{REF} + \frac{R_2}{R_2 + R_f}U_z$$

当输入电压 u_i 降低到 U_+ 时，比较器发生翻转。当 $u_i < U_+$ 时，输出电压由负的最大值跳变为正的最大值。输出电压由负的最大值跳变为正的最大值（$u_o = +U_z$）所对应的门限电压称为下限门限电压，用 U_{T-} 表示。其值为

$$U_{T-} = u_i = U_+ = \frac{R_f}{R_2 + R_f}U_{REF} - \frac{R_2}{R_2 + R_f}U_z \tag{4.31}$$

当 $u_i < U_{T-}$ 以后，$u_o = +U_z$ 保持不变。

2）输入信号由小变大。当 u_i 足够低时，$u_o = +U_z$，同相输入端电压

$$U_+ = \frac{R_f}{R_2 + R_f}U_{REF} + \frac{R_2}{R_2 + R_f}U_z$$

当输入电压 u_i 升高到 U_+ 时，比较器发生翻转。当 $u_i > U_+$ 时，输出电压由正的最大值跳变为负的最大值。输出电压由正的最大值跳变为负的最大值（$u_o = -U_z$），所对应的门限电压称为上限门限电压，用 U_{T+} 表示。其值为

$$U_{T+} = u_i = U_+ = \frac{R_f}{R_2 + R_f}U_{REF} + \frac{R_2}{R_2 + R_f}U_z \tag{4.32}$$

当 $u_i > U_{T+}$ 以后，$u_o = -U_z$ 保持不变。

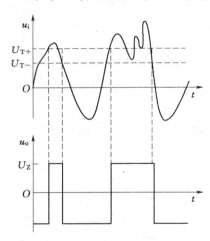

图 4.34　滞回电压比较器抗干扰
作用及波形整形

从图 4.33（b）可知，传输特性曲线具有滞后回环特性，滞回电压比较器因此而得名，它又称为施密特触发器。

通过上述讨论可知，滞回比较器有两个门限电压 U_{T+}、U_{T-}，上限、下限门限电压之差称为回差电压 ΔU_T。当输入电压在两个门限电压之间时，比较器的输出没有变化。调整 R_f 和 R_2 的大小，可改变比较器的门限宽度。门限宽度越大，比较器抗干扰的能力越强，但灵敏度随之下降。只要干扰信号的幅度在回差电压之间，则干扰信号对输出不产生影响。

若在滞回比较器的反相输入端加入图 4.34 所示不规则的输入信号 u_i，则可在输出端得到矩形波 u_o。应用这一特点，滞回电压比较器不仅可以提高抗干扰能力，而且可以将不理想的输入波形整形成理想的矩形波。

6. 集成运算的使用常识

集成运放的用途广泛，在使用前必须进行测试，使用中应注意其电参数和极限参数符合电路要求，同时还应注意以下问题。

（1）集成运放的输出调零。为了提高集成运放的精度，消除因失调电压和失调电流引起的误差，需要对集成运放进行调零。实际的调零方法有两类：一类是内调零，即集成运放设有外接调零电路的引线端，按说明书连接即可，例如常用的 $\mu A741$，其中电位器 R_P 可选择 $10k\Omega$ 的电位器，如图 4.35（a）所示。另一类是外调零，即集成运放没有外接调

零电路的引线端，可以在集成运放的输入端加一个补偿电压，以抵消集成运放本身的失调电压，达到调零的目的。常用的辅助调零电路如图 4.35（b）所示。

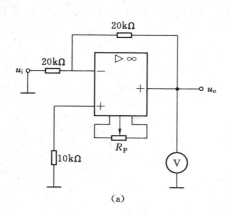

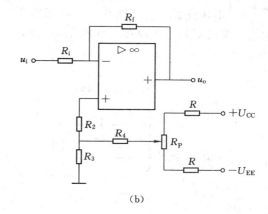

图 4.35　集成运放的输出调零

（2）单电源供电时的偏置问题。双电源集成运放单电源供电时，该集成运放内部各点对地的电位都将相应提高，因而输入为零时，输出不再为零，这是通过调零电路无法解决的。为了使双电源集成运放在单电源供电下能正常工作，必须将输入端的电位提升，如图 4.36 和图 4.37 所示。其中图 4.36 适用于反相输入交流放大，图 4.37 适用于同相输入交流放大。

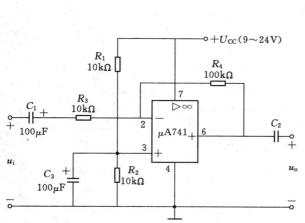

图 4.36　单电源反相输入阻容放大器

图 4.37　单电源同相输入阻容放大器

（3）集成运放的保护。

1）输入端保护。当输入端所加的电压过高时会损坏集成运放，为此，可在输入端加入两个反向并联的二极管，将输入电压限制在二极管的正向压降以内，如图 4.38 所示。

2）输出端保护。为了防止输出电压过

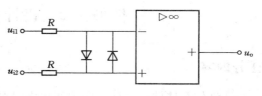

图 4.38　输入端保护

大，可利用稳压二极管来保护，将两个稳压二极管反向串联，就可将输出电压限制在稳压二极管的稳压值 U_z 的范围内，如图 4.39 所示。

3）电源保护。为了防止正负电源接反，可用二极管保护，若电源接错，二极管反向截止，集成运放上无电压，如图 4.40 所示。

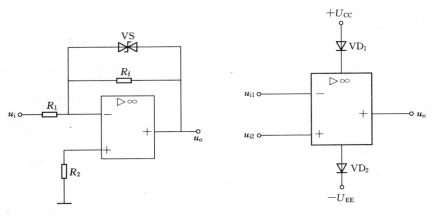

图 4.39　输出端保护　　　　　图 4.40　电源保护

　（4）相位补偿。集成运放在实际使用中遇到最棘手的问题就是自激。要消除自激，通常是破坏自激形成的相位条件，这就是相位补偿，如图 4.41 所示。其中，图 4.41（a）是输入分布电容和反馈电阻过大（>1MΩ）引起自激的补偿方法，图 4.41（b）中所接的 RC 为输入端补偿法，常用于高速集成运放。

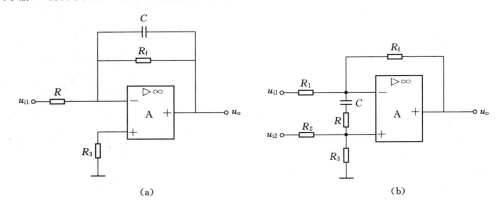

（a）　　　　　　　　　　　　　　　　　（b）

图 4.41　相位补偿

任务 4.2　设计正弦波信号发生器

任务内容

　　通过仿真软件，设计特定频率输出的 RC 桥式正弦波振荡电路。

任务目标

能够掌握仿真软件设计和调试电路的方法，了解振荡电路的组成，熟悉 RC 桥式正弦波振荡电路的电路结构及工作原理，熟悉三极管组成的交流放大电路和 RC 桥式正弦波振荡电路的调试。

任务分析

正弦波信号发生器是利用自激振荡，从而产生单一频率的、稳定的正弦波信号。这种电路通常由放大电路、反馈网络、选频网络和稳幅环节四个部分组成。而正弦波振荡电路则由其中选频网络组件命名，当振荡频率较低（几百 kHz 以下），一般采用电阻、电容构成的选频网络，称为 RC 正弦波振荡电路。该电路由集成运放 A 作为放大电路，由 RC 元件组成它的串并联选频网络，VD_1、VD_2 和 R_2 组成了稳幅环节，R_f 和 R_1 支路引入一个负反馈；串并联网络中的 R、C 以及负反馈支路中的 R_f 和 R_1 正好组成一个电桥的四个臂，因此这种电路又成为文氏电桥振荡电路。

任务实施

1. 识读电路图

认真观察图 4.42 所示的 RC 桥式正弦波振荡电路图，了解该电路的电路结构及元器件种类。

2. 绘制电路并选择参数

电路设计要求：采用集成运算放大器组成振荡电路，振荡频率要求 1kHz，产生的振荡信号要求达到最大不失真。

（1）电路绘制如图 4.43 所示。

（2）参数选择。

1）R_1、R_2、C_1 和 C_2 的选取。电路所产生的正弦波的频率由 RC 串并联谐振网络的谐振频率来决定，即

$$f_0 = \frac{1}{2\pi\sqrt{R_1 R_2 C_1 C_2}}$$

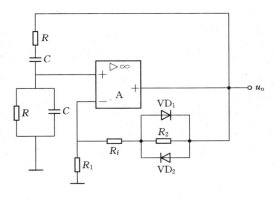

图 4.42　RC 桥式正弦波振荡电路

若要求 $f_0 = 1$kHz，则确定电容值（或电阻值）即可确定电阻值（电容值），并将结果填入表 4.4 中。

2）R_3、R_4、R_5、R_6 的选取。集成运算放大器与电阻 R_3、R_4、R_5、R_6 等组成交流同相放大电路，引入深度的电压串联负反馈。则其电压增益为

$$A_{uf} = \frac{U_o}{U_i} = 1 + \frac{R_f}{R_1}$$

本图中的增益大小为

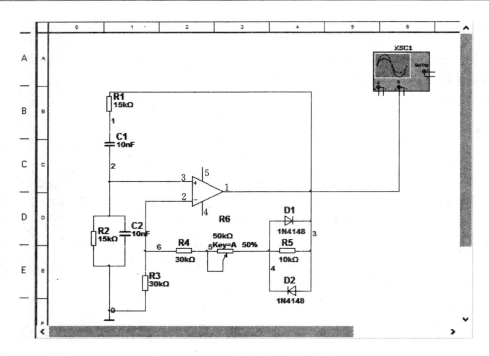

图 4.43　RC 正弦波振荡电路的仿真图

$$A_{uf} = 1 + \frac{R_4 + R_6 + R_5 // r_{VD}}{R_3}$$

式中：r_{VD} 为二极管的交流电阻，两个二极管和 R_5 三者并联起自动稳幅作用。若要使电路产生振荡，要求 $A_{uf} > 3$。则当确定 R_3、R_4、R_5 后，通过调节 R_6 可满足要求。将结果填入表 4.4 中。

表 4.4　　　　　　　　　RC 正弦波振荡电路电子元器件表

序号	元件名称	图形符号	文字符号	型号	标称参数	功能
1						
2						
3						
4						
5						
6						

3. 仿真调试

（1）按照图中给出的电路图及参考值，在仿真软件上画好。

（2）闭合仿真开关，打开示波器观察输入和输出端的波形，并做好相应的记录。

1）在横坐标 5ms/div 的情况下观察振荡器由起振到平稳的全貌，如图 4.44 所示。

2）选择合适的横坐标值，画出平稳过程的波形图，如图 4.45 所示，并记下此时平稳期的参数值。将结果填入表 4.5 中。

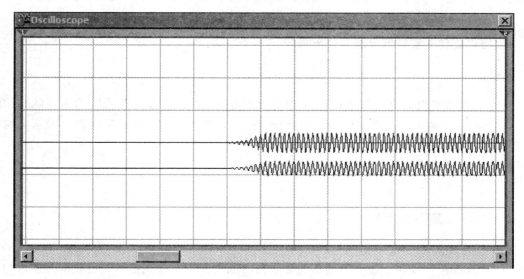

图 4.44 RC 正弦波振荡电路起振到平稳的全貌图

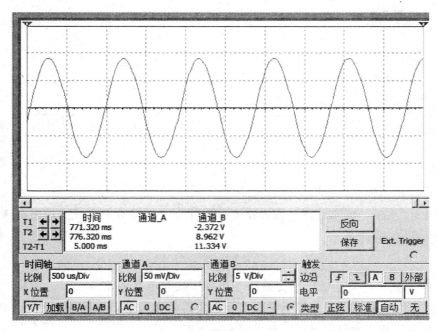

图 4.45 RC 正弦波振荡电路的平稳波形图

表 4.5 RC 正弦波振荡电路仿真测试

项 目	通道 A	通道 B
X 向		
Y 向		
幅度的格数 n_1		
周期的格数 n_2		

4. 编写任务报告

根据以上任务实施情况编写任务报告。

任务小结

RC 正弦波振荡电路由集成运放 A 作为放大电路，由 RC 元件组成它的串并联选频网络，R_f 和 R_1 支路引入一个负反馈。在进行测试时，要注意参数的正确选择，否则影响电路的起振。

相关知识

4.2.1　正弦波振荡电路

1. 正弦波振荡基础知识

（1）自激振荡现象。放大电路在无输入信号的情况下，就能输出一定频率和幅值的交流信号，这种现象称为自激振荡。如，扩音系统在使用中有时会发出刺耳的啸叫声，这种现象就是自激振荡现象。其形成过程如图 4.46 所示。

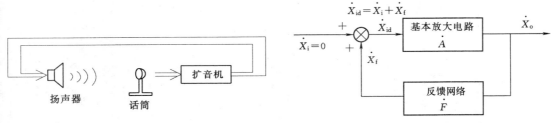

图 4.46　自激振荡现象　　　　　　　图 4.47　自激振荡形成的框图

（2）自激振荡形成的条件。图 4.47 所示为自激振荡形成的框图。

由图 4.47 所示，振荡电路由基本放大电路 $\dot{A}$ 和反馈网络 $\dot{F}$ 组成。由于振荡电路外界输入信号为零，则有

$$\dot{X}_f = \dot{X}_{id}$$

即去掉 u_i 仍有稳定的输出，反馈信号代替了放大电路的输入信号。因此，从结构上看，正弦波振荡电路就是一个没有输入信号的带选频网络的正反馈放大电路。由此可见，自激振荡形成的基本条件是反馈信号与输入信号大小相等、相位相同。即

$$\frac{\dot{X}_f}{\dot{X}_{id}} = \frac{\dot{X}_o}{\dot{X}_{id}} \frac{\dot{X}_f}{\dot{X}_o} = 1$$

最后可得

$$\dot{A}\dot{F} = 1 \qquad\qquad (4.33)$$

把该式分解为幅度平衡条件和相位平衡条件。设 $\dot{A} = A\angle\varphi_a$，$\dot{F} = F\angle\varphi_f$，则可得

$$\dot{A}\dot{F} = AF\angle\varphi_a + \varphi_f$$

即
$$|\dot{A}\dot{F}|=AF=1 \tag{4.34}$$
$$\varphi_a+\varphi_f=2n\pi(n=0,1,2,3,\cdots) \tag{4.35}$$

式（4.34）称为振幅平衡条件，而式（4.35）称为相位平衡条件，这是正弦波振荡电路产生持续振荡的两个条件。

振幅平衡条件是指振荡电路已进入稳态振荡而言的。要使振荡电路能自行建立振荡，就必须满足$|\dot{A}\dot{F}|>1$的条件。这样接通电源后，振荡电路就有可能自行起振，或者说能够自激，最后趋于稳态平衡。

稳幅环节的作用就是使$|\dot{A}\dot{F}|>1$达到$\dot{A}\dot{F}=1$的稳定状态，使输出信号幅度稳定，且波形良好。从电路的起振到形成稳幅振荡所需的时间是极短的。

（3）正弦波振荡的形成。放大电路在接通电源的瞬间，随着电源电压由零开始突然增大，电路受到扰动，在放大器的输入端产生一个微弱的扰动电压 u_i，经放大器放大、正反馈，再放大、再反馈，…… 如此反复循环，输出信号的幅度很快增加。这个扰动电压包括从低频到高频的各种频率的谐波成分。为了能得到所需要频率的正弦波信号，必须增加选频网络，在选频网络中心频率上的信号能通过，其他频率的信号被抑制，在输出端就会得到如图 4.48 所示的起振波形（ab 段）。

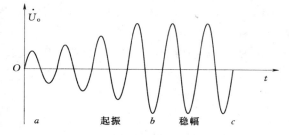

图 4.48　自激振荡的起振和稳振过程

振荡电路在起振以后，振荡幅度会不会无休止地增长下去了呢？这就需要增加稳幅环节，当振荡电路的输出达到一定幅度后，稳幅环节就会使输出减小，维持一个相对稳定的稳幅振荡，如图 4.48 中 bc 段所示。也就是说，在振荡建立的初期，必须使反馈信号大于原输入信号，反馈信号一次比一次大，才能使振荡幅度逐渐增大；当振荡建立后，还必须使反馈信号等于原输入信号，才能使建立的振荡得以维持下去。

（4）正弦振荡电路的组成。正弦波振荡电路也称信号产生电路，它用来产生单一频率的、稳定的正弦波信号。该电路有四个组成部分：

1）放大电路。具有放大作用，对选出来的某一频率的信号进行放大。放大电路是维持振荡器连续工作的主要环节，没有放大，信号就会逐渐衰减，不可能产生持续的振荡。根据电路需要，可采用单级放大电路或多级放大电路。

2）反馈网络。其作用是将输出信号反馈到输入端，引入自激振荡所需的正反馈，满足相位平衡条件。一般反馈网络由线性元件 R、L 和 C 按需要组成。

3）选频网络。具有选频的功能，主要作用是选择某一指定频率 f_0，并使它满足振荡的平衡条件。选频网络分为 LC 选频网络和 RC 选频网络。使用 LC 选频网络的正弦波振荡电路，称为 LC 振荡电路；使用 RC 选频网络的正弦波振荡电路，称为 RC 振荡电路。选频网络可以设置在放大电路中，也可以设置在反馈网络中。

4）稳幅环节。具有稳定输出信号幅值的作用，以便使电路达到等幅振荡，因此稳幅环节是正弦振荡电路的重要组成部分。

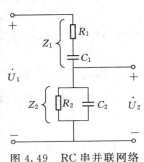

图 4.49 RC 串并联网络

判断电路是否能起振：首先检查电路的组成部分；其次找出反馈支路；再次用反馈极性的判别法确定是否是正反馈；最后观察电路的交直流通道是否各行其道，如振荡电感是否将静态工作点短路。

2. RC 正弦波振荡电路

在正弦波振荡电路中，选频网络为 RC 串并联网络，同时也作正反馈网络。网络的输入信号 u_i 来自电路的输出电压 u_o，经反馈后的网络输出为 u_f。

RC 正弦波振荡电路结构简单，性能可靠，用来产生 MHz 以下的低频信号，常用的 RC 振荡电路有 RC 桥式振荡电路和移相式振荡电路。

（1）RC 桥式振荡电路。

1）RC 串并联网络的选频特性。RC 串并联网络由 R_2 和 C_2 并联后与 R_1 和 C_1 串联组成，如图 4.49 所示。

设 R_1、C_1 的串联阻抗用 Z_1 表示，R_2 和 C_2 的并联阻抗用 Z_2 表示，则

$$Z_1 = R_1 + \frac{1}{j\omega C_1}$$

$$Z_2 = \frac{R_2}{1 + j\omega C_2 R_2}$$

输出电压 $\dot{U}_2$ 与输入电压之 $\dot{U}_1$ 比为 RC 串并联网络传输系数，记为 $\dot{F}$，则

$$\dot{F} = \frac{\dot{U}_2}{\dot{U}_1} = \frac{Z_2}{Z_1 + Z_2} = \frac{\dfrac{R_2}{1 + j\omega C_2 R_2}}{R_1 + \dfrac{1}{j\omega C_1} + \dfrac{R_2}{1 + j\omega C_2 R_2}}$$

$$= \frac{1}{\left(1 + \dfrac{R_1}{R_2} + \dfrac{C_2}{C_1}\right) + j\left(\omega R_1 C_2 - \dfrac{1}{\omega R_2 C_1}\right)} \tag{4.36}$$

在实际电路中，取 $C_1 = C_2 = C$，$R_1 = R_2 = R$，则上式可简化为

$$\dot{F} = \frac{1}{3 + j\left(\omega RC - \dfrac{1}{\omega RC}\right)}$$

其模值

$$F = |\dot{F}| = \frac{1}{\sqrt{3^2 + \left(\omega RC - \dfrac{1}{\omega RC}\right)^2}} \tag{4.37}$$

相角

$$\varphi_F = -\arctan \frac{\omega RC - \dfrac{1}{\omega RC}}{3} \tag{4.38}$$

令

$$\omega_0 = 2\pi f_0 = \frac{1}{RC}$$

即

$$f_0 = \frac{1}{2\pi RC}$$

将 f_0 的表达式代入模值和相角的表达式，并将角频率 ω 变换为由频率 f 表示，则

$$F = \frac{1}{\sqrt{3^2 + \left(\dfrac{f}{f_0} - \dfrac{f_0}{f}\right)^2}}$$

$$\varphi_F = -\arctan\frac{\dfrac{f}{f_0} - \dfrac{f_0}{f}}{3} \tag{4.39}$$

根据上式可作出 RC 串并联网络频率特性，如图 4.50 所示。

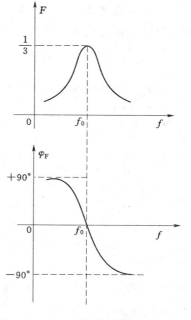

当 $f = f_0$ 时，电压传输系数最大，其值为 $F = 1/3$，相角为零，即 $\varphi_F = 0$。此时，输出电压与输入电压同相位。当 $f \neq f_0$ 时，$F < 1/3$，且 $\varphi_F \neq 0$，此时输出电压的相位滞后或超前于输入电压。由以上分析可知：RC 串并联网络只在 $f = f_0 = \dfrac{1}{2\pi RC}$ 时，输出幅度最大，而且输出电压与输入电压同相，即相位移为零。所以，RC 串并联网络具有选频特性。

图 4.50　RC 串并联网络的频率特性

2）RC 桥式振荡电路。RC 桥式振荡电路如图 4.51 所示。

图 4.51 是采用运算放大器的 RC 桥式振荡电路。其中集成运放 A 作为放大电路，由 RC 元件组成它的串并联选频网络，R_f 和 R_1 支路引入一个负反馈；串并联网络中的 R、C 以及负反馈支路中的 R_f 和 R_1 正好组成一个电桥的四个臂，因此这种电路又称为文氏电桥振荡电路。

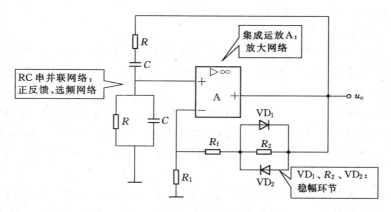

图 4.51　RC 桥式振荡电路

由于 RC 串并联网络在 $f = f_0$ 时的传输系数 $F = 1/3$，因此要求放大器的总电压增益 A_u 应大于 3，这对于集成运放组成的同相放大器来说是很容易满足的。由 R_1、R_f、VD_1、VD_2 及 R_2 构成负反馈支路，它与集成运放形成了同相输入比例运算放大器，则

$$A_u = 2 + \frac{R_f}{R_1}$$

只要适当选择 R_f 与 R_1 的比值，就能实现 $A_u>3$ 的要求。其中，VD_1、VD_2 和 R_2 是实现自动稳幅的限幅电路。

$$f_0 = \frac{1}{2\pi RC} \tag{4.40}$$

（2）移相式振荡电路。电路如图 4.52 所示，图中反馈网络由三节 RC 移相电路构成。

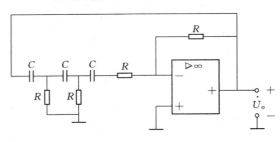

图 4.52　移相式振荡电路

由于集成运算放大器的相移为 180°，为满足振荡的相位平衡条件，要求反馈网络对某一频率的信号再移相 180°，图 4.52 中的 RC 构成超前相移网络。由于一节 RC 电路的最大相移为 90°，不能满足振荡的相位条件；两节 RC 电路的最大相移可以达到 180°，但当相移等于 180°时，输出电压已接近于零，故不能满足起振的幅度条件。为此，采用三节 RC 超前相移网络，三节相移网络对不同频率的信号所产生的相移是不同的，但其中总有某一个频率的信号，通过此相移网络产生的相移刚好为 180°满足相位平衡条件而产生振荡，该频率即为振荡频率 f_0。

RC 移相式振荡电路具有结构简单、经济方便等优点。其缺点是选频性能较差，频率调节不方便，由于输出幅度不够稳定、输出波形较差，一般只用于振荡频率固定、稳定性要求不高的场合。

3. LC 正弦波振荡电路

LC 振荡电路分为电感反馈式 LC 振荡电路、电容反馈式 LC 振荡电路、变压器反馈式 LC 振荡电路，用来产生几兆赫兹以上的高频信号。

（1）电感反馈式 LC 振荡电路。

1）电路组成。电路如图 4.53 所示。放大电路及稳幅环节由共射极放大电路组成；反馈环节由互感器线圈 L_2 构成正反馈网络；选频网络由 LC 并联谐振回路构成选频网络。

2）振荡条件分析。

①相位条件。根据瞬时极性法，设基极瞬时极性为正，由于放大器的倒相作用，集电极电位为负，与基极相位相反，则电感的 3 端为负，2 端为公共端，1 端为正，各瞬时极性标注如图 4.53 所示。反馈电压由 1 端引至三极管的基极，故为正反馈，满足相位平衡条件。

②幅度条件。从图 4.53 可以看出反馈电压是取自电感 L_2 两端加到晶体管基级-发射极间的。所以改变线圈抽头的位置，即改变 L_2 的大小，就可调节反馈电压的大小。当满足 $|\dot{A}F|>1$ 的条件时，电路便可起振。

3）振荡频率

$$f \approx f_0 = \frac{1}{2\pi \sqrt{(L_1+L_2+2M)C}} \tag{4.41}$$

式中：(L_1+L_2+2M) 为 LC 回路的总电感；M 为 L_1 与 L_2 间的互感耦合系数。

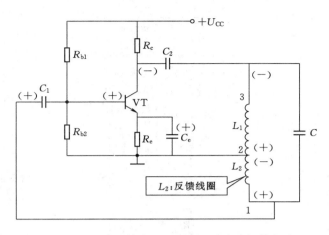

图 4.53　电感反馈式（三点式）正弦波振荡电路

4）电路优缺点。

①由于 L_1 和 L_2 之间耦合很紧，故电路易起振，输出幅度大。

②调频方便，电容 C 若采用可变电容器，就能获得较大的频率调节范围。

③由于反馈电压取自电感 L_2 两端，它对高次谐波的阻抗大，反馈也强，因此在输出波形中含有较多高次谐波成分，输出波形不理想。

（2）电容反馈式 LC 振荡电路。

1）电路组成。电路如图 4.54 所示，用 C_1、C_2 代替 L_1、L_2，用 L 代替 C，则组成电容三点式振荡电路（又称考毕兹式振荡电路）。

2）振荡频率。反馈电压取自电容 C_2 两端，所以适当地选择 C_1、C_2 的数值，并使放大器有足够的放大量，电路便可起振。

$$f \approx f_0 = \cfrac{1}{2\pi \sqrt{L \cfrac{C_1 C_2}{C_1 + C_2}}} \qquad (4.42)$$

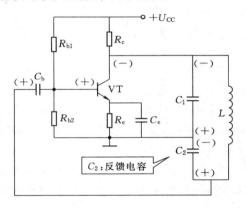

图 4.54　电容反馈式（三点式）
正弦波振荡电路

3）电路优缺点。容易起振，振荡频率高，可达 100MHz 以上。输出波形较好，这是由于 C_2 对高次谐波的阻抗小，反馈电压中的谐波成分少，故振荡波形较好。但调节频率不方便，因为 C_1、C_2 的大小既与振荡频率有关，也与反馈量有关。改变 C_1（或 C_2）时会影响反馈系数，从而影响反馈电压的大小，造成电路工作性能不稳定。

（3）变压器反馈式 LC 振荡电路。

1）电路组成。电路如图 4.55 所示，放大及稳幅环节由三极管共射极放大电路组成；反馈环节由变压器二次绕组 L_2 上的电压作为反馈信号；选频网络由 LC 并联回路作为共发射极放大电路，三极管的集电极负载起选频作用。

用瞬时极性法分析振荡相位条件。只要变压器变比和三极管选择合适，一般容易起振。振幅的稳定是利用放大器件的非线性来实现的。反馈线圈匝数越多，耦合越强，电路

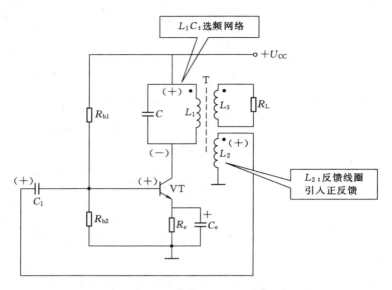

图 4.55   变压器反馈式 LC 正弦波振荡电路

越容易起振。

2）振荡频率。

$$f_0 = \frac{1}{2\pi \sqrt{LC}}$$ (4.43)

3）电路优缺点。

①易起振，输出电压较大。由于采用变压器耦合，易满足阻抗匹配的要求。

②调频方便。一般在 LC 回路中采用接入可变电容器的方法来实现，调频范围较宽，工作频率通常在几兆赫左右。

③输出波形不理想。由于反馈电压取自电感两端，它对高次谐波的阻抗大，反馈也强，因此在输出波形中含有较多高次谐波成分。

4．石英晶体振荡电路

由于 RC、LC 振荡电路的频率稳定性不高，而石英晶体振荡器电路采用了具有较高 Q 值的石英晶体元件，频率稳定度可提高几个数量级，因此被广泛应用于家用电器和通信设备中。

（1）石英晶体的基本特性与等效电路。

1）石英晶体的结构。石英晶体的结构如图 4.56 所示。

石英晶体是一种二氧化硅（SiO_2）结晶体，具有各向异性的物理特性。制造过程：按一定方位角切片，研磨加工成形，两个表面涂敷银层作为极板，封装在金属或玻璃壳内。如图 4.56（a）所示。

2）压电效应和压电谐振。若在晶片两面施加机械力，沿受力方向将产生电场，晶片两面产生异号电荷，这种效应称正向压电效应；若在晶片处加一电场，晶片将产生机械变形，这种效应称为反向压电效应。事实上，正、反向压电效应同时存在，电场产生机械形变，机械形变产生电场，两者相互限制，最后达到平衡态。

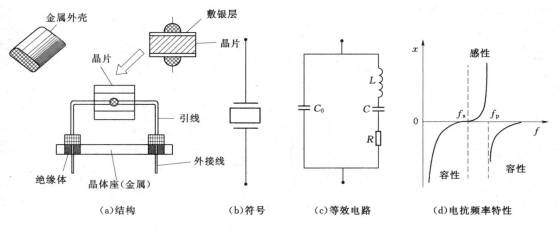

（a）结构　　　　（b）符号　　　（c）等效电路　　　（d）电抗频率特性

图 4.56　石英晶体

在石英谐振器两极板上加交变信号，晶片将随交变电压周期性地机械振动；当交变电压频率与晶体固有谐振频率相等时，振荡交变电流最大，这种现象称为压电谐振。

3）石英晶体的符号和等效电路。石英晶体的符号如图 4.56（b）所示，等效电路如图 4.56（c）所示，石英晶体谐振忽略 R 以后的电抗频率特性如图 4.56（d）所示。

由等效电路可见，石英谐振器有两个谐振频率。

当 L、C、R 串联支路发生谐振时，它的等效阻抗最小（等于 R），串联谐振频率为

$$f_s = \frac{1}{2\pi \sqrt{LC}} \tag{4.44}$$

当频率高于 f_s 时，L、C、R 支路呈感性，可与电容 C_0 发生并联谐振，并联谐振频率为

$$f_p = \frac{1}{2\pi \sqrt{L \dfrac{CC_0}{C+C_0}}} = f_s \sqrt{1 + \frac{C}{C_0}} \tag{4.45}$$

通常 $C_0 \gg C$，比较以上两式可见，两个谐振频率非常接近，且 f_p 稍大于 f_s。

由图 4.56（d）可知，频率很低时，两个支路的容抗起主要作用，电路呈容抗性；随着频率的增加，容抗减小。

当 $f = f_s$ 时，LC 串联谐振，阻抗最小，呈电阻性；

当 $f > f_s$ 时，LC 支路电感起主要作用，呈感抗性；

当 $f = f_p$ 时，并联谐振，阻抗最大且呈纯电阻性；

当 $f > f_p$ 时，C_0 支路起主要作用，电路又呈容抗性。

图 4.56 表明，在晶体振荡器中，常把石英谐振器当作一个电感器组件，由于 Q 值大，振荡器的频率稳定性很高。

（2）石英晶体振荡器。石英晶体振荡器可以归结为并联型和串联型两类。前者的振荡频率接近于 f_p，后者的振荡频率接近于 f_s。

1）并联型石英晶体振荡电路。电路如图 4.57 所示。当工作频率介于 f_s 和 f_p 之间时，晶片等效为一电感组件，它与电容 C_1、C_2 组成并联谐振回路。它属于电容反馈式振

荡器。该电路的谐振频率为

$$f_0 = \frac{1}{2\pi\sqrt{L\dfrac{C_1C_2}{C_1+C_2}}} \qquad (4.46)$$

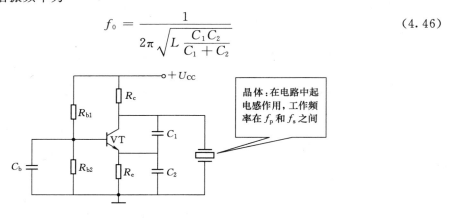

图 4.57　并联型石英晶体振荡电路

可见，电路的谐振频率 f_0 应略高于 f_s，C_1、C_2 对 f_0 的影响很小，电路的振荡频率由石英晶体决定，改变 C_1、C_2 的值可以在很小的范围内微调 f_0。

2）串联型石英晶体振荡电路。电路如图 4.58 所示，石英晶体工作于串联谐振状态。此时，晶体呈现纯电阻特性，可用瞬时极性法判定电路为正反馈，此时电路产生自激振荡。振荡频率为

$$f_0 = f_s$$

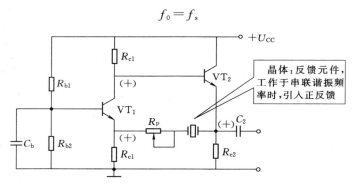

图 4.58　串联型石英晶体振荡电路

4.2.2　非正弦波振荡电路

1. 矩形波发生器

矩形波发生器是一种能产生矩形波的基本电路，也称方波振荡器，如图 4.59 所示。它是在滞回比较器的基础上，增加一条 RC 充、放电负反馈支路构成的。

（1）矩形波产生电路的工作原理。电容 C 上的电压加在集成运放的反相端，集成运放工作在非线性区，输出只有两个值：$+U_z$ 和 $-U_z$。

设在刚接通电源时，电容 C 上的电压为零，输出为正饱和电压 $+U_z$，同相端的电压为 $\dfrac{R_2}{R_1+R_2}U_z$，电容 C 在输出电压 $+U_z$ 的作用下开始充电，充电电流 i_C 经过电阻 R_f，如

图 4.59 所示。

当充电电压升至 $\dfrac{R_2}{R_1+R_2}U_z$ 值时，由于运放输入端 $u_->u_+$，于是电路翻转，输出电压由 $+U_z$ 值翻至 $-U_z$，同相端电压变为 $-\dfrac{R_2}{R_1+R_2}U_z$ 时，电容 C 开始放电，u_C 开始下降，放电电流 i_C 如图 4.59 中虚线所示。

当电容电压 u_C 降至 $-\dfrac{R_2}{R_1+R_2}U_z$ 值时，由于 $u_-<u_+$，于是输出电压又翻转到 $u_o=+U_z$ 值。如此周而复始，在集成运放的输出端便得到如图 4.60 所示的波形。

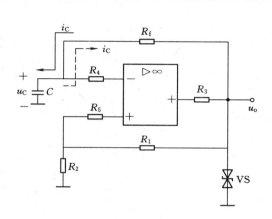

图 4.59　矩形波发生器

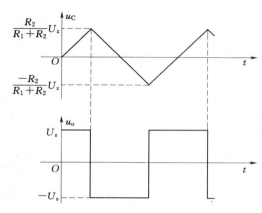

图 4.60　矩形波发生器的输出波形

（2）振荡频率。电路输出的矩形波电压的周期 T 取决于充、放电的 RC 时间常数。可以证明其周期为

$$T=2.2R_fC \tag{4.47}$$

则其振荡频率为

$$f=\frac{1}{2.2R_fC} \tag{4.48}$$

改变 R_f、C 值就可以调节矩形波的频率。矩形波常用于数字电路中作为信号源。

2. 三角波发生器

三角波发生器的基本电路如图 4.61（a）所示。

集成运放 A_1 构成滞回电压比较器，其反相端接地，集成运放 A_1 同相端的电压由 u_o 和 u_{o1} 共同决定，即

$$u_+=u_{o1}\frac{R_2}{R_1+R_2}+u_o\frac{R_1}{R_1+R_2}$$

当 $u_+>0$ 时，$u_{o1}=+U_z$；当 $u_+<0$ 时，$u_{o1}=-U_z$。

电源刚接通时，假设电容器初始电压为零，集成运放 A_1 输出电压为正饱和电压值 $+U_z$，积分器输入为 $+U_z$，电容 C 开始充电，输出电压 u_o 开始减小，u_+ 值也随之减小，当 u_o 减小到 $-R_2R_1U_z$ 时，u_+ 由正值变为零，滞回比较器 A_1 翻转，集成运放 A_1 的输出 $u_{o1}=-U_z$。

当 $U_{o1}=-U_z$ 时，积分器输入负电压，输出电压 u_o 开始增大，u_+ 值也随之增大，当 u_o 增加到 $R_2R_1U_z$ 时，u_+ 由负值变为零，滞回比较器 A_1 翻转，集成运放 A_1 的输出 $u_{o1}=+U_z$。输出波形如图 4.61（b）所示。

振荡频率为

$$f=\frac{R_1}{4R_2R_3C} \tag{4.49}$$

通过调节电阻和电容，可改变频率。

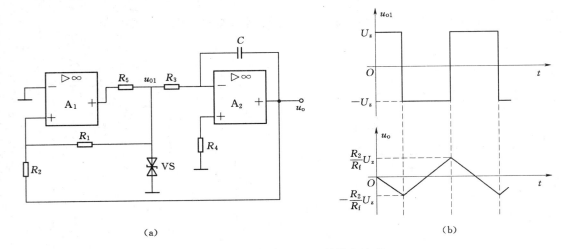

（a）　　　　　　　　　　　　　　　　（b）

图 4.61　三角波发生器及其输出波形

3. 锯齿波发生器

三角波发生器电路中，输出是等腰三角形波。如果人为地使三角形两边不等，这样输出电压波形就是锯齿波了。简单的锯齿波发生器的电路及波形如图 4.62（a）、（b）所示。

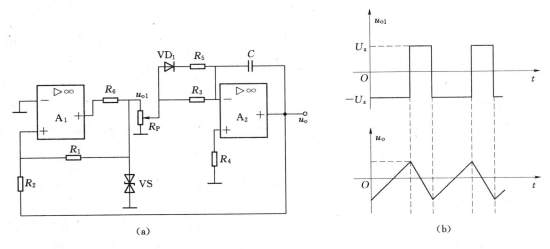

（a）　　　　　　　　　　　　　　　　（b）

图 4.62　锯齿波发生器及其输出波形

任务 4.3　设计和制作音调控制电路

任务内容

用集成运算放大器、电阻、电容、电位器等元件设计和制作音调控制电路。

任务目标

能够识读电子电路图，掌握集成运算放大器的特点及功能，根据设计要求正确地选择元器件及其参数，能够检测电子元器件，学会音调控制电路的制作和调试方法。

任务分析

音调控制是指人为地调节输入信号的低频、中频、高频成分的比例，改变音响系统的频率响应特性，以补偿音响系统各环节的频率失真，或用来满足聆听者对音色的不同爱好。

常用的音调控制电路有三种形式：一是衰减式 RC 音调控制电路，其调节范围宽，但容易产生失真；二是反馈型音调控制电路，其调节范围小一些，但失真小；三是混合式音调控制电路，其电路复杂，多用于高级收录机。为使电路简单而失真又小，可采用由阻容网络组成的 RC 型负反馈音调控制电路。它是通过不同的负反馈网络和输入网络造成放大器闭环放大倍数随信号频率不同而改变，通过改变电路频率响应特性曲线的转折频率来改变音调，从而达到音调控制的目的。对于输入中的低频成分，电容 C 可视为开路；对于输入中的高频成分，电容 C 可视为短路。

任务实施

1. 识读电路图

认真观察图 4.63 所示音调控制电路图，了解该电路的电路结构及元器件种类。

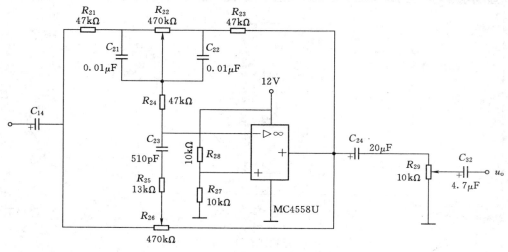

图 4.63　音调控制电路

2．学习音调控制电路的相关知识

（1）电容的频率特性。

（2）RC 音调控制电路的原理。

3．检测元件

查阅电子手册或网络资源，记录图 4.63 中所选电子元器件的图形符号、文字符号等内容，并将所测参数填入表 4.6 中。

表 4.6　　　　　　　　　　　　电 子 元 器 件 表

序号	元件名称	图形符号	文字符号	型号	标称参数	实际参数	功能
1							
2							
3							
4							
5							
6							

4．制作电路

（1）安装元件。将相关元器件的引线成型，然后按照相对应的位置规范地安装到电路板上。

（2）焊接电路。将元器件依次焊接，要求每一个焊接点都有一定的机械强度和良好的电气性能。

（3）焊接检查。检查焊点，看是否出现虚焊和漏焊；检查集成运算放大器的管脚和电解电容器的极性是否焊接正确。

5．调试电路

（1）仿真调试。为了提高效率、节省资源，在连接实际电路前，用仿真软件对音调控制电路进行仿真测试。反馈式音调控制仿真电路如图 4.64 所示。

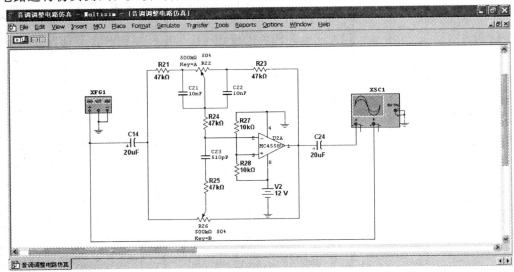

图 4.64　反馈式音调控制仿真电路

1）对于音调控制电路，首先加入不同频率的输入信号，对输出端进行测试，观测此电路对不同频率信号的衰减程度。将测量结果记入表 4.7 中。

表 4.7 　　　　　　　　　　　　**仿真数据** ($U_i = 1V$ 时)

频率点	R_{22}	50%	0	100%	50%	50%
	R_{26}	50%	50%	50%	0	100%
100Hz	u_o					
5kHz	u_o					

2）用虚拟示波器观测输出波形。图 4.65 给出了用示波器仿真电位器调节在不同位置时的输出波形。

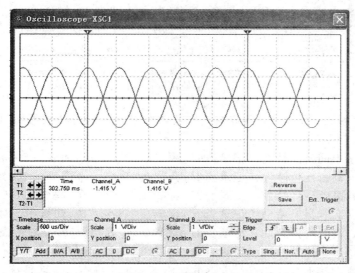

(a)输入信号频率为 1kHz 有效值为 1V，将 R_{22}、R_{26} 分别调到 50% 处时的仿真波形

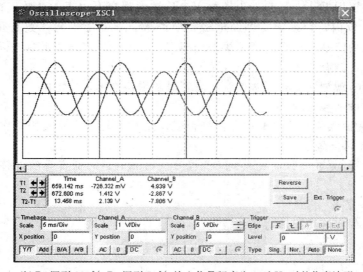

(b)R_{22} 调到 100%，R_{26} 调到 50%，输入信号频率为 100kHz 时的仿真波形

图 4.65（一）　R_{22}、R_{26} 处在不同位置时的仿真波形

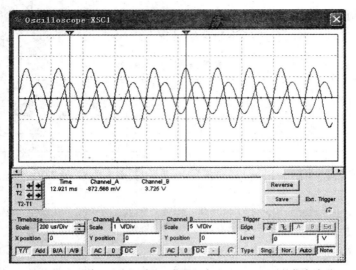

（c）R_{22}调到 50%，R_{26}调到 0，输入信号频率为 5000kHz 时的仿真波形

图 4.65（二）　R_{22}、R_{26}处在不同位置时的仿真波形

3）频率特性测试。R_{22}、R_{26}调节在不同位置时对高、低音的波特图（输入信号频率为 1kHz，有效值为 1V）。

①高音、低音中间时的特性：记录当 R_{22}调节在 50%、R_{26}调节在 50%时的波特图。

②低音保持、高音压低特性：记录当 R_{22}调节在 50%、R_{26}调节在 100%时的波特图。

③低音提升、高音压低特性：记录当 R_{22}调节在 100%、R_{26}调节在 100%时的波特图。

④低音提升、高音提升特性：记录当 R_{22}调节在 100%、R_{26}调节在 0 时的波特图。

⑤低音压低、高音提升特性：记录当 R_{22}调节在 0、R_{26}调节在 0 时的波特图。

⑥低音压低、高音压低特性：记录当 R_{22}调节在 0、R_{26}调节在 100%时的波特图。

（2）整机调测。接上变压器，放大器的输出端先不接扬声器，而是接万用表，最好是数显的，万用表置于 DC×2V 挡。电路板上电后注意观察万用表的读数，在正常情况下，读数应在 30MV 以内，否则应立即断电检查电路板。若万用表的读数在正常的范围内，则表明该电路板功能基本正常，最后接上扬声器，输入音乐信号，上电试机，旋转高低音旋钮，扬声器的音调有变化。

调节 R_{22}、R_{26}观测波形，观测低音、高音时的增益情况，并记录。

（3）故障的诊断与处理。

1）电路若无放大，检测运算放大器是否工作正常，若运算放大器工作正常，调节电阻 R_{27} 与 R_{28}，得到合适放大倍数。

2）若电路对低频或高频信号无衰减或提升，检测电路的低音等效调整电路和高音等效调整电路。

6.编写任务报告

根据以上任务实施情况编写任务报告。

任务小结

音调控制电路由一个分别控制高低音的衰减式音调控制电路、集成运算放大器以及电源供电电路三大部分组成。音调部分中的 R_{21}、R_{22}、C_{21}、C_{22} 组成低音控制电路；R_{25}、R_{26}、C_{23} 组成高音控制电路。通过调节电位器，可改变高、低音信号。

相关知识

4.3.1　滤波器的作用及分类

1. 滤波器的作用

滤波器的作用是允许信号中某一部分频率的信号顺利通过，而将其他频率的信号进行抑制。

2. 滤波器的分类

（1）根据滤波器阻止或通过的频率范围不同划分，可分为以下四类：

1）低通滤波器。允许低频信号通过，将高频信号滤除。

2）高通滤波器。允许高频信号通过，将低频信号滤除。

3）带通滤波器。允许某一频带范围内的信号通过，将此频带以外的信号滤除。

4）带阻滤波器。阻止某一频带范围内的信号通过，而允许此频带以外的信号通过。

（2）根据滤波器是否含有源元器，可分为无源滤波电路和有源滤波电路。

4.3.2　滤滤器的结构及工作原理

1. 无源滤波电路

无源滤波电路是利用电阻、电容等无源器件构成的简单滤波电路。图 4.66 所示电路分别为低通滤波电路和高通滤波电路及其幅频特性。

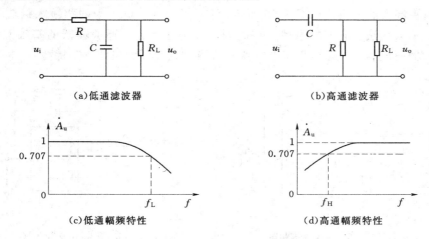

图 4.66　无源滤波器电路及其幅频特性

在图 4.66（a）所示低通滤波电路中，电容 C 对信号中的高频信号阻碍作用小，对低频信号阻碍作用大，所以信号中的高频信号相当于被短路，低频信号输出。同理，在图 4.66（b）所示高通滤波电路中，低频信号被阻碍，高频信号输出。

图 4.66（c）所示为低通滤波器的幅频特性，f_L 为低通上限截止频率。图 4.66（d）

所示为高通滤波器的幅频特性，f_H 为高通下限截止频率。

无源滤波电路结构简单，所以在一般的电路中常常被采用。但它难以满足较精密的电路要求，主要是因为它存在以下问题：

（1）电路没有增益，且对信号有衰减，根本无法对微小信号进行滤波。

（2）带负载能力差。在无源滤波电路的输出端接上负载时，其幅频特性将随负载 R_L 的变化而变化。为了使负载不影响滤波器的滤波特性，可在无源滤波电路和负载之间加一个高输入电阻、低输出电阻的隔离电路，最简单的方法是加一个电压跟随器，这样就构成了有源滤波电路。

2. 有源滤波电路

有源滤波电路应用较广泛的是将 RC 无源网络与集成运算放大器结合起来的滤波电路。在有源滤波电路中，集成运算放大器起着放大作用，提高了电路的增益，由于集成运算放大器的输出电阻很低，因而大大增强了电路的带负载能力。同时，集成运算放大器将负载与 RC 滤波网络隔离，加之集成运算放大器的输入电阻很高，所以，集成运算放大器本身以及负载对 RC 网络的影响很小。组成电路时应选用带宽合适的集成运算放大器。

（1）有源低通滤波器。有源低通滤波器如图 4.67 所示，在图 4.67（a）中，信号通过无源低通滤波网络 R_2C 接至集成运算放大器的同相输入端，这个电路的滤波作用实质还是依靠无源 R_2C 低通滤波网络。在图 4.67（b）中，信号经过 R_1 加到反相输入端，电容 C 对低频信号有阻碍作用，相当于开路，所以低频信号经运放放大输出；而电容 C 对高频信号短路，此时运放相当于跟随器，对高频信号没有放大能力。因此，此电路为有源低通滤波器。

（2）有源高通滤波器。如图 4.68 所示，其中图 4.68（a）为同相输入接法，图 4.68（b）为反相输入接法。它们的原理是相同的，都是在无源高通滤波器的基础上，加上集成运算放大器而成的；都是应用了电容器 C 具有"通高频、阻低频"特性。

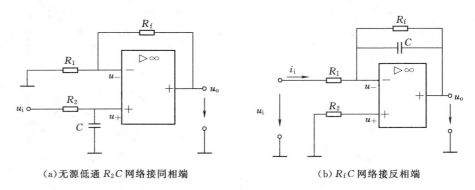

（a）无源低通 R_2C 网络接同相端　　　　　　　（b）R_fC 网络接反相端

图 4.67　有源低通滤波器

（3）有源带通滤波电路。电路只允许某一频段内信号通过，有上限和下限两个截止频率。将高通滤波电路与低通滤波电路串联，就可获得带通滤波电路。低通电路的上限截止频率 f_L 应大于高通电路的下限截止频率 f_H，因此，电路的通带为（$f_L - f_H$）。图 4.69

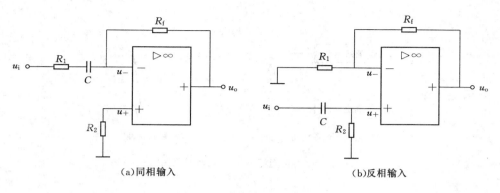

(a)同相输入   (b)反相输入

图 4.68   有源高通滤波电路

为有源带通滤波电路原理示意图,图 4.70 为有源带通滤波器电路,图中 R、C 组成低通电路,C_1、R_3 组成高通电路。

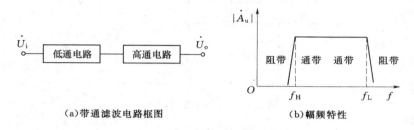

(a)带通滤波电路框图   (b)幅频特性

图 4.69   带通滤波电路原理示意图

(4) 有源带阻滤波电路。电路阻止某一频段的信号通过,而让该频段之外的所有信号通过。将低通滤波电路和高通滤波电路并联,就可以得到带阻滤波器,低通滤波电路的截止频率 f_L 应小于高通滤波电路的截止频率 f_H,因此,电路的阻带为 $(f_H - f_L)$。图 4.71 (a) 为带阻滤波电路框图,图 4.71 (b) 为幅频特性,图 4.72 为有源带阻滤波电路,图中 $C_3 = 2C$,$C_1 = C_2 = C$,$R_2 = R_3 = R$,$R_4 = R/2$。C_1、C_2、R_4

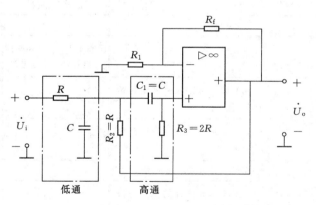

图 4.70   有源带通滤波器

构成高通滤波电路;R_2、R_3、C_3 构成低通滤波电路。

项目考核

考核内容包含学习态度 (15 分)、实践操作 (70 分)、任务报告 (15 分) 等方面的考核,由指导教师结合学生的表现考评,既关注了过程性评价,也体现出了结果性评价,各考核内容及分值见表 4.8。

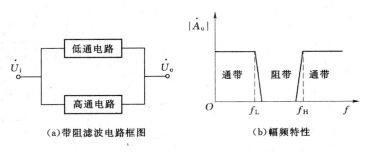

（a）带阻滤波电路框图　　　　　（b）幅频特性

图 4.71　带阻滤波电路原理示意图

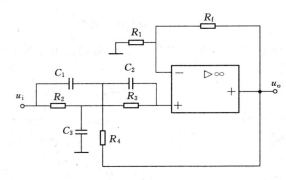

图 4.72　有源带阻滤波器

表 4.8　　　　　　　　　　　项 目 考 评 表

学生姓名		任务完成时间			
项目4		设计和制作音调控制电路			
考核内容	任务名称	任务4.1 设计和制作三极管 β 值分选电路	任务4.2 设计正弦波信号发生器	任务4.3 设计和制作音调控制电路	分值
学习态度（15分）	（1）课堂考勤及上课纪律情况（10分）				
	（2）小组成员分工及团队合作（5分）				
实践操作（70分）	（1）识读电路图（10分）				
	（2）基本元器件的识别与检测（10分）				
	（3）电路仿真测试（10分）				
	（4）电路参数计算（10分）				
	（5）电路制作（10分）				
	（6）电路测试（20分）				
任务报告（15分）					
合计项目评分（分）					
教师评语					

项目总结

本项目在完成的过程中，要求能够掌握集成运算放大器的特点及使用，学会分析其线性电路和非线性电路，并能够完成相关元器件的检测，识读音调控制电路，掌握音调控制电路的调试方法。

复 习 思 考 题

4.1　填空题

1. 运算电路均应引入_____反馈，而电压比较器中应_____。

2. 理想集成运放的 $A_u =$ _____，$r_i =$ _____，$r_o =$ _____，$K_{CMR} =$ _____。

3. 当加在差动放大电路两个输入端的信号_____和_____时，称为差模输入。

4.2　选择题

1. 集成运放组成的电压跟随器的输出电压等于（　　　）。

A. U_i 　　　　B. 1 　　　　C. A_u 　　　　D. 0

2. 理想的集成运放电路输入阻抗为无穷大，输出阻抗为（　　　）。

A. 零 　　　B. 无穷大 　　　C. $20\text{k}\Omega$ 　　　D. 不一定

3. 运算放大器的两个输入端分别为同相输入端和（　　　）。

A. 电压输入端 　　B. 电流输入端 　　C. 高阻端 　　　D. 反相输入端

4. 理想运放的开环电压放大倍数为（　　　）。

A. 无穷大 　　　B. 零 　　　C. 不知道 　　　D. 无穷小

5. 理想集成运放电路构成的比例运算电路，其电路增益与运放本身的参数（　　　）。

A. 有关 　　　B. 无关 　　　C. 不确定 　　　D. 无穷大

6. 集成运放电路引入电压串联负反馈，应采用（　　　）方式。

A. 同相输入 　　B. 反相输入 　　C. 差动输入 　　D. 不知道

7. 集成运放电路要求向输入信号电压源索取的电流尽量小，应采用（　　　）。

A. 同相输入 　　B. 反相输入 　　C. 差动输入 　　D. 不知道

8. 下列关于比例运算电路的说法，不正确的是（　　　）。

A. 同相比例运算电路存在共模信号

B. 反相比例运算电路不存在共模信号，即共模信号为零

C. 同相和反相比例运算电路都可用叠加定理求输出

D. 同相和反相比例运算电路都存在虚地

9. 集成运算放大电路在（　　　）时存在虚地。

A. 反相比例运算 　　B. 同相比例运算 　　C. 求和运算 　　D. 以上都不对

10. 电压比较器的功能是比较两个电压的（　　　）。

A. 比例 　　　B. 相等 　　　C. 大小 　　　D. 无关

11. 集成运算放大电路对输出级的主要要求是（　　　）。

A. 带负载能力强　B. 无穷大　　　　C. 无穷小　　　　　　D. 不能确定

12. 微分电路的输出波形（电压或电流）与输入波形（电压或电流）的（　　）成比例。

A. 大小　　　　　　B. 数值　　　　　C. 积分　　　　　　D. 微分

13. 集成运放反相输入端的极性和输出端的极性（　　）。

A. 相同　　　　　　B. 相反　　　　　C. 不知道　　　　　D. 同相输入

14. 理想运放的同相输入端电位（　　）反相输入端电位。

A. 等于　　　　　　B. 大于　　　　　C. 小于　　　　　　D. 不知道

15. 运放的 $U_+ \approx U_-$，适用于（　　）。

A. 线性工作　　　　　　　　　　B. 非线性工作

C. 线性和非线性情况　　　　　　D. 不知道

16. 下列关于集成运算放大电路的应用电路的说法，不正确的是（　　）。

A. 积分电路的输出电压与输入电流成积分关系

B. 微分电路的输出电压与输入电压成微分关系

C. 集成运放电路的各种运算输入信号多数加在反相输入端，这样输入就没有共模干扰

D. 求和电路的输出电压与输入电压成同相关系

17. 理想集成运放在线性工作时，三种输入方式为差动、同相和（　　）。

A. 开环　　　　　　B. 闭环　　　　　C. 共模　　　　　　D. 反相

18. 差模电压放大倍数 A_{ud} 是输出差模电压与（　　）之比。

A. 两输入端差模电压　　　　　B. 两输入端共模电压

C. 输入端电压　　　　　　　　D. 不知道

19. 共模抑制比 K_{CMR} 是差模电压放大倍数与（　　）之比的绝对值。

A. 共模电压放大倍数　　　　　B. 差模放大倍数

C. 同相放大倍数　　　　　　　D. 差动放大倍数

20. 运算电路中的集成运放工作在（　　）。

A. 正反馈状态　　B. 负反馈状态　　C. 非线性状态　　D. 高电平状态

21. 对于 LC 并联网络，当信号频率大于谐振频率时，电路呈（　　）。

A. 感性　　　　　　B. 容性　　　　　C. 阻性　　　　　　D. 无极性

22. 积分电路能将矩形波变换为（　　）。

A. 正弦波　　　　　B. 三角波　　　　C. 尖顶脉冲波　　　D. 余弦波

23. 微分电路能将矩形波变换为（　　）。

A. 正弦波　　　　　B. 三角波　　　　C. 尖顶脉冲波　　　D. 余弦波

24. 差动放大器的两个输入电压分别为 $U_{i1}=5V$，$U_{i2}=3V$，则其共模输入电压为（　　）。

A. 1V　　　　　　　B. 2V　　　　　　C. 3V　　　　　　　D. 4V

25. 运算电路和电压比较器的主要区别是：电压比较器运放工作在（　　）。

A. 负反馈状态　　B. 低电平状态　　C. 线性状态　　　　D. 开环

26. 电压比较器的 u_i 足够高时输出电压为低电平，应采用（　　）输入接法。

A. 同相　　　　　B. 反相　　　　　C. 共模　　　　　D. 差模

27. 希望抑制 50Hz 交流电源的干扰，选（　　）滤波器。

A. 高通　　　　　B. 低通　　　　　C. 带通　　　　　D. 带阻

28. 电容三点式振荡电路与电感三点式相比，具有（　　）的特点。

A. 易于起振　　　　　　　　　B. 输出信号高次谐波分量少

C. 输出信号高次谐波分量多　　　　　D. 电路简单

4.3　判断题

1. 共模抑制比越大，差动放大电路抑制零漂的能力越强。　　　　　　　（　　）
2. 运算放大器不管在什么应用电路中都可应用虚短和虚地的概念。　　　（　　）
3. 反相比例运算电路中，运放的反相端为虚地点。　　　　　　　　　　（　　）
4. 运算放大器的输出电阻越小，它带负载的能力越弱。　　　　　　　　（　　）
5. 运放的共模抑制比越大越好，因为它越大，表明运放的抑制温漂能力越强。

（　　）

6. 集成运放应用于信号运算时工作在线性区域。　　　　　　　　　　　（　　）
7. 集成运放作为电压比较器时工作在线性区域。　　　　　　　　　　　（　　）
8. 差分放大电路输入端加上大小相等、极性相同的两个信号，称为差模信号。

（　　）

9. 直流运算放大器若没有负反馈，则它工作在正向饱和和反向饱和两种状态。

（　　）

10. 直流放大器是放大直流信号的，它不能放大交流信号。　　　　　　（　　）
11. 理想的集成运放电路输入阻抗为无穷大，输出阻抗为零。　　　　　（　　）
12. 集成运放电路的实质是一个直接耦合式的多级放大电路。　　　　　（　　）
13. 理想运放接有负反馈电路时，将工作在线性区。　　　　　　　　　（　　）
14. 理想运放开环运行或接有正反馈时，将工作在非线性区。　　　　　（　　）
15. RC 移相式振荡器主要用于产生低频正弦波信号，具有频率稳定度高的特点。

（　　）

16. 振荡电路中的集成运放不一定工作在线性区。　　　　　　　　　　（　　）
17. LC 正弦波振荡器中的放大电路既可由分立元件放大电路组成，也可由集成运放组成。　　　　　　　　　　　　　　　　　　　　　　　　　　　　（　　）

4.4　通用型集成运放一般由几部分电路组成，每一部分常采用哪种基本电路？通常对每一部分性能的要求分别是什么？

4.5　设计一个集成运放的求和运算：$U_o = 1.5U_{i1} - 5U_{i2} + 0.1U_{i3}$，电路的输入电阻不小于 $5k\Omega$，请选择电路的结构形式并确定电路参数。

4.6　已知一个集成运放的开环差模增益 A_{od} 为 100dB，最大输出电压峰—峰值 $U_{opp} = \pm 14V$，分别计算差模输入电压 u_i（即 $u_P - u_N$）为 $10\mu V$、$100\mu V$、$1mV$、$1V$ 和 $-10\mu V$、$-100\mu V$、$-1mV$、$-1V$ 时的输出电压 u_o。

4.7　图 4.73 所示电路是某集成运放电路的一部分，单电源供电，VT_1、VT_2、VT_3 为放大管。试分析：

（1）$100\mu A$ 电流源的作用；

（2）VT_4 的工作区域（截止、放大、饱和）；

（3）$50\mu A$ 电流源的作用；

（4）VT_5 与 R 的作用。

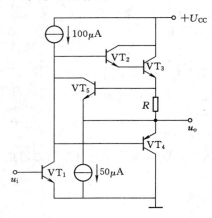

图 4.73　题 4.7 电路

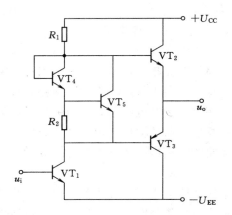

图 4.74　题 4.8 电路

4.8　电路如图 4.74 所示，试说明各晶体管的作用。

4.9　电路如图 4.75 所示。试问：若以稳压二极管的稳定电压 U_z 作为输入电压，则当 R_2 的滑动端位置变化时，输出电压 U_o 的调节范围为多少？

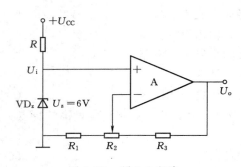

图 4.75　题 4.9 电路

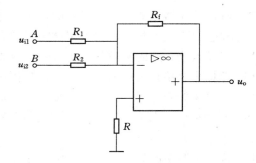

图 4.76　题 4.10 电路

4.10　电路如图 4.76 所示，$R_1=10k\Omega$，$R_2=20k\Omega$，$R_f=100k\Omega$，$u_{i1}=0.2V$，$u_{i2}=-0.5V$，求输出电压 u_o。

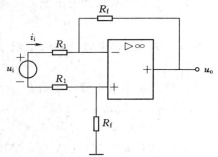

图 4.77　题 4.11 电路

4.11　运算放大器电路如图 4.77 所示，$R_f=40k\Omega$，$R_1=10k\Omega$，$u_i=1V$，求：

（1）输出电压 u_o；

（2）输入电阻 r_i。

4.12　电路如图 4.78（a）所示，已知运算放大器的最大输出电压幅度为 $\pm12V$，稳压二极管稳定电压为 6V，正向压降为 0.7V，要求：

（1）运算放大器 A_1、A_2、A_3 各组成何种基本应用电路；

（2）若输入信号 $u_i = 10\sin\omega t$ （V），试画出相应 u_{o1}、u_{o2}、u_o 的波形，并在图中标出有关电压的幅值。

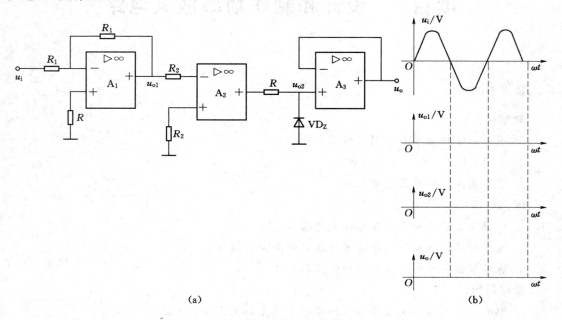

（a）   （b）

图 4.78　题 4.12 电路

项目 5　设计和制作功率放大电路

📖 **教学引导**

教学目标：

1. 了解和掌握功率放大器的特点和分类。

2. 掌握 OCL、OTL 工作原理。

3. 了解集成功率放大器的应用。

能力目标：

1. 能够分清甲类和乙类功率放大电路。

2. 能够对功率放大器的电路进行相应的分析及理解。

3. 能够掌握集成功率放大器的特点和应用。

知识目标：

1. 甲类和乙类功率放大器的工作原理及特点和电路分析方法。

2. 集成运算放大电路的特点、工作状态和电路分析方法。

3. 功率放大器在实际中的应用。

教学组织模式：

自主学习，分组教学。

教学方法：

小组讨论，演示教学。

建议学时：

16 学时。

任务 5.1　设计和制作分立功率放大电路

任务内容

用三极管、电阻和电容等分立元件设计和制作小功率 OCL 分立功率放大电路。

任务目标

能够判断三极管三种工作状态；了解互补对称功率放大电路的工作原理、特点及在电子产品电路中的功能；能够分析分立功率放大电路的输出状态及进行参数计算；根据设计要求正确地选择和检测元器件，学会分立功率放大电路的调试方法。

任务分析

在一些电子设备中，常常要求放大电路的输出能带动某些特殊负载，例如使扬声器的音圈振荡发出声音、推动电机转动等。这就要求放大电路不仅要有一定的输出电压，还要有较大的输出电流，即要有一定的输出功率。功率放大电路实质上是能量转换电路，它要求获得一定的不失真的输出功率，通常是在大信号状态下工作。这就导致晶体管特性曲线的非线性失真在分立元件功率放大电路中比较容易表现出来，在设计上考虑用互补对称结构，当有输入信号时，利用两只三极管轮流导通，最后在输出端输出完整的电流信号；并利用二极管提高电位，使得三极管的发射结建立一个适当的正向偏置，有助于减少交越失真。同时功率放大电路在使用时，要考虑散热问题。

任务实施

1. 识别电路图

判断图 5.1 所示电路图的类型，了解该电路的功能及所需要的元器件种类。

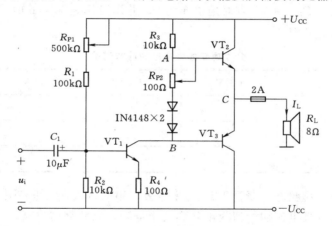

图 5.1　分立功率放大电路

2. 分析电路

（1）学习分立功率放大电路的类型，掌握各部分元件的作用。

（2）掌握分立功率放大电路的工作原理；掌握互补对称功率放大电路消除交越失真的方法；掌握功率放大电路在电子产品电路中的作用。

（3）学习分立功率放大电路的参数计算。

3. 检测元器件

查阅电子手册或网络资源，结合图 5.1，将所选电子元器件的图形符号、文字符号等内容及所测参数填入表 5.1 中。

4. 制作电路

（1）安装元件。将相关元器件的引线成型，然后按照图 5.1 将元件规范地安装到电路板上。

（2）焊接电路。将元器件依次焊接，要求每一个焊接点都有一定的机械强度和良好的电气性能。

表 5.1   电 子 元 器 件 表

序　号	元件名称	图形符号	文字符号	标称参数	实际参数	功能
1						
2						
3						
4						
5						

（3）焊接检查。检查焊点，看是否出现虚焊和漏焊；检查二极管、三极管和电容的极性是否焊接正确。

5．调试电路

（1）调测直流电压状态。在输入信号为 0 的情况下将负载开路，将 R_{P2} 放在可调位置的中央。调整电位器 R_{P1}，使 C 点对地电压为 0。并用万用表测量此时三极管三个管脚的对地电，记录在表 5.2 中。

表 5.2   分立功率放大电路的静态测试

项目	U_B/V	U_E/V	U_C/V	U_{BE}/V	U_{CE}/V
VT_1					
VT_2					
VT_3					

（2）调测直流电流状态。断开 VT_2 的集电极，串联接入直流电流表，调整电位器 R_{P2} 使两个推挽管的集电极电流初始值为十几到几十毫安，以防交越失真。

（3）观察电路的交越失真。在输入端加频率为 1kHz 的正弦波信号，减小信号幅值，使输出波形基本不失真，用示波器观测输出波形并记录。将 A、B 短路，再次观察输出波形，出现失真，此时推挽管的集电极电流基本为 0，该失真即为交越失真。将测试结果记入表 5.3 中。

表 5.3   分立功率放大电路交越失真测试（测试条件 $f=1kHz$，$R_L=8\Omega$）

项目	输入电压 u_i	输出电压 u_o	波形
不失真			
交越失真			

（4）最大不失真功率、效率的测量。在电路的输入端加输入信号，调节输入信号 u_i，使输出电压最大且不失真，记录此时的输入电压 u_i 和输出电压 u_o，电源供给的电流 I_{CO}，将结果记入表 5.4 中。

表 5.4		分立功率放大电路参数测试表			
测试条件 $u_i=$　　　mV　　$U_{CC}=12V$　　$f=1kHz$					
R_L/Ω	输出电压 u_o/V	电流 I_{CO}/mA	输出功率 P_o	电源供给功率 $P_E=U_{CC}I_{CO}$	效率 $\eta（\%）=P_o/P_E$
4					
8					
16					

6. 编写任务报告

根据以上任务实施情况编写任务报告。

任务小结

利用分立元件构成功率放大电路，有助于加强对功率放大电路原理的认识，提高对元器件检测及仪器仪表使用的能力。在进行电路测试时，要将测量仪器的地线与被测电路的地线连接在一起，并形成系统的参考地电位，以保证测量结果的准确性。

相关知识

5.1.1　功率放大电路的基础知识

什么是功率放大器？在电子系统中，模拟信号被放大后，往往要去推动一个实际的负载，如使扬声器发声、继电器动作、仪表指针偏转等。推动一个实际负载需要的功率很大，能输出较大功率的放大器称为功率放大器。图 5.2 所示为扩音器系统框图，其中功率放大电路是用来驱动扬声器。

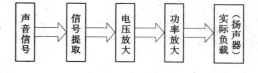

1. 功率放大电路的特点

电压放大电路是以放大微弱电压信号为主要目的，要求在不失真的条件下获得较高的输

图 5.2　扩音器系统框图

出电压，讨论的主要指标是电压增益、输入电阻和输出电阻等。功率放大电路则不同，它主要要求获得一定的不失真（或失真较小）的输出功率，通常是在大信号状态下工作，它讨论的主要指标是最大输出功率、效率和非线性失真情况等。在功率放大电路中，功率放大管（晶体管）既要流过大电流，又要承受高电压。为了使功率放大电路安全工作，常加保护措施，以防止功率放大管过电压、过电流和过功耗。因此，功率放大电路包含一系列在电压放大电路中没有出现过的特殊问题。

（1）功率要大。为了获得大的功率输出，要求功率放大管的电压和电流都有足够大的输出幅度，因此晶体管往往在接近极限状态下工作。功率放大电路的输出功率为

$$P_o=U_oI_o$$

（2）效率要高。所谓效率，就是负载得到的有用信号功率和电源供给的直流功率的比值。它代表了电路将电源直流能量转换为输出交流能量的能力。功率放大电路的效率为

$$\eta = p_{\mathrm{o}} / p_{\mathrm{v}}$$

（3）失真要小。功率放大电路是在大信号下工作，使三极管工作在饱和区与截止区的边沿，所以不可避免地会产生非线性失真，这就使输出功率和非线性失真成为一对主要矛盾。

（4）散热要好。在功率放大电路中，有相当大的功率消耗在晶体管的集电结上，使结温和管壳温度升高。为了最大限度地利用允许的管耗而使管子输出足够大的功率，放大器件的散热就成为一个重要问题。

2. 功率放大电路的要求

根据功率放大器在电路中的作用及特点，首先要求它输出功率大、非线性失真小、效率高。其次，由于三极管工作在大信号状态，要求它的极限参数 I_{CM}、P_{CM}、$U_{\mathrm{(BR)CEO}}$ 等应满足电路正常工作并留有一定裕量。还要考虑三极管有良好的散热措施和过电流、过电压的保护措施，确保三极管安全工作。

3. 功率放大电路的分类

功率放大电路的分类方法很多，这里只介绍以下两种分类方式。

（1）按晶体管静态工作点 Q 的不同分类。根据放大器中三极管静态工作点设置的不同，可分为甲类、乙类和甲乙类三种工作状态，如图 5.3 所示。

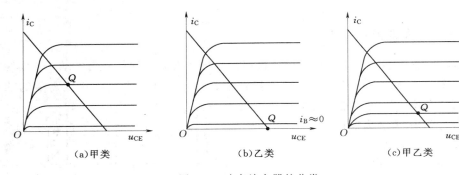

（a）甲类　　　　　　（b）乙类　　　　　　（c）甲乙类

图 5.3　功率放大器的分类

甲类功率放大电路的静态工作点 Q 在交流负载线中点。其特点是在输入信号的整个周期内都有不失真的电流输出，但静态电流大，晶体管功率损耗大，效率低。

乙类功率放大电路的静态工作点 Q 在横轴上（$i_{\mathrm{C}}=0$ 的位置上）。其特点是在输入信号的整个周期内，放大管只在半个周期内导通，另半个周期内截止，无静态电流。因此，没有输入信号时，电源不消耗功率，效率高，但波形失真大。

甲乙类功率放大电路的静态工作点在靠近截止区的放大区。在输入信号的一个周期内，晶体管导通时间大于半个周期，静态电流小，效率较高，但电流波形失真较大。

图 5.4 所示为上述三种功率放大电路的输出波形。

（2）按输出端特点分类。根据输出端的连接情况，功率放大电路可分为输出变压器功率放大电路、无输出变压器（Output Transformerless，OTL）功率放大电路、无输出电容（Output Capacitorless，OCL）功率放大电路和桥接无输出变压器（Balanced Transformerless，BTL）功率放大电路等几种类型。

5.1.2　互补对称功率放大电路

　　互补对称功率放大电路是集成功率放大电路输出级的基本形式。当它通过容量较大的电容与负载耦合时，由于省去了变压器而被称为无输出变压器电路（OTL 电路）。若互补对称电路直接与负载相连，输出电容也省去，就成为无输出电容电路（OCL 电路）。

　　常用 OTL 电路采用单电源供电，OCL 电路采用双电源供电。

　　1. OCL 乙类互补对称电路

　　（1）电路组成。OCL 乙类互补对称功率放大电路如图 5.5 所示。它由一对 NPN、PNP 特性相同的互补晶体管组成。OCL 乙类互补对称功率放大电路的两功率放大管互补对称，所以把它们发射极的连接点称为中点，该点对地电压称为中点电压。

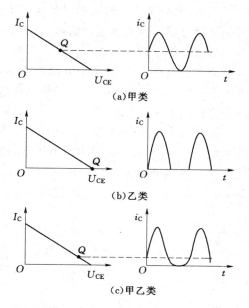

图 5.4　功率放大器的输出波形

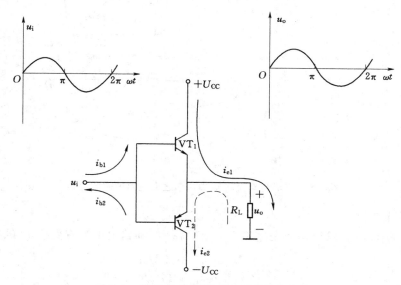

图 5.5　OCL 乙类互补对称功率放大电路

　　（2）工作原理。

　　1）静态分析。在静态时，两功率放大管互补对称，导通能力相同，所以中点电压为零。这是 OCL 电路的一个重要参数，它反映了两功率放大管的导通状态是否对称；同时，也决定了功率放大电路能否处于最佳工作状态。在功率放大电路的维修和调试过程中，经常需要测量中点电压。

2）动态分析。当输入信号处于正半周，且幅度远大于晶体管的开启电压，此时 NPN 型晶体管导通，有电流通过负载 R_L，按图中方向由上到下，与假设正方向相同。

当输入信号处于负半周，且幅度远大于晶体管的开启电压，此时 PNP 型晶体管导通，有电流通过负载 R_L，按图中方向由下到上，与假设正方向相反。

于是两个晶体管正、负半周轮流导通，在负载上将正半周和负半周合成在一起，得到一个完整的不失真波形。

由图 5.6 可知，只要 $u_{BE1}=u_i>0$，VT_1 就开始导通，在一周期内，VT_1 的导通时间约为半周期。随着 u_i 的增大，工作点沿着负载线上移，则 $i_o(=i_{C1})$ 增大，u_o 也增大，当工作点上移到图中 A 点时，$u_{CE1}=U_{CES}$，已到输出特性的饱和区，此时输出电压达到最大不失真幅值 U_{om}。VT_2 的工作情况和 VT_1 相似，只是在信号的负半周导通。

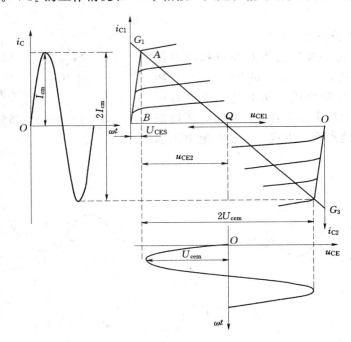

图 5.6 OCL 乙类互补对称功率放大电路的图解分析

（3）参数估算

1）输出功率 P_o。输出功率是输出电压有效值 U_o 和输出电流有效值 I_o 的乘积，即

$$P_o=U_o I_o=\frac{U_{om}}{\sqrt{2}}\frac{I_{om}}{\sqrt{2}}=\frac{U_{om}}{\sqrt{2}}\frac{U_{om}}{\sqrt{2}R_L}=\frac{U_{om}^2}{2R_L} \tag{5.1}$$

三极管饱和时，放大电路输出电压最大值

$$U_{om}=U_{CC}-U_{CES} \tag{5.2}$$

当忽略 U_{CES} 时，则

$$U_{om}\approx U_{CC} \tag{5.3}$$

$$P_{omax}=\frac{1}{2R_L}(U_{CC}-U_{CES})^2\approx\frac{1}{2}\frac{U_{CC}^2}{R_L} \tag{5.4}$$

2）直流电源供给的功率 P_E。直流电源供给的功率 P_E，它包括负载得到的信号功率和 VT_1、VT_2 消耗的功率两部分，即

$$I_{DC} = \frac{1}{2\pi}\int_0^\pi I_{om}\sin(\omega t)\,d(\omega t) = \frac{I_{om}}{\pi}$$

$$P_E = 2I_{DC}U_{CC} = \frac{2}{\pi R_L}U_{om}U_{CC} \tag{5.5}$$

当输出电压幅值达到最大，即 $U_{om} = U_{CC}$ 时，则可得电源供给的最大功率，即

$$P_{Emax} = \frac{2U_{CC}^2}{\pi R_L} \tag{5.6}$$

3）效率。一般情况下，效率为

$$\eta = \frac{P_o}{P_E} = \frac{\pi}{4}\frac{U_{om}}{U_{CC}} \tag{5.7}$$

当 $U_{om} = U_{CC}$ 时，则

$$\eta_{max} = \frac{P_{omax}}{P_{Emax}} \times 100\% = \frac{\pi}{4} \times 100\% \approx 78.5\% \tag{5.8}$$

4）管耗 P_{VT}。因为直流电源供给的功率 P_E 包括负载得到的信号功率和 VT_1、VT_2 消耗的功率两部分，所以管耗为

$$P_{VT} = P_E - P_o = \frac{2}{\pi R_L}U_{CC}U_{om} - \frac{1}{2R_L}U_{om}^2$$

$$= \frac{2}{R_L}\left(\frac{U_{CC}U_{om}}{\pi} - \frac{U_{om}^2}{4}\right) \tag{5.9}$$

则每管的消耗为

$$P_{VT1} = P_{VT2} = \frac{1}{R_L}\left(\frac{V_{CC}U_{om}}{\pi} - \frac{U_{om}^2}{4}\right) \tag{5.10}$$

用求极值的方法来求解，则有

$$\frac{dP_{VT1}}{dU_{om}} = \frac{1}{R_L}\left(\frac{U_{CC}}{\pi} - \frac{U_{om}}{2}\right)$$

令

$$\frac{U_{CC}}{\pi} - \frac{U_{om}}{2} = 0$$

则当 $U_{om} = 2U_{CC}/\pi \approx 0.6U_{CC}$ 时，三极管消耗的功率最大，其值为

$$P_{VT_{max}} = \frac{2U_{CC}^2}{\pi^2 R_L} = \frac{4}{\pi^2}P_{omax} \approx 0.4P_{omax} \tag{5.11}$$

$$P_{VT_{1max}} = P_{VT_{2max}} = \frac{1}{2}P_{VT_{max}} \approx 0.2P_{omax} \tag{5.12}$$

上两式常用来作为乙类互补对称电路选择晶体管的依据，实际应用时要留有充分的安全裕量。

（4）功率放大管的选择。在功率放大电路中，为了输出较大的信号功率，晶体管承受的电压要高，通过的电流要大，功率放大管损坏的可能性也就比较大，选择时一般应考虑功率放大管的 3 个极限参数，即集电极最大允许功率损耗 P_{CM}、集电极最大允许电流 I_{CM} 和集电极-发射极间的反向击穿电压 $U_{(BR)CEO}$。

所以在查阅手册选择晶体管时，应使极限参数满足以下要求。

功率放大管的最大管耗

$$P_{\mathrm{VT}_{1\max}} \geqslant 0.2 P_{o\max} \tag{5.13}$$

通过功率放大管的最大集电极电流

$$I_{\mathrm{CM}} \geqslant U_{\mathrm{CC}}/R_{\mathrm{L}} \tag{5.14}$$

考虑到当 VT_2 导通时，$u_{\mathrm{CE2}}=U_{\mathrm{CES}}\approx 0$，此时 u_{CE1} 具有最大值，且等于 $2U_{\mathrm{CC}}$，因此，功率放大管的反向击穿电压

$$|U_{\mathrm{(BR)CEO}}| > 2U_{\mathrm{CC}} \tag{5.15}$$

在实际选择晶体管时，其极限参数还要留有充分的裕量。

（5）交越失真及其消除。理想情况下，乙类互补对称电路的输出没有失真。实际的乙类互补对称电路，由于两功率放大管没有直流偏置，只有当输入信号 u_i 大于晶体管的死区电压（NPN硅管约为 0.5V，PNP锗管约为 0.1V）时，晶体管才能导通。当输入信号 u_i 低于该数值时，功率放大管 VT_1 和 VT_2 截止，i_{C1} 和 i_{C2} 基本为零，负载 R_{L} 上无电流通过，这样在输入信号正、负半周的交界处，出现一段死区，无输出信号，使输出波形失真，如图5.7所示，这种现象称为交越失真。为了减小和克服交越失真，改善输出波形，可给三极管加适当的基极偏置电压，使之工作在甲乙类工作状态。通常给两个功率放大管的发射结加一个较小的正向偏置，使两管在输入信号为零时，都处于微导通状态。如图5.8所示，由 R_1、R_2、R_3 组成的偏置电路，提供 VT_1 和 VT_2 的偏置电压，使它们微弱导通，这样在两管轮流交替工作时，过渡平顺，减小了交越失真。功率放大管静态工作点不为零，而是有一定的正向偏置，电路工作在甲乙类工作状态，把这种电路称为甲乙类互补对称功率放大电路。

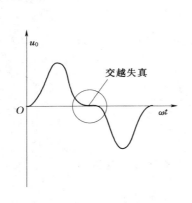

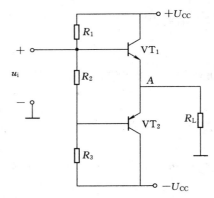

图5.7　交越失真波形　　　图5.8　甲乙类互补对称功率放大电路

2. 常用OCL甲乙类互补对称功率放大电路

在实际OCL甲乙类互补对称电路中，通常带有推动级（激励级），即由晶体管 VT_1 组成推动级，功率放大管 VT_2 和 VT_3 的基极偏置由 VT_1 提供，静态时，调整 R_{P} 大小，可以改变 VT_1 的静态工作点，从而改变 VT_2 和 VT_3 的导通状态。

为了提高电路的热稳定性，通常在两个互补晶体管的基极之间加上二极管或电阻与二极管的组合、热敏电阻等来代替图5.8中的 R_2，以供给两管一定的正向偏置电压，使两管在输入信号过零时都处于微导通，减小交越失真。同时，这样还能起到温度补偿的作用，如图5.9（a）、（b）所示。此外，为了便于集成化，减少晶体管的种类，常把典型功

率放大电路中提供小偏置电压 U_{B2}、U_{B3} 的电路用一个分压式共发射极放大电路代替，由 R_2、R_3、VT_4 构成，称为扩大电路，如图 5.9（c）所示。

甲乙类互补对称功率放大电路中，两功率放大管发射结的偏置电压在一定范围内增大时，功率放大管工作状态就越靠近甲类，有利于改善交越失真，但不利于提高功率放大电路的效率。两功率放大管发射结的偏置电压在一定范围内减小时，功率放大管工作状态就越靠近乙类，有利于提高功率放大电路的效率，但不利于改善交越失真。

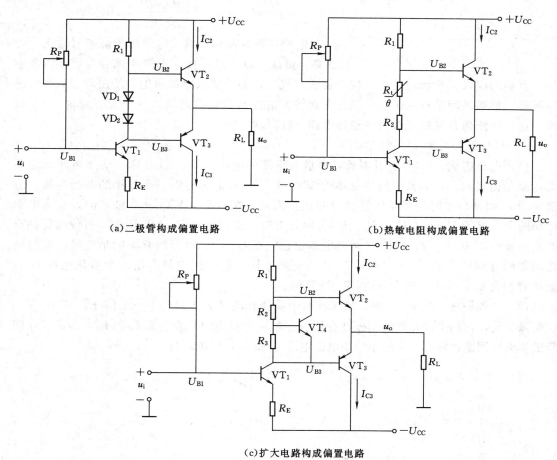

图 5.9　常用的 OCL 甲乙类互补对称功率放大电路

【例 5.1】　在图 5.10 所示电路中，已知 $U_{CC}=16V$，$R_L=4\Omega$，VT_1 和 VT_2 的饱和管压降 $|U_{CES}|=2V$，输入电压足够大。试问：

（1）最大输出功率 P_{om} 和效率 η 各为多少？

（2）晶体管的最大功耗 P_{VTmax} 为多少？

（3）为了使输出功率达到 P_{om}，输入电压的有效值约为多少？

解：（1）最大输出功率和效率分别为

$$P_{om}=\frac{(U_{CC}-|U_{CES}|)^2}{2R_L}=24.5(\text{W})$$

157

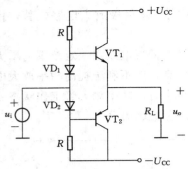

图 5.10　[例 5.1] 电路

$$\eta = \frac{\pi}{4} \frac{U_{CC} - |U_{CES}|}{U_{CC}} \approx 68.7\%$$

（2）晶体管的最大功耗为

$$P_{VTmax} \approx 0.2 P_{om} = \frac{0.2 U_{CC}^2}{2 R_L} = 6.4 (W)$$

（3）输出功率为 P_{om} 时的输入电压有效值为

$$U_i \approx U_{om} \approx \frac{U_{CC} - |U_{CES}|}{\sqrt{2}} \approx 9.9 (V)$$

双电源互补对称功率放大电路由于静态时输出端电位为零，负载可以直接连接，不需要耦合电容，因而它具有低频响应好、输出功率大、便于集成等优点，但需要双电源供电，使用起来有时会感到不便，如果采用单电源供电，只需在两管发射极与负载之间接入一个大容量电容 C_2 即可。这种电路通常又称无输出变压器电路（OTL 电路）。

3. OTL 互补对称功率放大电路

（1）电路组成。OTL 互补对称功率放大电路的组成如图 5.11 所示。为了减小交越失真，改善输出波形，通常设法使晶体管 VT$_1$ 和 VT$_2$ 在静态时有一个较小的基极电流，以避免当 u_i 幅度较小时两个晶体管同时截止。为此，在 VT$_1$、VT$_2$ 的基极之间，接入电阻 R 和两个二极管 VD$_1$、VD$_2$；R_1、R_2 为偏置电阻，适当选择 R_1、R_2 阻值，可使两管静态时发射极电压为 $U_{CC}/2$，电容 C 两端电压也稳定在 $U_{CC}/2$，这样两管集的集电极、发射极之间如同分别加上了 $U_{CC}/2$ 和 $-U_{CC}/2$ 的电源电压。但电路中只需用一个直流电源 U_{CC}。晶体管的类型不同，分别为 NPN 和 PNP 型。

（2）工作原理。当 $u_i = 0$ 时，由于在两个晶体管的基极之间产生一个偏压，VT$_1$、VT$_2$ 已微微导通，在两个晶体管的基极已经各自存在一个较小的基极电流 i_{B1} 和 i_{B2}，因而，在两管的集电极回路也各有一个较小的集电极电流 i_{C1} 和 i_{C2}，但静态时 $i_L = i_{C1} - i_{C2} = 0$。

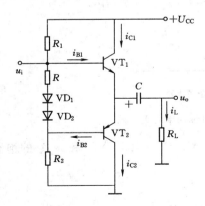

图 5.11　OTL 互补对称功率放大电路

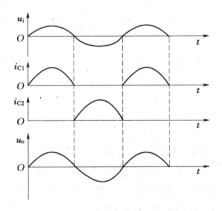

图 5.12　OTL 互补对称功率放大电路各输出量波形

当加上正弦输入电压 u_i 时，在正半周，i_{C1} 逐渐增大，i_{C2} 逐渐减小，然后 VT$_2$ 截止；在负半周则相反，i_{C2} 逐渐增大，而 i_{C1} 逐渐减小，最后 VT$_1$ 截止。i_{C1} 和 i_{C2} 的波形如图 5.12 所示。可见，两管轮流导通的交替过程比较平滑，最终得到的 i_L、u_o 的波形更接近于理想正弦波，从而减小了交越失真。

由图 5.12 还可见，此时每管的导通角略大于 180°，而小于 360°，所以这种电路称为 OTL 甲乙类互补对称电路。

在甲乙类互补对称电路中，为了避免降低效率，通常使静态时集电极电流很小，即电路静态工作点 Q 的位置很低，靠近横坐标轴。采用甲乙类互补对称电路既能减小交越失真，改善输出波形，同时又能获得较高的效率，所以在实际工作中得到了广泛的应用。

4. 复合互补对称功率放大电路

功率放大电路要求互补对称管 VT_1 和 VT_2 是能输出大电流的晶体管，但是，大电流的晶体管一般 β 值较低，因此，就需要中间级输出大的电流提供给输出级。而中间级一般是电压放大，很难输出大的电流。为了解决这一矛盾，一般在输出级采用复合管来提高 β 值。除此之外，互补对称电路有一个缺点，两个对称晶体管类型不同，一个是 NPN 型，另一个是 PNP 型，选择两管对称较困难。而在同一类型晶体管中，选择对称管容易得多，因此可采用由复合管构成的 NPN 和 PNP 型管来代替 VT_1 和 VT_2，以保证两管对称。

（1）复合管。

1）复合管的组成。复合管是由两个或两个以上的晶体管按照一定的连接方式组成的一只等效晶体管，又称达林顿管。复合管的接法有多种，它们可以由相同类型的晶体管组成，也可以由不同类型的晶体管组成。复合管的组成必须满足基尔霍夫电流定律。即串接点的电流必须连续；并接点电流的方向必须保持一致。

图 5.13 所示为由两只晶体管组成的四种类型的复合管。其中，图 5.13（a）、（b）是由两只同类型三极管构成的复合管，图 5.13（c）、（d）是由不同类型三极管构成的复合管。

2）复合管的特点。

a）复合管的类型与组成复合管的第一只晶体管的类型相同，即若第一只晶体管的类型为 PNP 型，则复合管的类型也为 PNP 型。

b）复合管的电流放大倍数近似为组成该复合管的各晶体管电流放大倍数的乘积，即

$$\beta = \frac{i_c}{i_b} = \frac{i_{c1} + i_{c2}}{i_{b1}} = \frac{\beta_1 i_{b1} + \beta_2 i_{b2}}{i_{b1}} = \frac{\beta_1 i_{b1} + \beta_2 (1 + \beta_1) i_{b1}}{i_{b1}}$$
$$= \beta_1 + \beta_2 + \beta_1 \beta_2 \approx \beta_1 \beta_2 \tag{5.16}$$

c）复合管虽有电流放大倍数高的优点，但它的穿透电流较大，且高频特性变差。为了减小穿透电流的影响，常在两只晶体管之间并接一个泄放电阻 R，如图 5.14 所示。

R 的接入可将 VT_1 的穿透电流分流，R 越小，分流作用越大，总的穿透电流越小。当然，R 的接入同样会使复合管的电流放大倍数下降。

（2）复合互补对称功率放大电路。

1）复合 OCL 互补对称功率放大电路。图 5.15 所示为复合 OCL 互补对称功率放大电路。图中，R_{E1}、R_{E2}、R_{E4}、R_{C3} 为限流电阻，对晶体管有一定的保护作用。发射极电阻中有电流负反馈，具有提高电路的稳定性、改善波形的作用。VD_1、VD_2 也可以用晶体管接

（a）NPN 型　　　　　　　　　　　　　　　　　（b）PNP 型

（c）NPN 型　　　　　　　　　　　　　　　　　（c）PNP 型

图 5.13　复合管

成二极管的形式代替，便于集成化，减少半导体器件的种类。

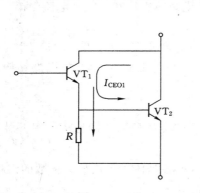

图 5.14　有泄放电阻的复合管

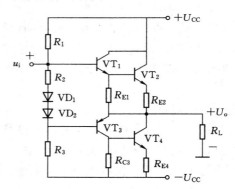

图 5.15　复合 OCL 互补对称功率放大电路

　　静态时，由 R_1、R_2、VD_1、VD_2 提供的偏置电压使 $VT_1 \sim VT_4$ 微导通，中点电位为 0V。

　　当输入信号 u_i 为正半周时，VT_1、VT_2 导通，VT_3、VT_4 趋于截止，i_{e2} 自上而下流经负载，输出电压 u_o 为正半周。

　　当输入信号 u_i 为负半周时，VT_1、VT_2 截止，VT_3、VT_4 趋于导通，i_{e4} 自下而上流经负载，输出电压 u_o 为负半周。最后，在负载上获得完整的正负半周信号。

　　2）复合 OTL 互补对称功率放大电路。图 5.16 所示为一典型 OTL 功率放大电路。

　　静态时，由 R_4、R_5、VD_1、VD_2、VD_3 提供的偏置电压使 $VT_1 \sim VT_4$ 微导通，且 $i_{e2} = i_{e4}$，中点电位为 $U_{CC}/2$，$u_o = 0$V。

当输入信号 u_i 为正半周时，经集成运放对输入信号进行放大，使互补对称管基极电位升高，推动 VT_1、VT_2 导通，VT_3、VT_4 趋于截止，i_{e2} 自上而下流经负载，输出电压 u_o 为正半周。

当输入信号 u_i 为负半周时，经集成运放对输入信号进行放大，使互补对称管基极电位升高，推动 VT_1、VT_2 截止，VT_3、VT_4 趋于导通，i_{e4} 自下而上流经负载，输出电压 u_o 为负半周。最后，在负载上获得完整的正负半周信号。

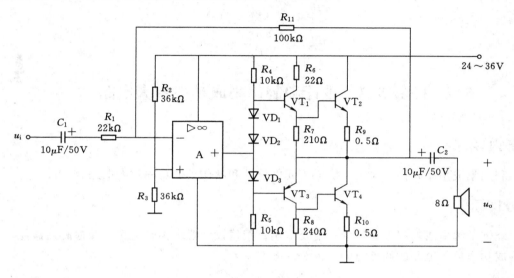

图 5.16　集成运放驱动的复合 OTL 互补对称功率放大电路

【例 5.2】　由复合管构成的 OTL 电路如图 5.17 所示。求：

（1）为了使最大不失真输出电压幅值最大，静态时 VT_2 和 VT_4 的发射极电位应为多少？若不合适，则一般应调节哪个元器件参数？

（2）若 VT_2 和 VT_4 的饱和管压降 $U_{CES}=3V$，输入电压足够大，则电路的最大输出功率 P_{om} 和效率 η 各为多少？

（3）VT_2 和 VT_4 的 I_{CM}、$U_{(BR)CEO}$ 和 P_{CM} 应如何选择？

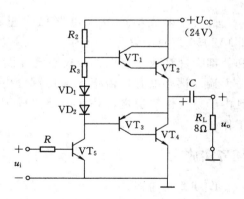

图 5.17　［例 5.2］电路

解：（1）发射极电位为

$$U_E=U_{CC}/2=12V$$

若不合适，则应调节 R_2。

（2）最大输出功率和效率分别为

$$P_{om}=\frac{\left(\frac{1}{2}U_{CC}-\mid U_{CES}\mid\right)^2}{2R_L}\approx 5.06（W）$$

$$\eta = \frac{\pi}{4} \frac{\frac{1}{2}U_{CC} - |U_{CES}|}{\frac{1}{2}U_{CC}} \approx 58.9\%$$

（3）VT_2 和 VT_4 的 I_{CM}、$U_{(BR)CEO}$ 的选择原则分别为

$$I_{CM} > \frac{U_{CC}/2}{R_L} = 1.5(A)$$

$$U_{(BR)CEO} > U_{CC} = 24(V)$$

$$P_{CM} > \frac{(U_{CC}/2)^2}{\pi^2 R_L} \approx 1.82(W)$$

任务 5.2　设计和制作集成功率放大电路

任务内容

利用集成功率元件、电阻、电容等元件设计和制作集成功率放大电路。

任务目标

能够了解集成功率放大器的功能及应用；根据设计要求正确地选择和检测元器件，学会集成功率放大电路的调整与测试方法。

任务分析

目前，集成功率放大电路已大量涌现，其内部电路一般为 OTL 或 OCL 电路。TDA2030 是使用较为广泛的一种集成功率放大器，与其他功率放大器相比，它的引脚和外部元件都较小。以其为核心元件设计的 OCL 功率放大电路，采用双电源供电，电路无输出耦合电容，由于无输出耦合电容，低频响应得到改善，属于高保真电路。而且由于电气性能稳定，并在内部集成了过载和过热切断保护电路，能适应长时间连续工作。

任务实施

1. 识别电路图

判断图 5.18 所示电路图的类型，了解该电路的功能及所需要的元器件种类。

2. 分析电路

学习集成功率放大器的结构及功能，掌握电路组成及原理。

3. 仿真调试

（1）按图 5.18 画仿真电路图，如图 5.19 所示。

（2）接通仿真开关，用仿真直流电压表量图 5.19 中集成功率放大器在静态时的输入、输出数值，将结果记录入表 5.5 中。

（3）设置信号发生器输出频率为 1kHz，逐渐增大输入信号的幅值，直到输出电压恰

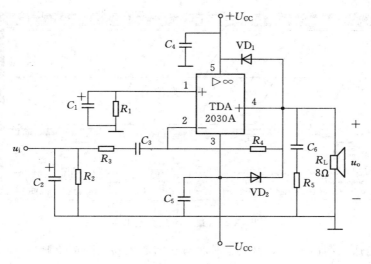

图 5.18　集成功率放大电路

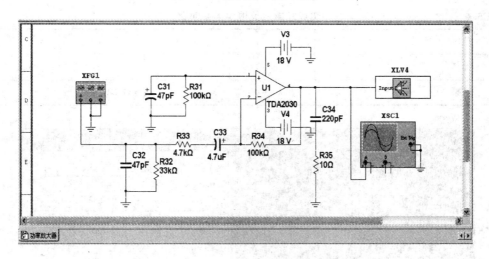

图 5.19　TDA2030 构成的 OCL 功率放大电路

好不失真为止，测量此时的输入、输出信号值，并记入表 5.5 中，相应的仿真波形如图 5.20 所示。

表 5.5　集成功率放大电路仿真测试结果

测试类型	静态测试			动态测试		
	U_{IN+}	U_{IN-}	U_o	u_i	u_o	A_u
仿真测试						
实际测试						

（4）频率特性测试。在保证输入信号 u_i 大小不变的条件下，改变低频信号发生器的

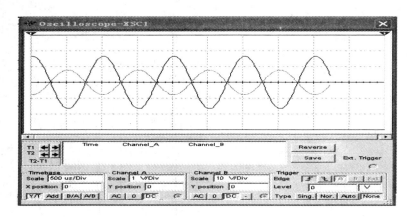

图 5.20　最大不失真波形

频率，用交流毫伏表测出 $u_o = 0.707u_{om}$ 时所对应的放大器上限截止频率 f_H 和下限截止频率 f_L，记入表 5.6 中，相应的中频段的波特图如图 5.21 所示。

表 5.6　　　　　　　　　　集成功率放大电路频率测试

f/Hz			1000		
U_o/V	0.707		u_{om}		0.707
结果		$f_H=$	$f_L=$	通频带 $BW=$	

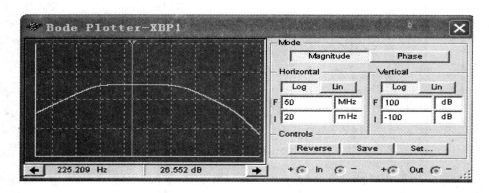

图 5.21　集成功率放大电路中频段波特图

4. 制作电路

（1）安装元件。将相关元器件的引线成型，然后按照图 5.19 将元件规范地安装到电路板上，注意引出输入线、输出线和测试点，安装时注意元器件的极性和集成器件的引脚排列。

（2）焊接电路。将元器件依次焊接，要求每一个焊接点都有一定的机械强度和良好的电气性能，电路接地线要尽量短，而且需要接地的引出端尽量做到一点接地。

（3）焊接检查。检查焊点，看是否出现虚焊和漏焊；检查集成器件的引脚和电解电容的引脚是否焊接正确。

5. 调试电路

（1）不通电检查。对照电路原理图和电路装配图，认真检查接线是否正确，检查焊点有无虚、假焊。特别注意负载不能有短路现象。

（2）当电路发生自激振荡时，应停电检查，待消振后才能加电。

（3）功率放大电路静态的调试，均应在输入信号为零（输入端接地）的条件下进行。功率放大电路静态调试最后应达到输出端对地电位为零，静态电流为几十毫安。然后用直流电压表测量集成功率放大器在静态时的输入、输出数值，将结果记入表5.5中。

（4）设置信号发生器输出为 1kHz，用示波器观察逐渐增加输入信号幅值后的输出信号，直到输出电压信号刚好不失真为止，用毫伏表测出此时输入，并将输入、输出信号的值记入表 5.5 中。

（5）在保证输入信号 u_i 大小不变的条件下，改变低频信号发生器的频率，用交流毫伏表测出 $u_o = 0.707u_{om}$ 时所对应的放大器上限截止频率 f_H 和下限截止频率 f_L，记入表5.7 中。

表 5.7　　　　　　　　　　集成功率放大电路频率测试

测试条件	f_H	f_L	BW
$f = 1\text{kHz}$，$u_{om} =$			

6. 编写任务报告

根据以上任务实施情况编写任务报告。

任务小结

集成功率放大电路具有体积小、工作稳定、使用方便等优点，而且组成的电路需要的外围元件小，调试也较为方便。在进行测试时，要注意使静态时输出端对地的电位为零。在安装时，要给集成放大器加装散热片。

相关知识

5.2.1　集成功率放大电路的基础知识

1. 结构

目前集成功率放大电路已大量涌现，其内部结构一般为 OTL 或 OCL 电器。集成功率放大电路除了具有分立元件的优点外，还具有体积小、工作稳定可靠、输出功率大、外围连接元件少、使用方便等优点，因而获得了广泛的应用。

功率放大集成电路内部通常包含差分输入级、推动级和功放级。音频电压信号 U 经差分输入级和推动级电压放大器后，再由功放级作功率放大并输出。OTL、OCL 和 BTL 的区别主要是功放级电路形式不同。OTL 功率放大集成电路的优点是可以使用单电源，缺点是由于输出电容 C_2 的存在，低频响应较差；OCL 功率放大集成电路的优点是低频响应较好，缺点是必须使用双电源；BTL 功率放大集成电路的优点是可以在较低的电源电压下获得较大的输出功率，缺点是电路较复杂。

2. 分类

集成功率放大电路能对音频信号进行功率放大，有较大的输出功率，能够推动扬声器等负载。其品种规格众多，按声道数可分为单声道音频功放和双声道音频功放；按电路形式可分为 OTL 功率放大器、OCL 功率放大器和 BTL 功率放大器等。其输出功率从数十毫瓦到数百瓦，具有很多规格，并具有多种封装形式。

许多功率放大集成电路自带散热板，但由于自带的散热板一般较小，因此功率较大的功率放大集成电路在应用时仍应按要求安装散热器。功率放大集成电路自带的散热板有的与内部电路绝缘，有的与内部电路的接地点连通，有的与内部输出功放管集电极连通，安装散热器时应区别对待。对于自带散热板与内部电路不绝缘的功率放大集成电路，应在集成电路与散热器之间放置耐热绝缘垫片。

3. 参数

(1) 电源电压。包括最高电源电压和额定电源电压，对于 OTL 功率放大器一般为单电源，对于 OCL 功率放大器一般为双电源。最高电源电压是极限参数，使用中不得超过该电压，推荐使用额定电源电压。

(2) 静态电流 I_o。一般为 $10\sim100\mathrm{mA}$，与输出功率有关，输出功率大的集成电路通常静态电流也大。

(3) 输出功率 P_o。是选用功率放大集成电路首先要关注的参数。考虑到音频信号特别是交响乐等信号具有很大的动态范围，选用功率放大集成电路时应留有足够的功率余量。

(4) 电压增益。一般为数十分贝。选用电压增益较高的功率放大集成电路，可以降低对输入信号电压的要求，简化前置放大电路。

(5) 频响范围。是指功率放大集成电路的有效工作频率范围，一般为 $50\mathrm{Hz}\sim20\mathrm{kHz}$，指标高的可达 $20\mathrm{Hz}\sim50\mathrm{kHz}$。

(6) 谐波失真 THD。指音频信号源通过功率放大器时，由于非线性元件所引起的输出信号比输入信号多出的额外谐波成分。是反映功率放大集成电路保真度的参数，谐波失真越小越好。

5.2.2　集成功率放大电路的应用

集成功率放大器具有体积小、工作稳定、易于安装和调试等优点，了解其外特性和外电路的连接方法，就能组成实用电路，因此，得到了广泛的应用。

1. 小功率通用型集成功率放大器 LM386

(1) 简介。LM386 是美国国家半导体公司生产的音频功率放大器，主要应用于低电压消费类产品。为使外围元件最少，电压增益内置为 20，但在 1 脚和 8 脚之间增加一只外接电阻和电容，便可将电压增益调为任意值，直至 200。输入端以地为参考，同时输出端被自动偏置到电源电压的一半，在 6V 电源电压下，它的静态功耗仅为 24mW，使得 LM386 特别适用于电池供电的场合。

LM386 电路简单、通用性强，是目前应用较广的一种小功率集成功率放大器。它具有电源电压范围宽（4～16V）、功耗低（常温下为 660mW）、频带宽（300kHz）等优点，输出功率可达 0.3～0.7W，最大可达 2W。另外，电路的外接元器件少，不必外加散热片，使用方便。其主要特性包含：

1）静态功耗低，约为 4mA，可用于电池供电。

2）工作电压范围宽，4～12V 或 5～18V。

3）外围元件少。

4）电压增益可调，20～200。

5）低失真度。

（2）结构。图 5.22（a）是 LM386 的内部电路图，图 5.22（b）是其外引脚排列图，封装形式为双列直插。

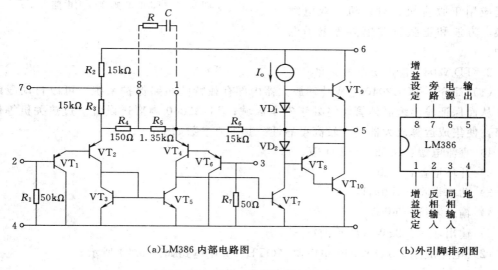

（a）LM386 内部电路图　　　　（b）外引脚排列图

图 5.22　集成功率放大器 LM386

LM386 的输入级由 VT_2、VT_4 组成双入单出差动放大电路，VT_3、VT_5 构成有源负载；VT_1、VT_6 为射极跟随形式，可以提高输入阻抗，差放的输出取自 VT_4 的集电极。VT_7 为共射极放大形式，是 LM386 的主增益级，恒流源 I_o 作为其有源负载。VT_8、VT_{10} 复合成 PNP 管，与 VT_9 组成准互补对称输出级。VD_1 和 VD_2 为输出管提供偏置电压，使输出级工作于甲乙类状态。

R_6 是级间负反馈电阻，起稳定静态工作点和放大倍数的作用。R_2 和 7 脚外接的电解电容组成直流电源去耦滤波电路。R_5 是差放级的射极反馈电阻，所以在 1、8 两脚之间外接一个阻容串联电路，构成差放管射极的交流反馈，通过调节外接电阻的阻值就可调节该电路的放大倍数。对于模拟集成运算放大器来说，其增益调节大都是外接调整元器件来实现的。其中 1、8 脚开路时，负反馈量最大，电压放大倍数最小，约为 20。1、8 脚之间短路时或只外接一个 $10\mu F$ 电容时，电压放大倍数最大，约为 200。

（3）电路应用。图 5.23 是 LM386 的典型应用电路。接于 1、8 脚的 C_2、R_1 用于调节电路的电压放大倍数。因为该电路为OTL电路，所以需要在LM386的输出端接一个$220\mu F$的耦合电容C_4。C_5、R_2组成容性负载，以抵消扬声器音圈的感抗，防止信号突变时音圈的反电势击穿输出管，在小功率输出时，C_5、R_2也可不接。C_3与电路内部的R_2组成电源的去耦滤波电路。当电路的输出功率不大、电源的稳定性能又好时，只需一个输出端的耦合电容和放大倍数调节电路就可以使用，因此LM386广泛应用于收音机、对讲机、双电源转换、方波和正弦波发生器等电子电路中。

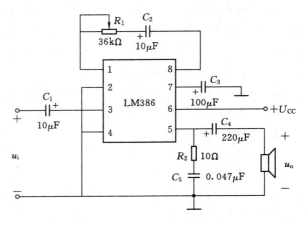

图 5.23 LM386 典型应用电路

2. TDA2040 集成功率放大器

（1）简介。TDA2040 集成功率放大器内部有独特的短路保护系统，可以自动限制功耗，从而保证输出级晶体管始终处于安全区域；TDA2040 内部还设置了过热关机等保护电路，使集成运算放大器具有较高可靠性。其主要参数如下：

1）直流电源：$\pm(2.5\sim20)$ V。

2）开环增益：80dB。

3）功率带宽：100kHz。

4）输入阻抗：$50k\Omega$。

5）输出功率：22W（$R_L=4\Omega$）。

（2）电路应用。TDA2040 单电源（OTL）应用电路如图 5.24 所示。

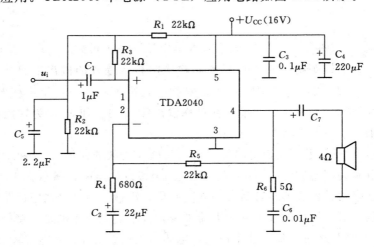

图 5.24 TDA2040 应用电路

3. TDA2030 集成功率放大器

（1）简介。TDA2030A 是目前使用较为广泛的一种集成功率放大器，与其他功放相比，它的引脚和外部元件都较少。电气性能稳定，并在内部集成了过载和过热切断保护电路，能适应长时间连续工作，由于其金属外壳与负电源引脚相连，因而在单电源使用时，金属外壳可直接固定在散热片上并与地线（金属机箱）相接，无需绝缘，使用很方便。

TDA2030A 使用于收录机和有源音箱中，作音频功率放大器，也可作其他电子设备中的功率放大。因其内部采用的是直接耦合，亦可以作直流放大。

其主要性能参数如下：

1）电源电压 $U_{cc}=\pm(3\sim18)$ V。

2）输出峰值电流 3.5A。

3）输入电阻>0.5MΩ。

4）静态电流<60mA（测试条件：$U_{cc}=\pm18V$）。

5）电压增益 30dB。

6）频响 BW 为 0～140kHz。

7）谐波失真小于 0.5。

（2）结构。TDA2030 的内部电路如图 5.25 所示。

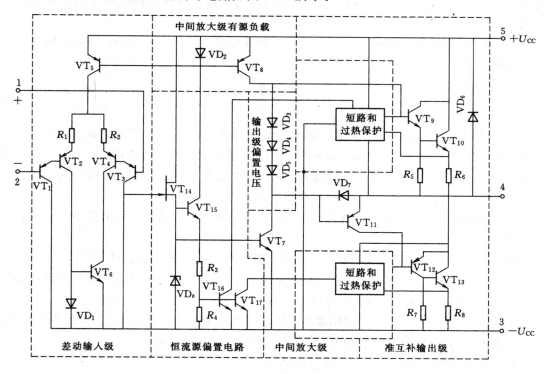

图 5.25 TDA2030 内部结构

TDA2030 外引线如图 5.26 所示，图 5.27 为 TDA2030 的应用电路。

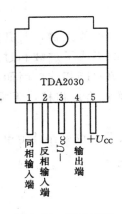

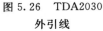

图 5.26 TDA2030
外引线

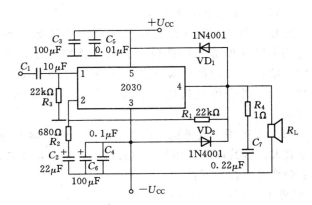

图 5.27 TDA2030 应用电路

（3）电路应用。

1）双电源（OCL）应用电路。TDA2030 接成 OCL 功率放大电路如图 5.27 所示。VD_1、VD_2 组成电源极性保护电路，防止电源极性接反损坏集成功率放大器。C_3、C_5 与 C_4、C_6 为电源滤波电容，$100\mu F$ 电容并联 $0.1\mu F$ 电容的原因是 $100\mu F$ 电解电容具有电感效应。信号从 1 脚同相端输入，4 脚输出端向负载扬声器提供信号功率，使其发出声响。

输入信号 u_i 由同相端输入，R_1、R_2、C_2 构成交流电压串联负反馈，因此，闭环电压放大倍数为

$$A_{uf} = 1 + \frac{R_1}{R_2} = 33 \tag{5.17}$$

为保持两输入端直流电阻平衡，使输入级偏置电流相等，选择 $R_3 = R_1$。VD_1、VD_2 起保护作用，用来泄放 R_L 产生的感生电压，将输出端最大电压钳位在 $(U_{CC} + 0.7V)$ 和 $(-U_{CC} - 0.7V)$ 上。C_3、C_4 为去耦电容，用于减少电源内阻对交流信号的影响。C_1、C_2 为耦合电容。

2）单电源（OTL）应用电路。对中、小型录音机的音响系统，可采用单电源连接方式，如图 5.28 所示。

由于采用单电源供电，故同相输入端用阻值相同的 R_1、R_2 组成分压电路，使 K 点电位为 $U_{CC}/2$，经 R_3 加至同相输入端。在静态时，同相输入端、反向输入端和输出端电压皆为 $U_{CC}/2$。其他元件作用与双电源电路相同。

TDA2030 是一种超小型 5 引脚单列直插塑封集成功率放大器。由于具有低瞬态失真、较宽频响和完善的内部保护措施，因此，常用在高保真组合音响中。

4. 小功率通用型集成功率放大器 D2002

D2002 为国产小功率集成功率放大器，其输出级为互补对称结构，只需外接少量元器件，不需调试即可满足工作需要。D2002 具有失真小、噪声低等优点，并且电源电压可在 8～18V 任意选择，是使用方便、性能良好的通用型集成功率放大器。

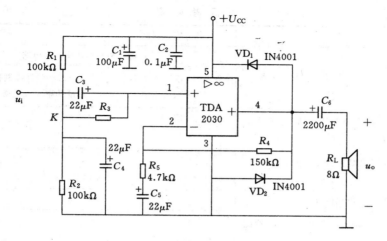

图 5.28　单电源 OTL 应用电路

图 5.29（a）为集成功率放大器 D2002 的外形和引脚排列，图 5.29（b）为 D2002 构成的应用电路，该电路的最大不失真输出功率为 5W。

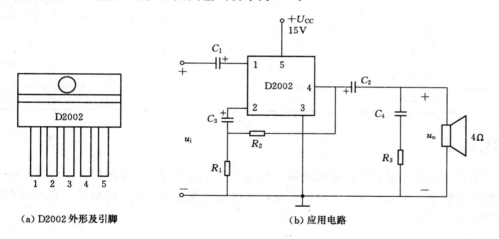

（a）D2002 外形及引脚　　　　　　　　　　　（b）应用电路

图 5.29　集成功率放大器 D2002 及应用

其中，5 脚为 D2002 的电源端，接 15V 正电源，3 脚为接地端。输入信号经耦合电容 C_1 加到 D2002 的同相输入端（1 脚），4 脚为输出端，经电容 C_2 将输出信号耦合到 4Ω 的扬声器上。

R_1、R_2 和 C_3 组成电压串联负反馈，将输出电压信号送回同相输入端 2 脚，以改善功率放大的性能。C_4 和 R_3 用来改善放大电路的频率特性。

项目考核

考核内容包含学习态度（15 分）、实践操作（70 分）、任务报告（15 分）等方面的考核，由指导教师结合学生的表现考评，既关注了过程性评价，也体现出了结果性评价，各考核内容及分值见表 5.8。

表 5.8　　　　　　　　　　　项 目 考 评 表

学生姓名		任务完成时间		
项目 5		设计和制作功率放大电路		
考核内容	任务名称	任务 5.1　设计和制作分立功率放大电路	任务 5.2　设计和制作集成功率放大电路	分值
学习态度（15分）	（1）课堂考勤及上课纪律情况（10分）			
	（2）小组成员分工及团队合作（5分）			
实践操作（70分）	（1）识读电路图（10分）			
	（2）基本元器件的识别与检测（10分）			
	（3）电路仿真测试（10分）			
	（4）电路参数计算（10分）			
	（5）电路制作（10分）			
	（6）电路测试（20分）			
任务报告（15分）				
合计项目评分（分）				
教师评语				

项目总结

本项目在完成的过程中，要求能够掌握功率放大电路的特点及使用，学会分立功率放大电路的装配及集成功率放大电路的作用，并能够完成相关元器件的检测，掌握功率放大电路的调试方法。

复 习 思 考 题

5.1　填空题

1. 对功率放大电路的主要要求是：输出功率＿＿＿＿＿＿、效率＿＿＿＿＿＿、非线性失真＿＿＿＿＿＿。

2. 电压放大器中的三极管通常工作在＿＿＿＿＿＿＿状态下，功率放大器中的三极管通常工作在＿＿＿＿＿＿＿参数情况下。功率电路不仅要求有足够大的＿＿＿＿＿＿＿，而且要求电路中还要有足够大的＿＿＿＿＿＿＿，以获取足够大的功率。

3. 互补对称放大电路是由一只＿＿＿＿＿＿＿型三极管和一只＿＿＿＿＿＿＿型三极管组合而成的。一般要求这两只三极管的特性必须＿＿＿＿＿＿＿。

4. OTL 是指＿＿＿＿＿＿＿功率放大电路，OCL 是指＿＿＿＿＿＿＿功率放大电路。

5.2 选择题

1. 功率放大电路的转换效率是指（　　　）。

A. 输出功率与晶体管所消耗的功率之比

B. 输出功率与电源提供的平均功率之比

C. 晶体管所消耗的功率与电源提供的平均功率之比

D. 以上都不对

2. 乙类功率放大电路的输出电压信号波形存在（　　　）。

A. 饱和失真　　　　B. 交越失真　　　　C. 截止失真　　　　D. 无法判断

3. 乙类双电源互补对称功率放大电路中，若最大输出功率为 2W，则电路中功放管的集电极最大功耗约为（　　　）。

A. 0.1W　　　　B. 0.4W　　　　C. 0.2W　　　　D. 0.5W

4. 乙类双电源互补对称功率放大电路的转换效率理论上最高可达到（　　　）。

A. 25%　　　　B. 50%　　　　C. 78.5%　　　　D. 90%

5. 乙类互补功放电路中的交越失真，实质上就是（　　　）。

A. 线性失真　　　　B. 饱和失真　　　　C. 截止失真　　　　D. 以上都不对

6. 功放电路的能量转换效率主要与（　　　）有关。

A. 电源供给的直流功率　　　　B. 电路输出信号的最大功率

C. 电路的类型　　　　D. 以上都不对

5.3 判断题

1. 放大电路通常工作在小信号状态下，功放电路通常工作在极限状态下。（　　　）

2. 功率放大器根据其输出功率的大小，一般分成甲类、乙类和丙类。（　　　）

3. 采用适当的静态起始电压，可达到消除功放电路中交越失真的目的。（　　　）

4. 输出功率越大，功放电路的效率就越高。（　　　）

5. 功放电路负载上获得的输出功率包括直流功率和交流功率两部分。（　　　）

6. 在功率放大电路中，输出功率越大，功放管的功耗越大。（　　　）

7. 功率放大电路与电压放大电路的区别是：前者比后者电源电压高，前者比后者电压放大倍数大。（　　　）

8. 当 OCL 电路的最大输出功率为 1W 时，功放管的集电极最大耗散功率应大于 1W。（　　　）

5.4 如图 5.30 所示电路中，设 BJT 的 $\beta=100$，$U_{BE}=0.7V$，$U_{CES}=0.5V$，$I_{CEO}=0$，电容 C 对交流可视为短路。输入信号 u_i 为正弦波。求：

(1) 计算电路可能达到的最大不失真输出功率 P_{om}；

(2) 此时 R_b 应调节到什么数值？

(3) 此时电路的效率 η。

5.5 在图 5.31 所示电路中，已知 $U_{CC}=16V$，$R_L=4\Omega$，VT_1 和 VT_2 管的饱和管压降 $|U_{CES}|=2V$，输入电压足够大。求：

(1) 最大输出功率 P_{om} 和效率 η；

(2) 晶体管的最大功耗 P_{VTmax}。

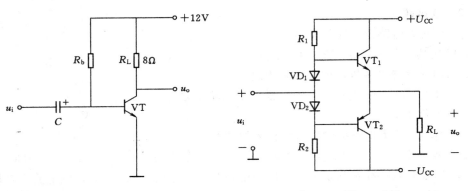

图 5.30　题 5.4 电路　　　　　　　图 5.31　题 5.5 电路

5.6　在图 5.32 所示电路中，已知 $U_{CC}=15V$，VT_1 和 VT_2 管的饱和管压降 $|U_{CES}|$ $=2V$，输入电压足够大。求：

（1）最大不失真输出电压的有效值；

（2）负载电阻 R_L 上电流的最大值；

（3）最大输出功率 P_{om} 和效率 η。

5.7　一带前置推动级的甲乙类双电源互补对称功放电路如图 5.33 所示，图中 $U_{CC}=$ $20V$，$R_L=8\Omega$，VT_1 和 VT_2 的 $|U_{CES}|=2V$。

（1）当 VT_3 输出信号 $U_{o3}=10V$（有效值）时，计算电路的输出功率、管耗、直流电源供给的功率和效率；

（2）计算该电路的最大不失真输出功率、效率和达到最大不失真输出时所需 U_{o3} 的有效值。

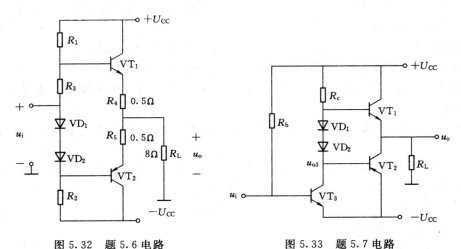

图 5.32　题 5.6 电路　　　　　　　图 5.33　题 5.7 电路

5.8　乙类单电源互补对称（OTL）电路如图 5.34（a）所示，设 VT_1 和 VT_2 的特性完全对称，u_i 为正弦波，$R_L=8\Omega$。

（1）静态时，电容 C 两端的电压应是多少？

（2）若管子的饱和管压降 U_{CES} 可以忽略不计。忽略交越失真，当最大不失真输出功率可达到 9W 时，电源电压 U_{CC} 至少应为多少？

（3）为了消除该电路的交越失真，电路修改为图 5.34（b）所示，若此修改电路实际运行中还存在交越失真，应调整哪一个电阻？如何调？

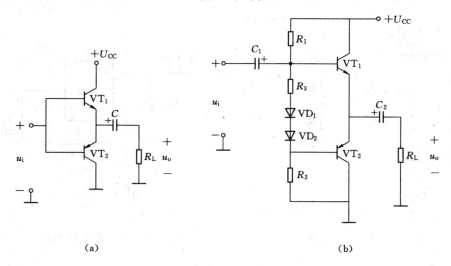

图 5.34　题 5.8 电路

5.9　在图 5.35 所示电路中，已知 $U_{CC} = 15V$，VT_1 和 VT_2 管的饱和管压降 $|U_{CES}| = 1V$，集成运放的最大输出电压幅值为 $\pm 13V$，二极管的导通电压为 0.7V。

（1）若输入电压幅值足够大，则电路的最大输出功率为多少？

（2）为了提高输入电阻，稳定输出电压，且减小非线性失真，应引入哪种组态的交流负反馈？在电路中画出反馈电路。

（3）若 $U_i = 0.1V$ 时，$U_o = 5V$，则反馈网络中电阻的取值约为多少？

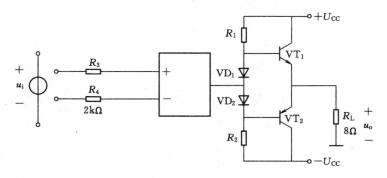

图 5.35　题 5.9 电路

5.10　某电路的输出级如图 5.36 所示。试分析：

（1）R_3、R_4 和 VT_3 电路组合的作用；

（2）电路中引入 VD_1、VD_2 的作用。

5.11　TDA 2030 集成功率放大器的一种应用电路如图 5.37 所示，双电源供电，电源电压为 $\pm 15V$，假定其输出级 BJT 的饱和管压降 U_{CES} 可以忽略不计，u_i 为正弦电压。

175

（1）指出该电路属于 OTL 还是 OCL 电路；

（2）求理想情况下最大输出功率 P_{om}；

（3）求电路输出级的效率 η。

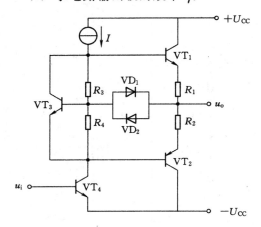

图 5.36　题 5.10 电路

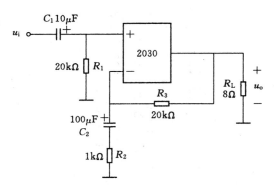

图 5.37　题 5.11 电路

项目6　设计和制作音频功率放大器

📖 **教学引导**

教学目标：

1. 了解音频功率放大器的原理及应用。

2. 掌握常用电子元器件的检测方法。

3. 掌握电子电路的设计、制作与调试过程。

能力目标：

1. 能够使用仿真软件对电路进行仿真。

2. 能够使用示波器和信号发生器对音频功率放大器的各极进行测试。

3. 能够用万用表检测常用电子元器件及检测电路出现的问题并解决问题。

知识目标：

1. 音频功率放大器的组成及工作原理。

2. 分立元件音频功率放大器与集成音频功率放大器的优点。

教学组织模式：

自主学习，分组教学。

教学方法：

小组讨论，演示教学。

建议学时：

16 学时。

任务6.1　设计和制作音频功率放大电路

任务分析

用分立元件、比较器及集成音频功率芯片等相关元件设计与制作音频功率放大器。

任务目标

能够使用仿真软件绘制相应的电路图并作相应的分析，掌握音频放大器构成的三个部分及原理，掌握电子电路的设计及制作过程，学会对电路板的检测与调试。

任务分析

在音频功率放大器的制作过程中，由于选用的元件不一样，所调试的效果也是一样的

（比如由分离元件设计的音频功率放大器与集成元件设计的音频功率放大器），需要对设计的音频功率放大器用示波器进行音质失真分析，根据分析不断地调试才能得到好的音质；在本任务中就结合分立元件和集成元件设计了音频功率放大器。

任务实施

1. 电路设计

（1）根据任务分析，音频功率放大器一般基本组成框图如图 6.1 所示。

（2）为满足框图设计要求，结合分立元件和集成电路，选用如图 6.2 所示的电路图。

图 6.1 音频功率放大器的组成框图

（3）设计过程。

1）前置放大电路。前置放大电路如图 6.3 所示。音频信号通过话筒输入端口输入，经耦合电容 C_3 后接前置放大电路。前置放大电路要求有较高的电压放大倍数，因此选择用两级放大电路，第一级采用带有电流串联负反馈的共发射极放大电路，使其有较大的输入电阻。第二级采用电压跟随器，具有缓冲级作用。信号从前置放大器输出后，接入了 $10k\Omega$ 的电位器，可改变音频信号的大小，相当于调节音量的大小。

2）音调控制电路。音调控制电路如图 6.4 所示。音调控制电路是控制、调节音频功率放大器输出频率高低的电路。常用的音调控制电路有三种形式：一是衰减式 RC 音调控制电路，其调节范围宽，但容易产生失真；二是反馈型音调控制电路，其调节范围小一些，但失真小；三是混合式音调控制电路，其电路复杂，多用于高级收录机。为使电路简单且失真小，本音调集成功率电路中采用了由阻容网络组成的 RC 型负反馈音调控制电路。它是通过不同的负反馈网络和输入网络造成放大器闭环放大倍数随信号频率不同而改变，从而达到音调控制的目的。

在设计上，要求其在 $f=1kHz$ 时，即中音频率时，增益为 1。而对于高音频和低音频信号，则能进行提升或衰减。相当于由低通滤波器和高通滤波器共同组成。在该音频功率放大器中，采用集成运算放大器构成音调控制电路。图 6.4 中，$C_1=C_2\gg C_3$，在中、低音频区，C_3 可视为开路，在高音频区，C_1、C_2 可视为短路。即 R_5 可调节低频信号提升或衰减，R_6 则调节高频信号。

3）功率放大电路。功率放大电路如图 6.5 所示。

该电路在设计上采用集成功放 TDA2030 接上外围元件组成。对于集成功放 TDA2030，其电源电压为 $\pm$（6～22）V，静态电流为 50mA（典型值）；1 脚的输入阻抗为 5MΩ（典型值），当电压增益为 26dB、$R_L=4\Omega$ 时，输出功率 $P_o=15W$。频带宽为 100kHz。电源为 $\pm14V$、负载电阻为 4Ω 时，输出功率达 18W。

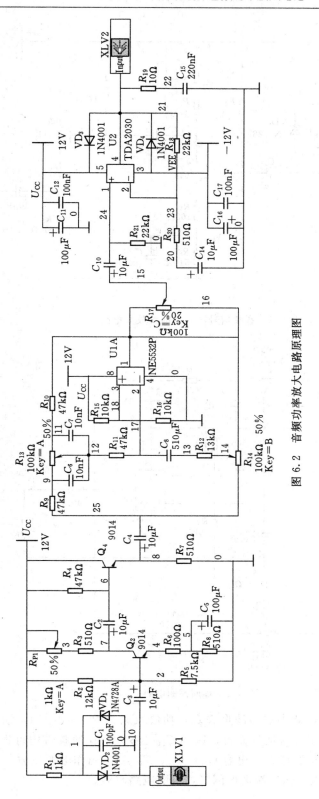

图 6.2　音频功率放大电路原理图

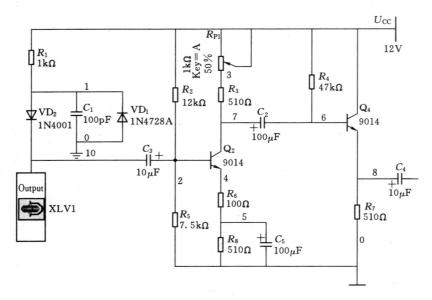

图 6.3　音频信号输入及前置放大电路

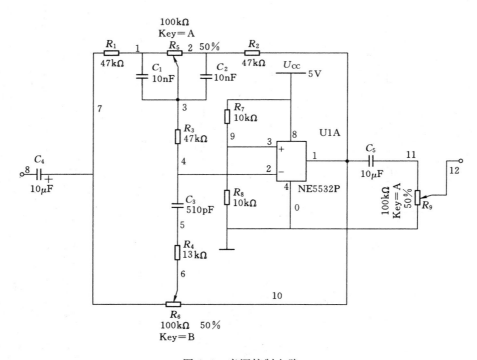

图 6.4　音调控制电路

为了提高电路稳定性，减小输出波形失真，功放级通过 R_{16}、R_{18}、C_{14} 引入了深度交直流电压串联负反馈。对于交流信号而言，因为 C_{14} 足够大，在通频带内可视为短路。改变电阻 R_{16}、R_{18} 可以改变电路增益。电容 C_{11}、C_{12}、C_{16}、C_{17} 用作电源滤波。VD$_3$ 和 VD$_4$ 为保护二极管。R_{19}、C_{15} 组成输出端消振网络，以防电路自激。

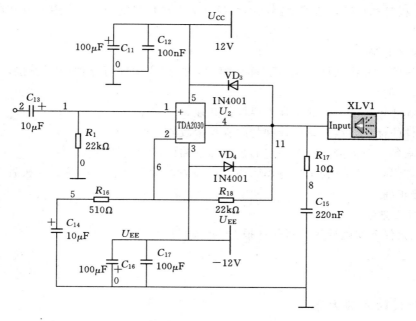

图 6.5　功率放大电路

2. 检测元器件

查阅电子手册或网络资源，结合图 6.2，将所选电子元器件的图形符号、文字符号等内容及所测参数填入表 6.1 中。

表 6.1　　　　　　　　　　　　电 子 元 器 件 表

序号	元件名称	图形符号	文字符号	标称参数	实际参数	功能
1						
2						
3						
4						
5						
6						

3. 制作电路

(1) 整机布局。指音频功率放大器各主要部件的位置安排。要求：

1) 发热元件要便于散热。必要时增设散热片。

2) 尽可能缩短各部件间连线。

3) 尽量减少各部件间的有害干扰，如输入级不能靠近输出级。

4) 便于调整、操作和检修。

5) 适当考虑美观、大方。

(2) 装配。将相关元器件的引线成型，然后按照图 6.2 将元件规范地安装到电路板上。安装时要根据电路图的各部分功能确定元器件的正确位置。并注意电解电容的极性，二极管和三极管的极性，集成电路的引脚排列等。按信号的流向将元件按顺序连接，以便调试。

（3）焊接电路。

1）焊接前，要将元件的引线刮净、镀锡，焊点要保证可靠的电气连接，避免虚焊，尽可能光滑、清洁。

2）接线要短，全电路的接地点要保证共地。

3）元件的标值要尽量露出，并朝向容易读数的一面。

4）要求每一个焊接点都有一定的机械强度和良好的电气性能。

5）检查焊点，看是否出现虚焊和漏焊；检查集成电路、二极管、三极管和电容的极性是否焊接正确。

4．编写任务报告

根据以上任务实施情况编写任务报告。

相关知识

6.1.1 音频功率放大器

1．音频功率放大器的功能

声音是传递信息的媒介，当物体振动时，其周围的空气质点也随之振动而成为声音。声音以声波的形式传播，声波所波及的范围称为声场。声波传到人的耳朵，人便有了声音的感觉，不同的声音具有大小不同的音量、高低不同的音调和发音体所特有的音色。

如果把声音作为振动信号来研究，则音量就是振动幅度的反映，音调是振动频率的反映；而音色由振动波形决定。人耳能敏锐地判断声音的这些要素，从而识别各种特定的音响。不仅如此，人对声音还有方位感，根据两耳所听到声音的强度和时差，就能判断出各个声源的位置。只要重放的声音保持原来的音位，便会使听者获得身临其境的感觉。这种连音阶也能反映出来的声音信号称为立体声，能把声音信号加以放大并如实地重放出来的电声设备称为音响系统。

一套完整的音响系统应由音频信号源、音频功率放大器和扬声器三大部分组成，它们之间的关系如图6.6所示，其中音频功率放大器是音响系统设备的核心。

由音频信号源输出的各种节目信号，经音频功率放大器加工并放大至足够的功率，去推动扬声器工作，然后由扬声器发出与音频信号源相同但响亮得多的声音。

选择电源电路和音频功率放大电路，并保证元件质量良好、线路布局合理、安装调试正确，才有可能得到满意的音质。当然信号源的音质和扬声器的质量对重放声音也有直接影响，若信号源的音质不好，则重放的声音不可能优美动听。

扬声器是电声转换器件，若其性能不好，则重放的声音也不可能好听。另外，扬声器重放出来的声音还要经过所在场所的空间混响才能送到听众的耳朵，所以听音场所的音响条件与音箱摆放的空间位置对音质也有影响，不能忽视。

因此，一个性能良好的音频功率放大器必须要有与之相匹配的音箱和放音环境，才能将音频功率放大器的性能发挥得淋漓尽致。

音频功率放大器是整套高保真音响设备的核心，也是高保真音响系统中不可缺少的重要部分，其主要任务是将音频信号放大到足以推动喇叭、音箱等。

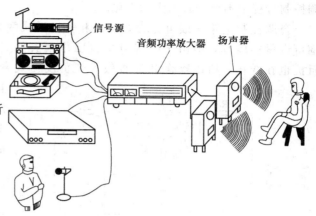

图 6.6　音响系统的基本组成

　　2. 音频功率放大器的组成及分析

　　(1) 前置放大器。音频功率放大器的作用是将声音源输入的信号进行放大，然后输出驱动扬声器。声音源的种类有多种，如传声器（话筒）、电唱机、录音机（放音磁头）、CD 唱机及线路传输等，这些声音源的输出信号的电压差别很大，从零点几毫伏到几百毫伏。一般功率放大器的输入灵敏度是一定的，这些不同的声音源信号如果直接输入到功率放大器，对于输入过低的信号，功率放大器输出功率不足，不能充分发挥功放的作用；假如输入信号的幅值过大，功率放大器的输出信号将严重过载失真，这样将失去了音频放大的意义。所以，一个实用的音频功率放大系统必须设置前置放大器，以便使放大器适应不同的输入信号，或放大，或衰减，或进行阻抗变换，使其与功率放大器的输入灵敏度相匹配。另外在各种声音源中，除了信号的幅度差别外，它们的频率特性也不同，如电唱机输出信号和磁带放音的输出信号频率特性曲线呈上翘形，即低音被衰减，高音被提升。对于这样的输入信号，在进入功率放大器之前，需要进行频率补偿，使其频率特性曲线恢复到接近平坦的状态，即加入频率均衡网络放大器。

　　对于话筒和线路输入信号，一般只需将输入信号进行放大和衰减，不需要进行频率均衡。前置放大器的主要功能：一是使话筒的输出阻抗与前置放大器的输入阻抗相匹配；二是使前置放大器的输出电压幅度与功率放大器的输入灵敏度相匹配。由于话筒输出信号非常微弱，一般只有 $100\mu V$ 至几毫伏，所以前置放大器输入级的噪声对整个放大器的信噪比影响很大。前置放大器的输入级首先采用低噪声电路，对于由分立元件组成的前置放大器，首先要选择低噪声的晶体管，另外还要设置合适的静态工作点。由于场效应管的噪声系数比晶体管小，而且它几乎与静态工作点无关，在要求高输入阻抗的前置放大器的情况下，采用低噪声场效应管组成放大器是合理的选择。如果采用集成运算放大器构成前置放大器，一定要选择低噪声、低漂移的集成运算放大器。此外，对于前置放大器，还要有足够宽的频带，以保证音频信号进行不失真的放大。

　　(2) 音调控制电路。音调控制电路的主要功能是通过对放音频带内放大器的频率响应曲线的形状进行控制，从而达到控制放音音色的目的，以适应不同听众对音色的不同爱好。此外，还能补偿信号中所欠缺的频率分量，使音质得到改善，从而提高放音系统的放音效果。在高保真放音电路中，一般采用的是高、低音分别可调的音调控制电路。一个良好的音调控制电路，要求有足够的高、低音调节范围，同时又要求在高、低音从最强调到最弱的整个过程中，中音信号（一般指 1kHz）不发生明显的幅值变化，以保证音量在音调控制过程中不至于有太大的变化。

音调控制电路一般可分为衰减式和负反馈式两大类，衰减式音调控制电路的调节范围可以做得较宽，但由于中音电平也要作很大的衰减，并且在调节过程中整个电路的阻抗也在变化，所以噪声和失真较大。负反馈式音调控制电路的噪声和失真较小，并

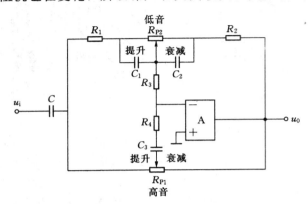

图 6.7　负反馈式音调控制电路图

且在调节音调时，其转折频率保持固定不变，而特性曲线的斜率却随之改变。下面分析负反馈式音调控制电路的工作原理。

1）电路结构。由于集成运算放大器具有电压增益高、输入阻抗高等优点，用它制作的音调控制电路具有电路结构简单、工作稳定等优点，典型的电路结构如图 6.7 所示。

其中电位器 R_{P1} 是高音调节电位器，R_{P2} 是低音调节电位器，电容 C 是音频信号输入耦合电容，电容 C_1、C_2

是低音提升和衰减电容，一般选择 $C_1 = C_2$，电容 C_3 起到高音提升和衰减作用，要求 C_3 的值远小于 C_1。电路中各元件一般要满足的关系为：$R_{P1} = R_{P2}$，$R_1 = R_2 = R_3$，$C_1 = C_2$，$R_{P1} = 9R_1$。

2）低音信号分析。

a）低音提升。如图 6.7 所示电路，对于低音信号来说，由于 C_3 的容抗很大，相当于开路，此时高音调节电位器 R_{P1} 在任何位置对低音都不会影响。当低音调节电位器 R_{P2} 滑动端调到最左端时，C_1 被短路，此时电路可简化为图 6.8（a）所示电路。由于电容 C_2 对于低音信号容抗大，所以相对地提高了低音信号的放大倍数，起到了对低音提升的作用。电路的频率特性如图 6.8（b）所示。

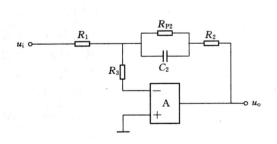

（a）低音提升等效电路

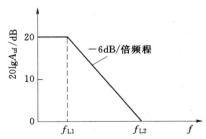

（b）低音提升等效电路幅频响应波特图

图 6.8　低音提升等效电路图及幅频响应曲线

由于电压放大倍数表达式为

$$\dot{A}_{uf} = -\frac{Z_2}{Z_1} = -\left(\frac{R_{P2}/j\omega C_2}{R_{P2} + 1/j\omega C_2} + R_2\right)/R_1$$

化简后得

$$\dot{A}_{\mathrm{uf}} = -\frac{R_{\mathrm{P2}} + R_2}{R_1} \frac{1 + \mathrm{j}\omega C_2 \dfrac{R_{\mathrm{P2}} R_2}{R_{\mathrm{P2}} + R_2}}{1 + \mathrm{j}\omega C_2 R_{\mathrm{P2}}}$$

所以该电路的转折频率为

$$f_{\mathrm{L1}} = \frac{1}{2\pi R_{\mathrm{P2}} C_2}, \quad f_{\mathrm{L2}} = \frac{1}{2\pi (R_{\mathrm{P2}} /\!/ R_2) C_2} \approx \frac{1}{2\pi R_2 C_2}$$

可见，当频率 $f \to 0$ 时，$|\dot{A}_{\mathrm{uf}}| \to \dfrac{R_{\mathrm{P2}} + R_2}{R_1}$；当频率 $f \to \infty$ 时，$|\dot{A}_{\mathrm{uf}}| \to \dfrac{R_2}{R_1} = 1$。从定性的角度来说，就是在中、高音域，增益仅取决于 R_2 与 R_1 的比值，即等于 1；在低音域，增益可以得到提升，最大增益为 $(R_{\mathrm{P2}} / R_2) / R_1$。

b）低音衰减。同样当 R_{P2} 的滑动端调到最右端时，电容 C_2 被短路，其等效电路如图 6.9（a）所示。由于电容 C_1 对输入音频信号的低音信号具有较小的电压放大倍数，所以该电路可实现低音衰减。电路的频率响应如图 6.9（b）所示。

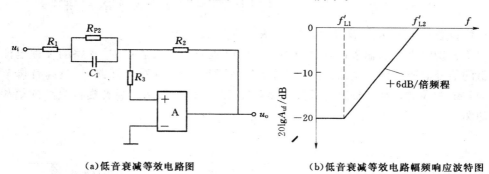

（a）低音衰减等效电路图　　　　　　（b）低音衰减等效电路幅频响应波特图

图 6.9　低音衰减等效电路图及幅频响应曲线

由于电路的电压放大倍数表达式为

$$\dot{A}_{\mathrm{uf}} = -\frac{R_2}{R_1 + (1/\mathrm{j}\omega C_1) /\!/ R_{\mathrm{P2}}} = -\frac{R_2}{R_1 + R_{\mathrm{P2}}} \frac{1 + \mathrm{j}\omega R_{\mathrm{P2}} C_1}{1 + \mathrm{j}\omega (R_{\mathrm{P2}} /\!/ R_1) C_1}$$

其转折频率为

$$f'_{\mathrm{L1}} = \frac{1}{2\pi R_{\mathrm{P2}} C_1}, \quad f'_{\mathrm{L2}} = \frac{1}{2\pi (R_{\mathrm{P2}} /\!/ R_1) C_1} \approx \frac{1}{2\pi R_1 C_1}$$

可见，当频率 $f \to 0$ 时，$|\dot{A}_{\mathrm{uf}}| \to \dfrac{R_2}{R_1 + R_{\mathrm{P2}}}$；当频率 $f \to \infty$ 时，$|\dot{A}_{\mathrm{uf}}| \to \dfrac{R_2}{R_1} = 1$。从定性的角度来说，就是在中、高音域，增益仅取决于 R_2 与 R_1 的比值，即等于 1；在低音域，增益可以得到衰减，最小增益为 $R_2 / (R_1 + R_{\mathrm{P2}})$。

在电路给定的参数下，$f_{\mathrm{L1}} = f'_{\mathrm{L1}}$，$f_{\mathrm{L2}} = f'_{\mathrm{L2}}$。

3）高音信号分析。

a）高音提升。同低音信号分析方法，由于对于高音信号来说，电容 C_1、C_2 的容抗很小，可以认为短路。调节高音调节电位器 R_{P1}，即可实现对高音信号的提升或衰减。图 6.10（a）就是工作在高音信号下的简化电路图。为了便于分析，将图中的 R_1、R_2、R_3

组成的星形网络转换成三角形连接方式，如图 6.10（b）所示。

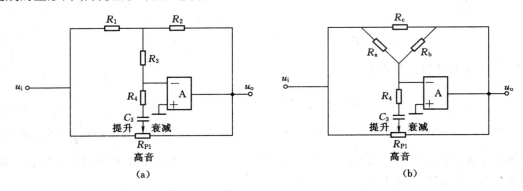

图 6.10　高音等效简化电路

其中

$$R_a = R_1 + R_3 + \frac{R_1 R_3}{R_2}, \quad R_b = R_2 + R_3 + \frac{R_2 R_3}{R_1}, \quad R_c = R_1 + R_2 + \frac{R_1 R_2}{R_3}$$

在假设条件 $R_1 = R_2 = R_3$ 的条件下，$R_a = R_b = R_c = 3R_1$。

如果音调放大器的输入信号是内阻极小的电压源，那么通过 R_c 支路的反馈电流将被低内阻的信号源所旁路，R_c 的反馈作用将忽略不计（R_c 可看成开路）。当高音调节电位器滑动到最左端时，高音提升的等效电路如图 6.11（a）所示。高音提升电路的幅频响应曲线如图 6.11（b）所示。

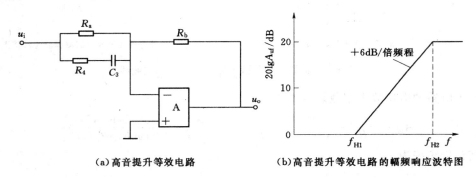

（a）高音提升等效电路　　　　（b）高音提升等效电路的幅频响应波特图

图 6.11　高音提升等效电路及幅频响应曲线

此时，该电路的电压放大倍数表达式为

$$\dot{A}_{uf} = \frac{R_b}{(1/j\omega C_3 + R_4) /\!/ R_a} = \frac{R_b[1 + j\omega C_3(R_3 + R_a)]}{R_a(1 + j\omega C_3 R_4)}$$

其转折频率为

$$f_{H1} = \frac{1}{2\pi C_3 \ (R_4 + R_a)}, \quad f_{H2} = \frac{1}{2\pi C_3 R_4}$$

当频率 $f \to 0$ 时，$|\dot{A}_{uf}| \to \frac{R_b}{R_a} = 1$；当频率 $f \to \infty$ 时，$|\dot{A}_{uf}| \to \frac{R_4 + R_a}{R_4}$。从定性的角度上看，对于中、低音区域信号，放大器的增益等于 1；对于高音区域的信号，放大器的增益可

以提升，最大增益为$\dfrac{R_4+R_a}{R_4}$。当R_{P1}电位器滑动到最右端时，高音频信号可以得到衰减。

b）高音衰减。高音衰减的等效电路如图 6.12（a）所示，幅频响应曲线如图 6.12（b）所示。

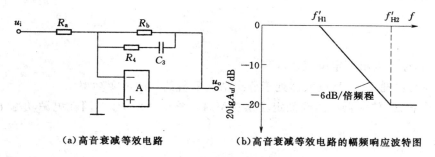

（a）高音衰减等效电路　　　　（b）高音衰减等效电路的幅频响应波特图

图 6.12　高音衰减等效电路及幅频响应曲线

该电路的电压放大倍数表达式为

$$\dot{A}_{uf}=\dfrac{\left(R_4+\dfrac{1}{\mathrm{j}\omega C_3}\right)//R_b}{R_a}=\dfrac{R_b}{R_a}\dfrac{1+\mathrm{j}\omega C_3 R_4}{1+\mathrm{j}\omega C_3(R_4+R_b)}$$

其转折频率为

$$f'_{H1}=\dfrac{1}{2\pi C_3(R_4+R_b)},\quad f'_{H2}=\dfrac{1}{2\pi C_3 R_4}$$

当频率$f\to 0$时，$|\dot{A}_{uf}|\to\dfrac{R_b}{R_a}=1$；当频率$f\to\infty$时，$|\dot{A}_{uf}|\to\dfrac{R_4}{R_4+R_b}$。可见该电路对于高音频信号起到衰减作用。

在电路给定的参数下，$f_{H1}=f'_{H1}$，$f_{H2}=f'_{H2}$。

4）音调控制器的幅频特性曲线。综上所述，负反馈式音调控制器的完整的幅频特性曲线如图 6.13 所示。根据设计要求的放大倍数和各点的转折频率大小，即可确定出音调控制电路的电阻、电容大小。

（3）功率放大器。功率放大器的作用是给音响放大器的负载（一般是扬声器）提供所需要的输出功率。功率放大器的主要性能指标有最大输出不失真功率、失真度、信噪比、频率响应和效率。目前常见的电路结构有 OTL 型、OCL 型、DC 型和 CL 型。有全部采用分立元件晶体管组成的功率放大器；也有采用集成运算放大器和大功率晶体管构成的功率放大器；随着集成电路的发展，全集成功率放大器应用越来越多。由于集成功

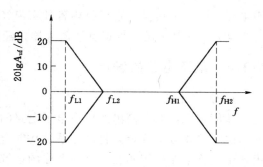

图 6.13　音调控制电路的幅频响应波特图

率放大器使用和调试方便、体积小、质量轻、成本低、温度稳定性好，功耗低，电源利用率高，失真小，具有过电流保护、过热保护、过电压保护及自启动、消噪等功能，所以使

用非常广泛。

3. 音频功率放大电路的主要技术指标

（1）额定输出功率 P_o。在满足规定的失真系数和整机频率特性指标以内，功率放大器所输出的最大功率。

$$P_o = \frac{U_o^2}{R_L}$$

式中：U_o 亦称为输出额定电压。

（2）静态功耗 P_Q。指放大器处于静态情况下所消耗的电源功率。

（3）效率 η。放大器在达到额定输出功率时，输出功率 P_o 对消耗电源功率 P_E 的百分比，即

$$\eta_o = \frac{P_o}{P_E} \times 100\%$$

（4）频率响应（频带宽度）。在输入信号不变的情况下，输出幅度随频率的变化下降至中频时输出幅度的 0.707 倍时所对应的频率范围。

（5）音调控制范围. 为了改善放大器的频率响应，常对高、低频增益进行控制，如提升或衰减若干分贝，而对中频增益不产生影响。若未控制的输出幅度为 U_o，而控制后的输出幅度为 U_{o1}，则音调控制范围为 $20\lg\dfrac{U_{o1}}{U_o}\left(\text{即 } 20\lg\dfrac{A_{v1}}{A_v}\right)$。

（6）非线性失真。在规定的频带内和额定输出功率状态下，输出信号中谐波电压有效值的总和与基波电压有效值之比，即

$$\gamma = \frac{\sqrt{U_2^2 + U_3^2 + \cdots + U_n^2}}{U_1}$$

式中：U_1 为输出电压基波分量有效值；U_2、U_3、$\cdots$、U_n 分别为 2 次、3 次、$\cdots$、n 次谐波分量有效值。非线性失真可由失真度测量仪测得。

（7）噪声电压 U_N。扩音机输入信号为零时，在输出端负载上测得的电压有效值为噪声电压，噪声电压是扩音机机内各种噪声经放大后的总和。

（8）输入灵敏度。保证音频放大器在额定的输出功率时所需的输入信号。

6.1.2　电子电路的设计

1. 设计过程

一般来说，对于简单的模拟电子电路的设计步骤大体包括以下方面：

（1）总体方案确定。将总体系统功能合理地分解成若干个子系统（电路单元），并画出各个电路单元框图相互连接而形成的系统原理框图。要从性能稳定、工作可靠、电路简单、成本低、功耗小、调试维修方便等方面选择出最佳方案。

（2）单元电路设计。明确对各单元电路的具体要求，详细拟定出单元电路的性能指标，认真考虑各单元之间的相互联系，注意前后级单元之间信号的传递方式和匹配，尽量少用或不用电平转换之类的接口电路，并考虑各单元电路的供电电源尽可能统一。另外，

尽量选择现有的、成熟的电路来实现单元电路的功能。

（3）参数计算。在进行电子电路设计时，应根据电路的性能指标要求决定电路元器件的参数。例如，根据电压放大倍数的大小，可决定反馈电阻的取值；根据振荡器要求的振荡频率，利用公式可计算出决定振荡频率的电阻和电容之值；等等。但一般满足电路性能指标要求的理论参数值不是唯一的，设计者应根据元器件性能、价格、体积、通用性和货源等方面灵活选择。计算电路参数时应注意以下几点：

1）在计算元器件工作电流、电压和功率等参数时，应考虑工作条件最不利的情况，并留有适当的裕量。

2）对于元器件的极限参数，必须留有足够的裕量，一般取 1.5～2 倍的额定值。

3）对于电阻、电容参数的取值，应选计算值附近的标称值。电阻值一般在 $1M\Omega$ 内选择；非电解电容器一般在 $100pF～0.47\mu F$ 选择；电解电容一般在 $1～2000\mu F$ 选用。

4）在保证电路达到功能指标要求的前提下，尽量减少元器件的品种、价格、体积等。

（4）元器件选择

1）一般优先选择集成电路。

2）熟悉各种电阻器和电容器的主要性能指标和特点，根据电路要求，对元件作出正确的选择。

3）分立半导体元件的选择。首先要熟悉它们的功能，掌握它们的应用范围；根据电路的功能要求和元器件在电路中的工作条件，如通过的最大电流、最大反向工作电压、最高工作频率、最大消耗的功率等，确定元器件型号。

（5）安装调试。电路安装完毕后，不要急于通电，要认真进行检查。在确认电路元件、连线、直流供电和接地等无误后再通电。电路调试包括测试和调整两个方面，一般要经过测量→调整→再测量的反复过程。调试方法一般是先局部（单元电路）后整体，先静态后动态。

（6）设计报告的编写。设计报告既是设计工作的起点，也是设计全过程的总结；既是设计思想的归纳，也是设计成果的总汇。从设计报告中可以反映出设计人员的知识水平和层次。设计报告编写的一般步骤是：设计方案比较、论证及选择；细化框图；设计关键单元电路；画出受控模块框图；设计控制电路；编写应用程序及管理程序；整机时序设计；关键部位波形分析以及计算机辅助设计成果；画出整机电路图；测试仪器及方法选择；测试数据及结果的分析与处理；列写参考资料目录。当然，对于一个具体的设计报告，不一定严格按上述要求。

2. 电子电路设计中应注意的问题

在设计电子电路时，除了要满足性能指标要求之外，还必须采取措施提高电路的稳定性和可靠性，考虑实际应用中的一些问题。

（1）工作稳定可靠。首先，所用电子电路在原理上要正确，不能有重大的缺欠；其次，要采取切实可行的办法提高电路的稳定性。最后，根据元器件在电路中所起的作用和对电路性能的影响程度，合理选择元器件。

（2）电路简单、合理。在电路设计时，在满足性能指标要求的前提下，力求结构简单，合理实用。一般来说，在用分立元件和集成电路都能实现所要求的功能时，优先选用集成电路；在用通用集成电路和专用集成电路都能实现所要求的功能时，优先选用通用集成电路。

在设计电子电路时，除了要满足性能指标要求外，还必须采取措施提高电路的稳定性和可靠性，考虑实际应用中的一些问题。

（3）采用标准接口。采用国际标准接口易于实现各种仪器设备的控制、数据传输和通信，便于功能扩展，易于组成功能更强的电路系统。

（4）安装、调试、维修方便。为达到这个要求，设计中应注意采用模块化结构、总线结构和标准化的接口，同时电路的元器件品种应尽可能地少。

（5）合理平衡成本、体积、功耗等指标。

任务6.2　调试音频功率放大电路

任务分析

用万用表、示波器、信号发生器调试音频功率放大器。

任务目标

能够熟练掌握常用仪器仪表的使用，掌握电子电路调试的方法和步骤，学会对电路板的检测与调试。

任务分析

调试过程实际上包含了调整和测试。由于在设计过程中，有些元件的参数没法准确地设置，而通过用万用表测量线路中的相关电压，用示波器观测信号波形，则有助于通过测试来调整元件的相关参数或进行替换。

任务实施

1. 通电前检测

（1）检查连线是否正确，包括错线、少线和多线。可按实际电路布线图检查。

（2）检查元器件的安装情况，检查元器件有无短路，连接有无不良，电容、二极管和集成电路的极性等是否正确。

（3）检查电源端对地是否短路。

2. 通电测试

调试好所需电源电压数值，确定电源输出无短路现象后，方可接通电源。电源一经接通，须首先观察是否有异常现象，如有异常现象应立即关断电源，待排除故障后方可重新接通电源。若无异常现象，再用仪器观测波形和数据。

3. 静态测试

在不加输入信号的条件下，测量各级直流工作电压和电流是否正常。如不正常，应及时调整电路相关参数，使电路处于最佳静态工作状态。音频功率放大器输入放大电路工作点的调试，可通过调节电阻来实现。将测量结果分别记入表 6.2 和表 6.3 中。

表 6.2　前置放大电路静态测试

项　目	U_B	U_E	U_C	U_{BE}	U_{CE}
VT_1					
VT_2					

表 6.3　音调控制、功率放大电路静态测试

基目	U_+	U_-	U_o
音调控制电路			
功率放大电路			

4. 动态测试

在下列条件下测试前置放大级、音调控制级、功率放大级的电压增益和整机增益，并将结果记入表 6.4 中。

1）音量电位器置于最大位置，音调控制电位器置中心位置。

2）音频功率放大器的输出在额定输出功率以内，并保证输出波形不产生失真。

3）输入信号频率为 1kHz 的正弦波。

表 6.4　音频功率放大器动态测试表

前置放大电路		音调控制电路		功率放大电路		整机电路	
u_{i1}		u_{i2}		u_{i3}		u_i	
u_{o1}		u_{o2}		u_{o3}		u_o	
A_{u1}		A_{u2}		A_{u3}		A_u	
结论							

5. 最大不失真输出电压的测试

将输入信号 u_i 逐渐增大，用示波器同时观察输入、输出波形，当输出波形刚好不出现失真时，用交流毫伏表测出不失真的最大输出电压及输入电压，并记入表 6.5 中。此时的输入电压就是最大输入灵敏度 u_{imax}，输出电压就是最大不失真输出电压 u_{omax}。

表 6.5　音频功率放大电路最大不失真输出测试

前置放大电路		音调控制电路		功率放大电路		整机电路	
u_{i1}		u_{i2}		u_{i3}		u_i	
u_{o1}		u_{o2}		u_{o3}		u_o	
A_{u1}		A_{u2}		A_{u3}		A_u	
结论		输出负载为 8Ω 最大输出功率 $P_{omax} =$					

6. 噪声电压 U_N

除去输入信号并且将扩音机电路输入端对地短路，此时测得的输出电压有效值即为 U_N。

7. 测量频率特性

在高低音不提升、不衰减时（即将图 6.2 所示的音调电位器 R_{13} 和 R_{14} 放在中心位置），保持输入信号幅度不变，并且改变输入信号 u_i 的频率。随着频率的改变，测出当输出电压下降到中频（$f=1kHz$）输出电压 u_o 的 0.707 倍时，所对应的频率 f_L 和 f_H。将测量结果记入表 6.6 中。对于高低音调试，按表 6.6 中的条件完成测试，并记录结果。

表 6.6 　　　　　　　　　　　　　　　音频功率放大电路频率测试

R_{13}	R_{14}	中频（1kHz）			低频（100Hz）			高频（10kHz）		
		u_i	u_o	A_u	u_i	u_o	A_u	u_i	u_o	A_u
50%	50%									
0	50%									
100%	50%									
50%	0									
50%	100%									
通频带测试					$f_H=$		$f_L=$		通频带 $BW=$	

8. 测试发音情况

将信号送入扩音机电路，逐一改变音调电位器 R_{13} 和 R_{14}，试听喇叭发音情况。

用 $8\Omega/8W$ 的扬声器代替负载电阻 R_L。将一话筒的输出信号或幅值小于 5mV 的音频信号接入到音频功率放大器，调节音量控制电位器 R_P，应能改变音量的大小。调节高、低音控制电位器，应能明显听出高、低音调的变化。敲击电路板应无声音间断和自激现象。

9. 编写任务报告

根据以上任务实施情况编写任务报告。

相关知识

6.2.1　电子电路的调试

1. 调试电路的常用仪器

（1）万用表。可以测量交直流电压、交直流电流、电阻、电容及半导体二极管和三极管，具有精度高、使用方便、应用广泛等特点。

（2）示波器。示波器可以对电路中的各点电位进行测量和观察波形，同时可比较任意两点波形的相位关系。示波器具有灵敏度高、交流阻抗高、对负载影响小等特点。在使用示波器时应注意的是所用示波器的频带一定要大于被测信号的频率。

（3）信号发生器。因为经常要在加信号的情况下进行测试，则在调试和故障诊断时最好备有信号发生器。它可产生正弦波、三角波、方波等波形。

2. 调试电路前的线路检查

电路安装完毕不要急于通电做实验，应先从安装质量角度进行外观检查，从人身安全、设备安全角度进行安全检查。

（1）外观检查。主要是检查连线和元器件的安装情况，主要看接线是否正确，包括错线、少线和多线错误。例如，连线的一端是否有松脱现象，在不应相连的点之间是否有短路的情况，元器件的型号规格是否与电路中标出的型号规格一致，电解电容的极性是否接错等。

外观检查通常采用两种查线方法：一种是用实际电路对照原理图，按元件引脚连线的去向查清，查找每个去处在电路图中是否存在；另一种就是按照设计的电路图检查安装的线路，根据电路图中的元件连接按一定的顺序在安装好的线路中逐一检查对照。

（2）安全检查。内容包括超过安全电压（36V）的导线、开关、电源线和接插件不要裸露在人体可接触到的地方。应先测试电路供电电源的大小和极性，符合要求后再将其接入电路。

判别对地短路的具体方法：将万用表的一个表笔接地，另一个表笔从双列直插式器件引脚上依次划过，若滑动表笔在某引脚上时，蜂鸣器发出报警声，则说明该引脚和地之间可能短路，此时可对照电路原理图，查看该引脚是否是电源或输出引脚，是否应接地，以判断连线是否正确。同理，可判别集成电路引脚是否和电源短路。

3. 调试步骤

电子电路的调试，是以达到电路设计指标为目的而进行的一系列的"测量 → 判断 → 调整＋再测量"的反复进行过程。调试电路有两种方法：一种方法是整个电路安装完毕后，做一次性的调试，这种方法适用于较为简单的电路和已经定型的产品；另一种方法是采用边安装边调试的方法，即把总电路按功能划分成若干单元电路模块，再一个模块、一个模块地进行安装调试，单元模块调试成功后，再逐步扩大范围进行整机统调，这种方法便于测试又能及时发现和解决问题，一般适用于不是很成熟或带有设计性质的电路。调试包括测试和调整两个方面，具体步骤如下。

（1）通电观察。将所需要的电源电压调整好，谨慎接入测试电路，观察电路有无异常现象，例如有无冒烟现象，有无异常气味，手摸集成电路外封装是否发烫等，如发现应立即关掉电源，待排除故障后再重新通电测试。

（2）分别进行静态调试和动态调试。不论分调还是统调，都应遵循"先静态、后动态"的调试原则。测静态时，为防止外界干扰信号窜入电路，应将输入端对地短路（对交流而言）。经过静态调试，确认电源、元器件、电路连接无误，才能进行动态调试，可在电路的输入端接入适当频率和一定幅度的信号，并沿着信号的流向逐级检测各相关点的波形、参数和性能指标。发现故障现象应采用相应方法予以排除。

（3）先做"分调"再做"统调"。复杂电子电路的调试一般分做"分调"和"统调"（总调）两步。分调：主要是正确区分和断开每单元部分的相互连接，对每一单元电路的静态工作点和输入、输出端的信号进行测试，要边测试、边记录，对电路进行分析、判断，排除故障；统调：将原来断开的各单元电路相互连接好，观察和测量动态特性，把测量的结果与设计指标逐一对比，找出问题及解决办法，然后对电路及参数进行修正，直到整机的性能完全符合设计要求为止。

4. 调试注意事项

（1）在调试中要注意，不得带电进行拔、插或焊接电路元件的操作，避免由于粗心大意造成"短路"或"开路"。

（2）静态调试。首先进行静态调试，调试时一般不接输入信号，即使有振荡电路时，也暂不要接通。测试电路中各主要部位的静态电压，检查器件是否完好，是否处于正常的工作状态。若不符合要求，一定要找出原因并排除故障。

（3）动态调试。静态调试完成后，再接上输入信号或让振荡电路工作，各级电路的输出端应有相应的信号输出。调试时一般是自前级开始逐级向后检测，并及时调整改进，如果有很强的寄生振荡，应及时关闭电源采取消振措施。

6.2.2　电子电路的故障分析与排除

1. 常见的故障现象

（1）放大电路没有输入信号，而有输出波形。

（2）放大电路有输入信号，但没有输出波形，或者波形异常。

（3）串联稳压电源无电压输出，或输出电压过高且不能调整，或输出稳压性能变坏、输出电压不稳定等。

（4）振荡电路不产生振荡。

（5）接收信号时出现"嗡嗡"交流声和"啪啪"的汽船声等。

2. 产生故障的原因

故障产生的原因很多，很难简单分类。粗略分析如下：

（1）对于定型产品，使用一段时间后出现故障，可能是元器件损坏，连线发生短路或断路（如焊点虚焊，接插件接触不良，可变电阻器、电位器、半可变电阻等接触不良，接触面表面镀层氧化等），使用条件发生变化（如电网电压波动，过冷或过热的工作环境等）影响电子设备的正常运行。

（2）对于新设计安装的电路，故障原因可能是：实际电路与设计的原理图不符；元器件使用不当或损坏；设计的电路本身就存在某些严重缺陷，连线发生短路或断路等。

（3）仪器使用不正确引起的故障，如示波器使用不正确而造成的波形异常或无波形，共地问题处理不当而引入的干扰等。

（4）各种干扰引起的故障。

3. 电子电路的故障常用检查方法

（1）直观检查法。通过视觉、听觉、嗅觉、触觉来查找故障部位的方法。

1）检查接线。对照安装接线图检查电路的接线有无漏线、断线和错线，特别要注意检查电源线和地线的接线是否正确。

2）听通电后有否打火声等异常声响；听、摸、闻到异常时应立即断电。电解电容器极性接反时可能造成爆裂，漏电大时，介质损耗将增大，也会使温度上升，甚至使电容器胀裂。

（2）电阻法。在断电条件下用万用表测量电路电阻和元件电阻来发现和寻找故障部位。

1）通断法。检查电路中连线是否断路，元器件引脚是否虚连，是否有不允许悬空的输入端未接入电路。

2）测电阻值法。检查电路中电阻元件的阻值是否正确；检查电容器是否断线、击穿和漏电；检查半导体器件是否击穿、开断及各 PN 结的正反向电阻是否正常等。

检查大容量电容器（如电解电容器）时，应先用导线将电解电容的两端短路，泄放掉电容器中的存储电荷后，再检查电容有没有被击穿或漏电是否严重，否则，可能会损坏万用表。

测量电阻值时，如果是在线测试，应考虑被测元器件与电路中其他元器件的等效并联关系，需要准确测量时，元器件的一端必须与电路断开。

（3）电压法。用电压表直流挡检查电源、各静态工作点电压、集成电路引脚的对地电位是否正确。用交流电压挡检查有关交流电压值。测量电压时，应当注意电压表内阻及频率响应对被测电路的影响。

（4）示波法。电路输入信号，用示波器观察电路有关各点的信号波形，以信号各级的耦合、传输是否正常来判断故障所在部位，是一种动态测试法。

示波法是在电路静态工作点处于正常的条件下进行的检查。

（5）元器件替代法。对怀疑有故障的元器件，可用一个完好的元器件替代，置换后若电路工作正常，则说明原有元器件或插件板存在故障，可作进一步检查测定。对于集成电路，可用同一芯片上的相同电路来替代怀疑有故障的电路。有多个输入端的集成器件，如在实际使用中有多余输入端时，则可换用其余输入端进行试验。

元器件替代法对连接线层次较多、功率大的元器件及成本较高的部件不适用。

（6）分隔法。通过拔去某些部分的插件和切断部分电路之间的联系来缩小故障范围，分隔出故障部分；或通过关键点的测试，把故障范围分为两个部分或多个部分，通过检测排除或缩小可能的故障范围，找出故障点。

分隔法应保证拔去或断开部分电路不至于造成关联部分的工作异常及损坏。

4. 电子电路的故障排除

方法：从第一级输入信号，由前向后逐级推进，寻找故障级；或某级输入端加信号后向前逐级推进寻找故障级。

（1）静态检查。按电路原理图所给定静态工作点进行对照测试，也可根据电路元件参数值进行估算后测试。

（2）动态检查。要求输入端加检查信号，用示波器（或电子电压表）观察测试各级各点波形，与正常波形对照，根据电路工作原理判断故障点所在。

1）电阻应采用同类型、同规格（同阻值和同功率级）的电阻。

2）对于一般退耦、滤波电容，用同容量、同耐压或高容量、高耐压电容器代用。对高中频回路电容，用同型号瓷介电容或高频介质损耗及分布电感相近的其他电容替换。

3）集成电路采用同型号、同规格的芯片替换。

4）晶体管采用同型号，参数相近的代用。

5. 电子电路的故障分析与排除注意问题

（1）对有反馈回路的电路，查找故障时可把反馈回路断开，使电路成为开环状态；然后利用前面讲的方法查找并排除故障，把开环电路调试好，再连接好反馈回路。如仍有问题，可重点检查分析反馈回路结构和参数是否合理。

（2）调试较为复杂的电子电路时，为了尽快缩小故障范围，迅速找出故障位置，常采用以下方法检查故障：

1）对分法。该方法适用于多单元串接系统的故障查找。

2）替代法。替代法是用功能正常的电路模块、单元电路或元器件替代怀疑有故障的功能相同的电路模块、单元电路或元器件，以确定原有的怀疑是否正确。替代法对检查使用插座的集成电路构成的系统很方便。

3）信号注入法。给怀疑有故障的功能单元单独输入信号，测量其输出，可判断该单元是否工作正常；对多级电路，可逐级注入信号，测量输出，以确定故障所在单元。

（3）调试中对怀疑有问题的器件，不要一律从电路上取下来测量其好坏，尽可能在线检测，尤其是安装在印刷板上的元器件，拆下来比较困难。例如，对在电路中作放大用的三极管，可测量其 U_{BE} 和 U_{BC} 的值，以此判定管子是否处于放大状态（发射结正偏、集电结反偏）。

项目考核

考核内容包含学习态度（15分）、实践操作（70分）、任务报告（15分）等方面的考核，由指导教师结合学生的表现考评，既关注了过程性评价，也体现出了结果性评价，各考核内容及分值见表6.7。

表 6.7 项 目 考 评 表

学生姓名		任务完成时间		
项目6		设计和制作音频功率放大器		
考核内容	任务名称	任务6.1 设计和制作音频功率放大电路	任务6.2 调试音频功率放大电路	分值
学习态度（15分）	（1）课堂考勤及上课纪律情况（10分）			
	（2）小组成员分工及团队合作（5分）			
实践操作（70分）	（1）识读电路图（10分）			
	（2）基本元器件的识别与检测（10分）			
	（3）电路仿真测试（10分）			
	（4）电路参数计算（10分）			
	（5）电路制作（10分）			
	（6）电路测试（20分）			
任务报告（15分）				
合计项目评分（分）				
教师评语				

项目总结

本项目通过音频功率放大器的制作与调试，了解小型电子产品的设计、制作和调试过程。通过学生亲自动手焊接及调试，了解电路板的制作和焊接工艺；同时还掌握了音频功率放大器的设计原理及其集成芯片的使用等。在项目实施过程中，要注重电子电路识图的训练，加强对电路原理的分析，加强识读电路图的训练和元器件的检测，规范使用仪器仪表调试整机电路。

复 习 思 考 题

6.1 在制作印刷电路板时，包括哪些步骤，注意事项是什么？

6.2 在项目的单声道音频功率放大器的基础上设计一个双声道的音频功率放大器。

附录 A　常用电子元器件

A.1　电阻器的识别与型号命名法

1. 电阻器型号命名法（表 A.1）

表 A.1　　　　　　　　　　　　　　　电阻器型号命名法

第一部分		第二部分		第三部分		第四部分
用字母表示主称		用字母表示材料		用数字或字母表示分类		用数字表示序号
符号	意义	符号	意义	符号	意义	
R	电阻器	T	碳膜	1	普通	
W	电位器	P	硼碳膜	2	普通	
		U	硅碳膜	3	超高频	
		H	合成膜	4	高阻	
		I	玻璃釉膜	5	高温	
		J	金属膜（箔）	6		
		Y	氧化膜	7	精密	
		C	有机实芯	8	高压或特殊函数	
		N	无机实芯	9	特殊	
		X	线绕	G	高功率	
		R	热敏	T	可调	
		G	光敏	X	小型	
		M	压敏	L	测量用	
				W	微调	
				D	多圈	

注　第三部分数字"8"，对于电阻器表示"高压"，对于电位器表示"特殊函数"。

2. 电阻器的主要指标参数

（1）额定功率。共分 10 个等级，其中常用的有 1/20W，1/16W，1/8W，1/4W，1/2W，1W 等。

（2）容许误差等级见表 A.2。

表 A.2　　　　　　　　　　　　　　　电阻器的容许误差等级

容许误差/%	±0.5	±1	±5	±10	±20
等级	005	01	Ⅰ	Ⅱ	Ⅲ

（3）标称阻值系列。见表 A.3 。

表 A.3 电阻器标称阻值系列

容许误差/%	系列代号	系 列 值
±20	E6	10，15，22，33，47，68
±10	E12	10，12，15，18，22，27，33，39，47，56，68，82
±5	E24	10，11，12，13，15，16，18，20，22，24，27，30，33，36，39，43，47，51，56，62，68，75，82，91

一般固定式电阻器的标称阻值应符合表列数值或表列数值乘以 10^n，其中 n 为正整数或负整数。对于更高精度的电阻器，其系列代号可进一步扩展为 E48 和 E96，相应的容许误差则更小。电阻器的阻值和误差一般都用数字标印在电阻器上。但由于体积很小，电阻器的阻值和误差常用色环来表示，如图 A.1 所示。

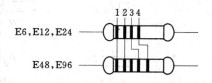

图 A.1 阻值和误差的色环表示

靠近一端画有 4 道或 5 道（精密电阻）色环，其中，第 1、第 2 以及精密电阻的第 3 道色环，用以表示阻值的相应位数的数字。其后的两道色环则分别表示前面数字再乘以 10 的方幂和阻值的容许误差。色环颜色的意义见表 A.4。还有一些电阻如表面贴装电阻，其阻值依照色标电阻表示法用三位数字表示，如 102Ⅰ 表示 $1k\Omega$ 电阻，误差为 Ⅰ 级即 5%。

表 A.4 色 环 颜 色 的 意 义

色别	第一位数字（1）	第二位数字（2）	第三位数字（中间未标数）	10 的方幂（3）	容许误差（4）
黑	0	0	0	0	
棕	1	1	1	1	F（±1%）
红	2	2	2	2	G（±2%）
橙	3	3	3	3	
黄	4	4	4	4	
绿	5	5	5	5	D（±0.5%）
蓝	6	6	6	6	C（±0.25%）
紫	7	7	7	7	B（±0.1%）
灰	8	8	8	8	
白	9	9	9	9	
金				−1	J（±5%）
银				−2	K（±10%）
本色					±20%

3. 电位器

电位器是具有三个接头的可变电阻器。常用的有 WTX 型小型碳膜电位器、WTH 型合成碳膜电位器、WX 型线绕电位器、WHD 型多圈合成膜电位器、WHJ 型精密合成膜电位器、WS 型有机实芯电位器等。

根据用途不同，薄膜电位器按轴旋转角度与实际阻值间的变化关系可分为直线式、指数式和对数式三种。电位器可以带开关，也可以不带开关。

4．电阻器的电路图符号

电阻器的电路图表示符号如图 A.2 所示。

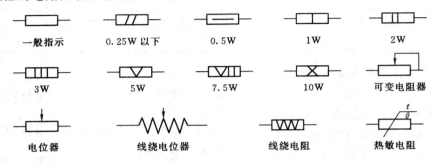

图 A.2 电阻器的电路图表示符号

A.2 电容器的识别与型号命名法

1．电容器的型号命名法

电容器的型号命名法和电阻器的类似，也是由主称、材料、分类和序号四部分组成。

（1）主称、材料部分的符号及意义。见表 A.5。

表 A.5　　　　　　　　　　　　主称、材料部分的符号及意义

主　称		材　料	
符　号	意　义	符　号	意　义
		C	高频瓷
		T	低频瓷
		I	玻璃釉
		O	玻璃膜
		Y	云母
		V	云母纸
		Z	低介
		J	金属化纸
C	电容器	B	聚苯乙烯等非极性有机薄膜
		L	涤纶等极性有机薄膜
		Q	漆膜
		H	纸膜复合
		D	铝电解
		A	钽电解
		G	金属电解
		N	铌电解
		E	其他材料电解

（2）分类部分的符号及意义。见表 A.6。

表 A.6　　　　　　　　　　　　　　　分类部分的符号及意义

类别　数字　电容名称	1	2	3	4	5	6	7	8	9
瓷介电容器	圆片	管形	叠片	独石	穿心	支柱等		高压	
云母电容器	非密封	非密封	密封	密封				高压	
有机电容器	非密封	非密封	密封	密封	穿心			高压	特殊
电解电容器	箔式	箔式	烧结粉液体	烧结粉固体		无极性			特殊

2.电容器的主要特性指标

（1）电容器的耐压。常用固定式电容器的直流工作电压（V）系列为：6.3，10，16，25，32*，40，50*，63，100，160，250，400 等，其中带"*"者只限于电解电容器用。

（2）电容器容许误差等级（表 A.7）和标称容量值。见表 A.8。

表 A.7　　　　　　　　　　　　　　　电容器容许误差等级

容许误差 /%	±2	±5	±10	±20	+20 −30	+50 −20	+100 −10
级别	02	I	II	III	IV	V	VI

表 A.8　　　　　　　　　　　　　　　固定电容器的标称容量系列

名　称	容许误差/%	容量范围	标称容量系列
纸介电容器 金属化纸介电容器 纸膜复合介质电容器	±5 ±10	$100pF \sim 1\mu F$	1.0，1.5，2.2，3.3，4.7，6.8
低频（有极性）有机薄膜 介质电容器	±20	$1 \sim 100\mu F$	1，2，4，6，8，10，15，20，30，50，60，80，100
高频（无极性）有机薄膜 介质电容器 瓷介电容器 玻璃釉电容器	±5 ±10 ±20		E24 E12 E6
云母电容器	±20 以上		E6
铝钽、铌电解电容器	±10 ±20 +50 −20 +100		1，1.5，2.2 3.3　4.7　6.8

标称容量为表中数值或表中数值再乘以 10^n，其中 n 为正整数或负整数。

3.电容器电容量的几种标注方法

目前电容器的电容量标注方法比较混乱，稍不留神就会出错，因此建议对于容易混淆的电容，最好用电容表进行测量后再使用。

（1）电解电容器电容量值的标注法均采用数字直接描述法，即直接标出"×××μF"的字样，如 $47\mu F$、$4700\mu F$ 等。

（2）"传统标注法"对于小于 10000pF 的电容，以 pF 为单位标注而不标注单位，如 4700pF 标注为 4700、47pF 标注为 47 等。

（3）电容值的色码标注法。电容器的电容量均以三位数字标注，单位为 pF，三位数字的含义是前两位为有效数字，第三位为 10 的幂次，如 473 即为 $47 \times 10^3 pF$，这个电容值与标注为 0.047 或 .047 的含义是一样的，105 即为 $1\mu F$，104 为 $0.1\mu F$。这种标注方法主要以小型瓷介电容为主。

对于大于 10000pF 而小于 $1\mu F$ 的电容，以 μF 为单位标注，省略单位，如 470000pF 即 $0.47 \mu F$，标注为 0.47 或 .47，47000pF 即 $0.047\mu F$ 标注为 0.047 或 .047。

从以上例子可以看出，这种标注方法是很容易识别的，凡是大于 1 的数均是以 pF 为单位，凡是小于 1 的小数均是以 μF 为单位，凡电容量大于 $1\mu F$ 的电容，后面均标出单位（μF）。常用电容器的几项主要特性列于表 A.9。

表 A.9 **常用电容器的几项主要特性**

名 称	型号	容量范围	直流工作电压 /V	适用频率/ MHz	准确度 /%	漏阻 /MΩ
纸介电容器（中、小型）	CZ	470pF～0.22μF	63～630	8 以下	±(5～20)	＞5000
金属壳密封纸介电容器	CZ3	0.01～10μF	250～1600	直流、脉动直流	±(5～20)	＞1000～5000
金属化纸介电容器（中、小型）	CJ	0.01～0.2μF	160,250,400	8 以下	±(5～20)	＞2000
金属壳密封金属化纸介电容器	CJ3	0.22～30μF	160～1600	直流、脉动直流	±(5～20)	＞30～5000
薄膜电容器		3pF～0.1μF	63～500	高频、低频	±(5～20)	＞10000
云母电容器	CY	10pF～0.051μF	100～7000	75～250	±(2～20)	＞10000
瓷介电容器	CC	1pF～0.1μF	63～630	低频、高频 50～3000	±(2～20)	＞10000
铝电解电容器	CD	1～10000μF	4～500	直流脉动直流	＋20～＋50 －30	

4．电容器的电路符号

电容器的电路符号如图 A.3 所示。

(a)固定电容器　(b)电解电容器　(c)可变电容器　(d)半可变电容器

图 A.3　电容器的电路符号

5. 常见的几种电容器的外形结构

常见的几种电容器的外形结构如图 A.4 所示。

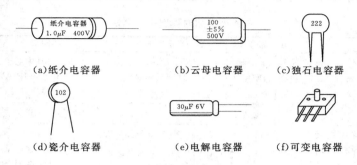

(a)纸介电容器　　　　(b)云母电容器　　　　(c)独石电容器

(d)瓷介电容器　　　　(e)电解电容器　　　　(f)可变电容器

图 A.4　常见电容器的外形结构

A.3　常用半导体器件型号命名法

1. 常用半导体器件型号命名的国家标准

常用半导体器件型号命名的国家标准见表 A.10。

表 A.10　　中国国家标准（GB/T 249—1989）规定的半导体器件型号命名法

第一部分		第二部分		第三部分		第四部分	第五部分
用数字表示器件的电极数目		用汉语拼音字母表示器件的材料和极性		用汉语拼音字母表示器件的类别		用数字表示器件序号	用汉语拼音字母表示规格号
符号	意义	符号	意义	符号	意义		
2	二极管	A	N 形锗材料	P	普通管		
3	三极管	B	P 型锗材料	V	微波管		
		C	N 型硅材料	W	稳压管		
		D	P 型硅材料	C	参量管		
		A	PNP 型锗材料	Z	整流管		
		B	NPN 型锗材料	L	整流堆		
		C	PNP 型硅材料	S	隧道管		
		D	NPN 型硅材料	N	阻尼管		
		E	化合物材料	K	开关管		
				X	低频小功率管 $f_\alpha < 3\text{MHz}$、$P_c < 1\text{W}$		
				G	高频小功率管 $f_\alpha > 3\text{MHz}$、$P_c < 1\text{W}$		
				D	低频大功率管 $f_\alpha < 3\text{MHz}$、$P_c \geq 1\text{W}$		
				A	高频大功率管 $f_\alpha \geq 3\text{MHz}$		
				V	$P_c \geq 1\text{W}$ 光电器件		
				J	结型场效应管		

2. 日本常用半导体器件的型号命名标准

日本常用半导体器件的型号命名标准见表 A.11。

表 A.11　日本半导体器件型号命名法

第一部分		第二部分		第三部分		第四部分		第五部分	
用数字表示器件有效电极数目或类型		日本电子工业协会（JEIA）注册标志		用字母表示器件使用材料极性和类型		器件在日本电子工业协会（JEIA）的登记号		同一型号的改进型产品标志	
符号	意义	符号	意义	符号	意义	符号	意义	符号	意义
0	光电二极管或三极管及包括上述器件的组合管	S	已在日本电子工业协会注册登记的半导体器件	A	NPN 高频晶体管	多位数字	这一器件在日本电子工业协会的注册登记号性能相同，不同厂家生产的器件可以使用同一个登记号	A B C D	表示这一器件是原型号产品的改进产品
				B	PNP 低频晶体管				
1	二极管			C	NPN 高频晶体管				
2	三极管或具有三个有效电极的其他器件			D	NPN 低频晶体管				
				F	P 控制极晶闸管				
				G	N 控制极晶闸管				
3	具有四个电极的器件			H	单结晶体管				
				J	P 沟道场效应管				
$n-1$	具有 n 个电极的器件			K	N 沟道场效应管				
				M	双向晶闸管				

3. 美国常用半导体器件的型号命名标准

美国常用半导体器件的型号命名标准见表 A.12。

表 A.12　美国半导体器件型号命名法

第一部分		第二部分		第三部分		第四部分		第五部分	
用符号表示器件类别		用数字表示 PN 结数目		美国电子工业协会（EIA）注册标志		美国电子工业协会（EIA）登记号		用字母表示器件分档	
符号	意义	符号	意义	符号	意义	符号	意义	符号	意义
JAN JANTX JANTXV JANS （无）	军级 特军级 超特军级 宇航级 非军用品	1 2 3 n	二极管 三极管 三个 PN 结器件 n 个 PN 结器件	N	该器件已在美国电子工业协会注册登记	多位数字	该器件在美国电子工业协会的登记号	A B C D	同一型号器件的不同档次

4. 常用的整流二极管型号及性能

常用的整流二极管型号及性能见表 A.13。

表 A.13　常用的整流二极管型号及性能

原型号	新型号	最高反向峰值电压 U_{RM}/V	额定正向整流电流 I_f/A	正向电压降 U_f/V	反向漏电流（平均值）I_k/μA	不重复正向浪涌电流/A	频率 f/kHz	额定结温 T_{JM}/℃	备注
2CP10	2CZ52	25V	0.10	≤1.0	100	2	3	150	
2CP33	2CZ54A	25V	0.50	≤1.0	500	10	3	150	

5. 部分国外硅高频小功率三极管参数

部分国外硅高频小功率三极管参数见表 A. 14。

表 A. 14　　　　　　　部分国外硅高频小功率三极管参数

型号	材料	类型	P_{CM}/mW	I_{CM}/mA	U_{CEO}	f_T/MHz	封装
9011	Si	NPN	400	30	50	370	
9012	Si	PNP	400	400	25	200	
9013	Si	NPN	400	400	40	250	
9014	Si	NPN	400	30	50	270	
9015	Si	PNP	600	−100	−50	190	
9016	Si	NPN	600	25	30	620	
9018	Si	NPN	400	50	30	1100	

A. 4　几种常用模拟集成电路简介

1. μA741 通用运算放大器

（1）引线排列图。如图 A. 5 所示。

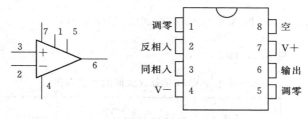

图 A. 5　μA741 引线排列图

（2）电参数规范。见表 A. 15。

表 A. 15　　　　　　　μA741 通用运算放大器的主要参数

符号	参　数	条　件	最小值	典型值	最大值	单位
U_{os}	输入失调电压			2	6	mV
I_{os}	输入失调电压			20	200	nA
I_B	输入偏置电流			80	500	nA
R_{in}	输入电阻		0.3	2.0		MΩ
R_{inCM}	输入电容			1.4		pF
U_{IOR}	失调电压调整范围			±15		mV
U_{ICR}	共模输入电压范围		±12.0	±13.0		V
CMRR	共模抑制比	$U_{CM}=\pm13V$	70	90		dB
PSRR	电源抑制比	$U_s=\pm（3\sim18）V$		30	150	μV/V
A_{uo}	开环电压增益	$R_L\geqslant2k\Omega$，$U_o=\pm10V$	20	200		V/mV
U_o	输出电压摆幅	$R_L\geqslant10k\Omega$ $R_L\geqslant2k\Omega$	±12 ±10.0	±14.0 ±13.0		V

续表

符号	参数	条件	最小值	典型值	最大值	单位
SR	摆率	$R_L \geqslant 2k\Omega$		0.5		V/μs
R_o	输出电阻	$U_o=0$, $I_o=0$		75		Ω
I_{os}	输出短路电流			25		mA
I_s	电源电流			1.7	2.8	mA
P_d	功耗	$U_s=\pm15V$ 无负载		50	85	mW

2. μA348 四通用运算放大器和 μA324 四通用单电源运算放大器

（1）引线排列图。如图 A.6 所示。

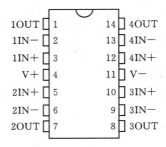

图 A.6　μA348 和 μA324 引线排列图

（2）电参数规范。见表 A.16。

表 A.16　　　　　　　　　　　μA348 和 μA324 运算放大器的主要参数

符号	参数	条件	μA348			μA324			单位
			最小值	典型值	最大值	最小值	典型值	最大值	
U_{os}	输入失调电压			1	6		2	7	mV
I_{os}	输入失调电流			4	50		5	50	nA
I_B	输入偏置电流			30	200		45	250	nA
R_n	输入电阻		0.8	2.5					MΩ
U_{ICR}	共模输入电压范围		±12.0						V
CMRR	共模抑制比	$U_{CM}=\pm13V$	70	90		65	70		dB
PSRR	电源抑制比	$U_s=\pm3$ $\pm18V$	77	96		65	100		MV/V
A_{uo}	开环电压增益	$R_L \geqslant 2k\Omega$, $U_o=\pm10V$	25	160		25	100		V/mV
U_o	输出电压摆幅	$R_L \geqslant 10k\Omega$, $R_L \geqslant 2k\Omega$	±12.0 ±10.0	±13.0 ±12.0		±13.0			V
SR	摆率	$R_L \geqslant 2k\Omega$		0.5					V/μs
R_o	输出电阻	$U_o=0$, $I_o=0$							Ω
I_{os}	输出短路电流			25		10	20		mA

3. OP07 低失调、低温漂运算放大器

（1）引线排列图。如图 A.7 所示。

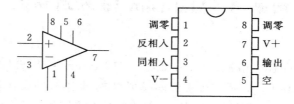

图 A.7　OP07 引线排列图

（2）电参数规范。见表 A.17。

表 A.17　　　　　　　　　　　　OP07 运算放大器的主要参数

符号	参数	条　件	最小值	典型值	最大值	单位
U_{os}	输入失调电压			30	75	μV
$\Delta U_{os}/t$	失调电压温漂			0.2	1.0	$mV/℃$
I_{os}	输入失调电流			0.4	2.8	nA
I_B	输入偏置电流			± 1.0	± 3.0	nA
e_{np-p}	输入噪声电压	$01Hz\sim 10Hz$		0.35	0.6	μV
e_n	输入噪声电压密度	$f_0=10Hz$ $f_0=100Hz$ $f_0=1000Hz$		10.3 10.0 9.6	18.0 13.0 11.0	$nV/\sqrt{Hz}$
i_{np-p}	输入噪声电流	$1\sim 10Hz$		14	30	pA
i_n	输入噪声电流密度	$f_0=10Hz$ $f_0=100Hz$ $f_0=1000Hz$		0.32 0.14 0.12	0.80 0.23 0.17	$pA/\sqrt{Hz}$
R_{in}	差模输入电阻		20	60		$M\Omega$
R_{inCM}	共模输入电阻			200		$G\Omega$
IVR	输入电压范围		± 13.0	± 14.0		V
CMRR	共模抑制比	$U_{CM}=\pm 13V$	110	126		dB
PSRR	电源抑制比	$U_s=\pm(3\sim 18)V$	4	10		mV/V
A_{uo}	开环电压增益	$R_L\geqslant 2k\Omega$ $U_o=\pm 10V$	200	500		V/mV
U_o	输出电压摆幅	$R_L\geqslant 10k\Omega$ $R_L\geqslant 2k\Omega$ $R_L\geqslant 1k\Omega$	± 12.5 ± 12.0 ± 10.5	± 13.0 ± 12.8 ± 12.0		V
SR	摆率	$R_L\geqslant 2k\Omega$	0.1	0.3		$V/\mu s$
BW	闭环带宽	$A_{VCL}=+1$	0.4	0.6		MHz
R_o	开环输出电阻	$U_o=0,\ I_o=0$		60		Ω
P_d	功耗	$U_s=\pm 15V$ 无载 $U_s=\pm 3V$，无载		75 4	120 6	mW
	失调电压调整范围			± 4		mV

附录 B　Multisim 10 入门知识

Multisim 是 Interactive Image Technologies（Electronics Workbench）公司推出的以 Windows 为基础的仿真工具，适用于板级的模拟/数字电路板的设计工作。它包含了电路原理图的图形输入、电路硬件描述语言输入方式，具有丰富的仿真分析能力。为适应不同的应用场合，Multisim 推出了许多版本，用户可以根据需要加以选择。在本书中将以教育版为演示软件，结合教学的实际需要，简要地介绍该软件的概况和使用方法，并给出几个应用实例。

B.1　Multisim 概貌

软件以图形界面为主，采用菜单、工具栏和热键相结合的方式，具有一般 Windows 应用软件的界面风格，用户可以根据自己的习惯和熟悉程度自如使用。

1. Multisim 的主窗口界面

启动 Multisim 10 后，将出现如图 B.1 所示的界面。

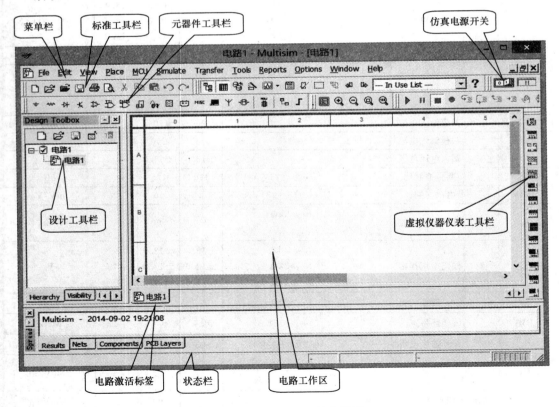

图 B.1　Multisim 10 的主界面

界面由多个区域构成：菜单栏、各种工具栏、电路输入窗口、状态栏、列表框等。通过对各部分的操作可以实现电路图的输入、编辑，并根据需要对电路进行相应的观测和分析。用户可以通过菜单或工具栏改变主窗口的视图内容。

2. 菜单栏

菜单栏位于界面的上方，通过菜单可以对 Multisim 的所有功能进行操作，如图 B.2 所示。

File　Edit　View　Place　MCU　Simulate　Transfer　Tools　Reports　Options　Window　Help

图 B.2　Multisim 10 的菜单栏

不难看出菜单中有一些与大多数 Windows 平台上的应用软件一致的功能选项，如 File、Edit、View、Options、Help。此外，还有一些 EDA 软件专用的选项，如 Place、Simulate、Transfer 以及 Tool 等。

（1）File。File 菜单中包含了对文件和项目的基本操作以及打印等命令，见表 B.1。

表 B.1　　　　　　　　　　　　　　　　File　菜　　单

命　令	功　能
New	建立新文件
Open	打开文件
Close	关闭当前文件
Save	保存
Save As	另存为
New Project	建立新项目
Open Project	打开项目
Save Project	保存当前项目
Close Project	关闭项目
Version Control	版本管理
Print Circuit	打印电路
Print Report	打印报表
Print Instrument	打印仪表
Recent Files	最近编辑过的文件
Recent Project	最近编辑过的项目
Exit	退出 Multisim

（2）Edit。Edit 菜单提供了类似于图形编辑软件的基本编辑功能，用于对电路图进行编辑，见表 B.2。

（3）View。通过 View 菜单可以决定使用软件时的视图，对一些工具栏和窗口进行控制，见表 B.3。

表 B. 2   Edit 菜 单

命　令	功　能
Undo	撤销编辑
Cut	剪切
Copy	复制
Paste	粘贴
Delete	删除
Select All	全选
Flip Horizontal	将所选的元件左右翻转
Flip Vertical	将所选的元件上下翻转
90 ClockWise	将所选的元件顺时针 90°旋转
90 CounterCW	将所选的元件逆时针 90°旋转
Component Properties	元器件属性

表 B. 3   View 菜 单

命　令	功　能
Toolbars	显示工具栏
Component Bars	显示元器件栏
Status Bars	显示状态栏
Show Simulation Error Log/Audit Trail	显示仿真错误记录信息窗口
Show XSpice Command Line Interface	显示 XSpice 命令窗口
Show Grapher	显示波形窗口
Show Simulate Switch	显示仿真开关
Show Grid	显示栅格
Show Page Bounds	显示页边界
Show Title Block and Border	显示标题栏和图框
Zoom In	放大显示
Zoom Out	缩小显示
Find	查找

（4）Place。通过 Place 命令输入电路图，见表 B.4。

表 B. 4   Place 菜 单

命　令	功　能
Place Component	放置元器件
Place Junction	放置连接点
Place Bus	放置总线
Place Input/Output	放置输入/出接口

续表

命　　令	功　　能
Place Hierarchical Block	放置层次模块
Place Text	放置文字
Place Text Description Box	打开电路图描述窗口，编辑电路图描述文字
Replace Component	重新选择元器件替代当前选中的元器件
Place as Subcircuit	放置子电路
Replace by Subcircuit	重新选择子电路替代当前选中的子电路

（5）MCU。通过 MCU 命令输入元器件，见表 B. 5。

表 B. 5　　　　　　　　　　　　**MCU　菜　单**

命　　令	功　　能
No MCU Component Found	没有创建 MCU 器件
Debug View Format	调试格式
MCU Windows	MCU 窗口
Show Line Number	显示线路数目
Pause	暂停
Step Into	进入
Step Over	跨过
Step Out	离开
Run to Cursor	运行到指针
Toggle Breakpoint	设置断点
Remove All Breakpoint	移出所有的断点

（6）Simulate。通过 Simulate 菜单执行仿真分析命令，见表 B. 6。

表 B. 6　　　　　　　　　　　　**Simulate　菜　单**

命　　令	功　　能
Run	执行仿真
Pause	暂停仿真
Default Instrument Settings	设置仪表的预置值
Digital Simulation Settings	设定数字仿真参数
Instruments	选用仪表（也可通过工具栏选择）
Analyses	选用各项分析功能
Postprocess	启用后处理
VHDL Simulation	进行 VHDL 仿真
Auto Fault Option	自动设置故障选项
Global Component Tolerances	设置所有器件的误差

211

（7）Transfer。Transfer 菜单提供的命令可以完成 Multisim 对其他 EDA 软件需要的文件格式的输出，见表 B.7。

表 B.7   **Transfer 菜 单**

命 令	功 能
Transfer to Ultiboard	将所设计的电路图转换为 Ultiboard（Multisim 中的电路板设计软件）的文件格式
Transfer to other PCB Layout	将所设计的电路图转换为其他电路板设计软件所支持的文件格式
Backannotate From Ultiboard	将在 Ultiboard 中所作的修改标记到正在编辑的电路中
Export Simulation Results to MathCAD	将仿真结果输出到 MathCAD
Export Simulation Results to Excel	将仿真结果输出到 Excel
Export Netlist	输出电路网表文件

（8）Tools。Tools 菜单主要针对元器件的编辑与管理的命令，见表 B.8。

表 B.8   **Tools 菜 单**

命 令	功 能
Create Components	新建元器件
Edit Components	编辑元器件
Copy Components	复制元器件
Delete Component	删除元器件
Database Management	启动元器件数据库管理器，进行数据库的编辑管理工作
Update Component	更新元器件

（9）Reports。通过 Reports 菜单可以对当前电路产生各种报告，见表 B.9。

表 B.9   **Reports 菜 单**

命 令	功 能
Bill of Materials	产生当前电路图文件的元器件清单
Component Detail Report	元器件详细报告
Netlist Report	产生含有元器件连接信息的网络表文件报告
Cross Reference Report	元器件详细参数报告
Schematic Statistics	统计报告
Spare Gates Report	电路中剩余门电路的报告

（10）Options。通过 Options 菜单可以对软件的运行环境进行定制和设置，见表 B.10。

（11）Help。Help 菜单提供了对 Multisim 的在线帮助和辅助说明，见表 B.11。

表 B. 10　　　　　　　　　　　　　　　**Options　菜　单**

命　令	功　能
Preference	设置操作环境
Modify Title Block	编辑标题栏
Simplified Version	设置简化版本
Global Restrictions	设定软件整体环境参数
Circuit Restrictions	设定编辑电路的环境参数

表 B. 11　　　　　　　　　　　　　　　**Help　菜　单**

命　令	功　能
Multisim Help	帮助主题目录
Component Reference	元器件索引
Release Note	版本注释
Check For Updata	检查软件更新
File Information…	文件信息
Patents	专利权
About Multisim	Multisim 的版本说明

3. 工具栏

Multisim 10 工具栏中主要包括标准工具栏（Standard Toolbar）、主工具栏（Main Toolbar）、视图工具栏（View Toolbar）、元器件工具栏（Components Toolbar）和虚拟仪器仪表工具栏（Instruments Toolbar）等。由于该工具栏是浮动窗口，所以对于不同用户显示会有所不同（右键单击该工具栏就可以选择不同的工具栏，单击工具栏不放可以随意拖到）。

（1）标准工具栏（图 B. 3）。

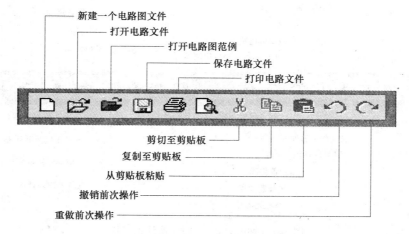

图 B. 3　Multisim 10 的标准工具栏

（2）主工具栏（图 B.4）。

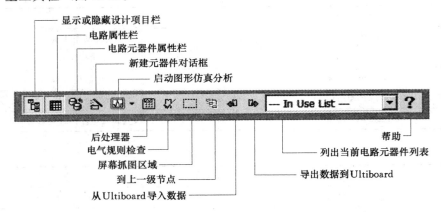

图 B.4　Multisim 10 的主工具栏

（3）视图工具栏（图 B.5）。

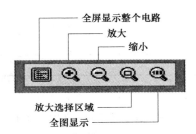

图 B.5　Multisim 10 的视图工具栏

（4）元器件工具栏（图 B.6）。

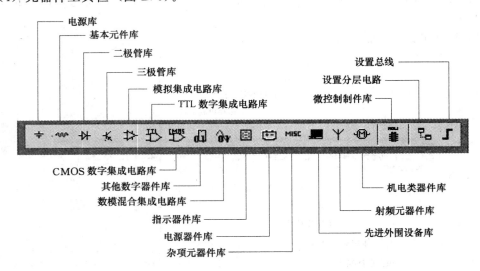

图 B.6　Multisim 10 的元器件工具栏

（5）虚拟仪器仪表工具栏（图 B.7）。

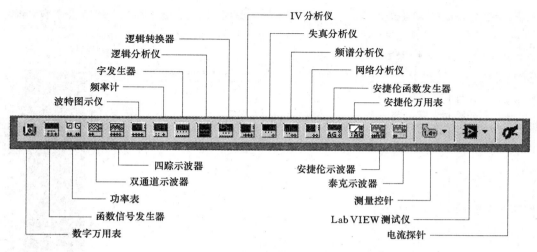

图 B.7 Multisim 10 的虚拟仪器仪表工具栏

B.2 一个电路的仿真实例

用户在用 Multisim 10 进行仿真分析时，首先要创建仿真电路。这里以发光二极管闪烁电路为例，向读者说明创建仿真电路的步骤。在这里将介绍元器件的放置、导线与连接点的操作、文本的输入、图纸标题栏的编辑等绘制电路图的常用内容，还将介绍和本电路有关的仪器仪表的使用。

1. 创建电路文件

新建电路文件的方法有以下几种：

（1）当启动 Multisim 时，它会自动打开一个名为 "Circuitl" 的空白电路文件，并打开一个新的无标题的电路窗口，在关闭当前电路窗口前将提示是否保存它。

（2）单击 "File" → "New" 选项或用 "Ctrl" ＋ "N" 快捷键操作，可以打开一个无标题的电路窗口，可用它来创建一个新的电路。

（3）单击工具栏中的 "新建" 目标。

新建电路文件后，电路的绘图区没有任何元器件和导线，如图 B.8 所示。

2. 放置元器件

现在可以在电路窗口（绘图区）中放置元器件了，Multisim 10 提供了 3 个层次的元器件库，其体包括主元器件库（Master Database）、用户元器件库（User Database）和合作元器件库（Corporate Database）。本书所创建的电路图文件均采用主要元器件库的元件，因为新安装的 Multisim 10 中默认的元器件库是主元器件库，其他两个元器件库是空的。

放置元器件的方法一般包括以下几种：利用元器件工具栏放置元器件；通过单击 "Place" → "Component" 菜单项放置元器件；在绘图区右击，利用弹出菜单 "Place Component" 放置元器件以及利用快捷键 "Ctrl" ＋ "W" 放置元器件等。其中，第一种方法适合已知元器件属于元器件库的哪种具体类别，其他 3 种方式必须打开元器件库对话

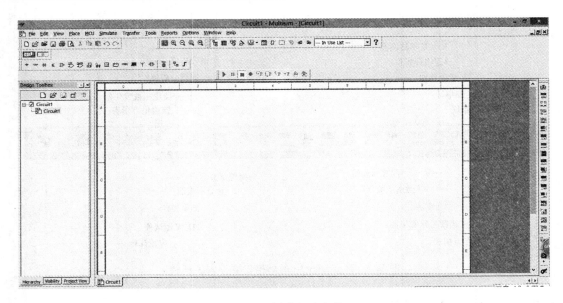

图 B.8　创建电路文件

框，然后进行分类查找。

　　元器件工具栏将元器件分成逻辑组或元器件箱，每个元器件箱用工具栏中的一个按钮表示。

　　（1）放置第一个元器件。首先放置 12V 直流电源。单击元器件工具栏中的"Place Source"（电源库）按钮，出现一个元器件选择名为"Select a Component"的窗口，如图 B.9 所示。

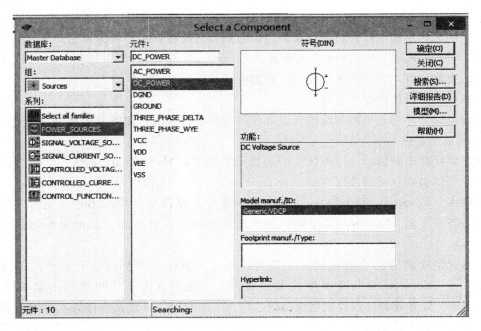

图 B.9　放置 12V 直流电源

在"Database"下拉列表框中选择"Master Database"选项，在"Group"下拉列表框中选择"Sources"选项，在"Component"下拉列表框中选择"DC_POWER"选项后，单击"OK"按钮，窗口关闭，出现活动图标，将此图标移至电路图中合适位置，单击确认，完成放置操作。

　　若要改变元器件的属性，可以双击元器件，弹出相应的元器件属性对话框，如图 B.10 所示。例如，在 Label 文本框中输入"直流电源"，单击"OK"按钮确认。

　　（2）其他元器件的放置。与以上过程相似，打开不同的元器件库，执行所需元器件的取放操作。如果元器件的摆放方向

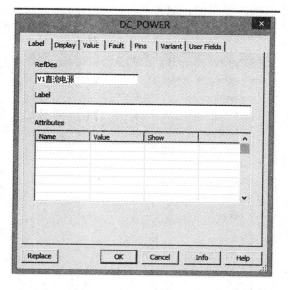

图 B.10　元器件属性对话框

不合适，可右击该元器件，在弹出的快捷菜单中选择 Flip Horizontal、Flip Vertical、90 ClockWise 或 90 CounterCW 命令，对元器件进行水平翻转、垂直翻转、顺时针 90°旋转、逆时针 90°旋转操作，直至所有元器件均按要求摆放，元器件放置工作完成。元器件放置结果如图 B.11 所示。

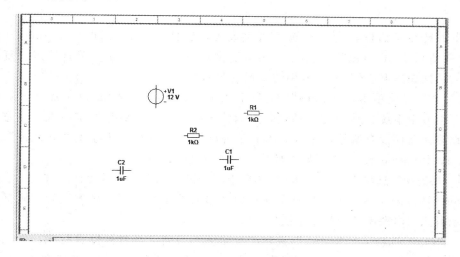

图 B.11　元器件放置结果图

　　（3）元器件的基本操作。

　　1）选中元器件。在连接电路时，要对元器件进行移动、旋转、删除、设置参数等操作。这就需要先选中该元器件。要选中某个元器件，可单击该元器件，被选中的元器件的四周出现蓝色虚线方框，便于识别。用鼠标拖曳形成一个矩形区域，可以同时选中在该矩

形区域内包围的一组元器件。

要取消某一个元器件的选中状态，只需单击电路工作区的空白区域即可。

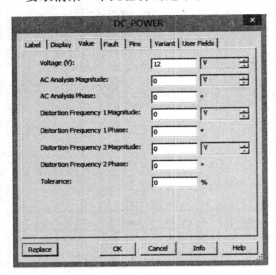

图 B.12　直流电源的特性对话框

2）元器件的移动。用鼠标按住元器件不放并拖曳即可移动该元器件。

要移动一组元器件，必须先用前述的矩形区域方法选中这些元器件，然后用鼠标左键拖曳其中的任意一个元器件，则所有选中的部分就会一起移动。元器件被移动后，与其相连接的导线就会自动重新排列。

选中元器件后，也可使用键盘上的"↑"、"↓"、"←"、"→"键使之作微小的移动。

3）元器件的复制、删除。要对选中的元器件进行复制、移动、删除等操作，可以单击鼠标右键或者使用"Edit"→"Cut"（剪切）、"Edit"→"Copy"（复制）和"Edit"→"Paste"（粘贴）、"Edit"→"Delete"（删除）等菜单命令实现。

4）元器件标签、编号、数值、模型参数的设置。选中元器件后，双击该元器件，或者选择命令"Edit"→"Properties"（元器件特性）会弹出相关的对话框，可供输入数据。

元器件特性对话框具有多种选项可供设置，包括 Label（标识）、Display（显示）、Value（数值）、Fault（故障设置）、Pins（引脚）、Variant（变量）等选项卡。直流电源的特性对话框如图 B.12 所示。常用的设置说明如下：

① "Label" 选项卡。"Label" 选项卡用于设置元器件的 Label（标识）和 RefDes（编号）。编号由系统自动分配，必要时可以修改但必须保证编号的唯一性。注意：连接点、接地等元器件没有编号，在电路图上是否显示标识和编号可通过"Options"菜单打开"Global Preferences"（设置操作环境）对话框进行设置。

② "Display" 选项卡。"Display" 选项卡用于设置标识、编号的显示方式。它的设置与"Global Preferences"对话框的设置有关。如果遵循电路图选项的设置，则标识、编号的显示方式由电路图选项的设置决定。

③ "Fault" 选项卡。"Fault" 选项卡可供人为设置元器件的隐含故障。例如在三极管的故障设置对话框中，E、B、C 为与故障设置有关的引脚号，对话框提供 Leakage（漏电）、Short（短路）、Open（开路）、None（无故障）等设置。如果选择了 Open 设置。图中设置引脚 E 和引脚 B 为开路状态，尽管该三极管仍连接在电路中，但实际上隐含了开路的故障。这可以为电路的故障分析提供方便。

5）改变元器件的颜色。在复杂的电路中，可以将元器件设置为不同的颜色。要改变元器件的颜色，用鼠标指向该元器件，单击右键可以出现菜单，选择"Change Color"选

项，如图 B.13 所示，出现颜色选择框，然后选择合适
的颜色即可。

　　3. 元器件的连线

　　Multisim 10 提供了自动与手工两种连线方式。所
谓自动连线，就是用户按线路方向将鼠标指针指向需
连接元器件的引脚，依次单击要连线的两个元器件的
引脚，由 Multisim 10 选择引脚间最好的路径自动完成
连线操作。它可以避免连线通过元器件时和元器件重
叠。手工连线由用户控制线路走向，操作时通过拖动
连线，按用户设计的路径，在需要拐弯处单击固定拐
点，以确定路径转向来完成连线。可以将自动连线与
手工连线结合使用，例如，开始时使用手工连线，然
后让 Multisim 10 自动地完成连线。对于本电路，大多
数连线用自动连线完成。连线完毕后，还可手动调整
线路的布局。完成连线后的电路如图 B.14 所示。要删
除导线，选中需删除的导线，按"Delete"键即可。

✂ Cut	Ctrl+X
📋 Copy	Ctrl+C
📋 Paste	Ctrl+V
✕ Delete	Delete
Flip Horizontal	Alt+X
Flip Vertical	Alt+Y
↻ 90 Clockwise	Ctrl+R
↺ 90 CounterCW	Ctrl+Shift+R
Bus Vector Connect...	
Replace by Hierarchical Block	Ctrl+Shift+H
Replace by Subcircuit	Ctrl+Shift+B
Replace Components...	
Save Component to DB...	
Edit Symbol/Title Block	
Lock name position	
Reverse Probe Direction	
Change Color...	
Font...	
🖳 Properties	Ctrl+M

图 B.13　右键单击元器件出现的菜单

　　4. 文本基本编辑方式

　　文字注释方式有两种：直接在电路工作区输入文字和在文本描述框中输入文字，两种
操作方式有所不同。

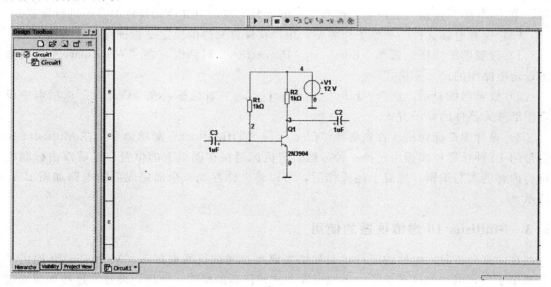

图 B.14　完成连线后的电路图

　　（1）在电路工作区输入文字。单击"Place"→"Text"菜单命令或使用"Ctrl"＋
"T"快捷键操作，然后单击需要输入文字的位置，输入需要的文字。用鼠标指向文字块，
单击鼠标右键，在弹出的菜单中选择"Color"命令，选择需要的颜色。双击文字块，可

以随时修改输入的文字。

　　（2）在文本描述框中输入文字。利用文本描述框输入文字不占用电路窗口，可以对电路的功能、实用说明等进行详细的说明，可以根据需要修改文字的大小和字体。单击

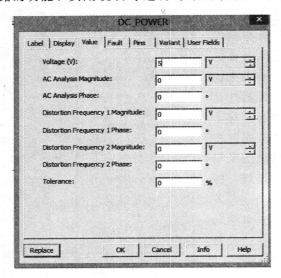

图 B.15　改变直流电源电压为 5V

"View"→"Circuit Description Box"菜单命令或使用快捷键"Ctrl"＋"D"，打开电路文本描述框，在其中输入需要说明的文字，可以保存和打印输入的文本。

　　5. 设置元器件参数及文件的保存

　　（1）元器件参数设置。连线完成后，还需要设置元器件参数。如果电路使用的是元器件库中已有规格的元器件，则可直接使用默认参数；如果不是，则要对元器件参数重新设置。如果电路中使用的直流电源"V1（DC_POWER）"的默认电压是12V，通过以下操作将电压设为 5V。首先，右击该元器件（或双击该元器件图标），弹出快捷菜单，选择"Properties"命令，弹出"DC_POWER"对话框，如

图 B.15 所示。然后，打开"Value"选项卡，将"Voltage"文本框中的数字改为 5。然后，单击"OK"按钮完成设置。按照上面的步骤，也可对其他元器件的参数进行设置。

　　（2）保存电路文件。根据工作需要，用户在保存文件前决定是否进行下列操作：

　　1）设置图纸规格。选择"Edit"→"Properties"对话框，在"Workspace"选项卡中设定电路图的尺寸和格式。

　　2）设置图纸显示。选择"Edit"→"Properties"对话框，在"Circuit"选项卡中设定图纸和元器件的显示方式。

　　3）设计图纸标题栏。首先选择"Place"→"Title Block"菜单命令，在 Multisim 10 自带的 10 种标题栏模板中选择一种，然后定位标题栏在图纸上的位置，最后双击标题栏进行内容的填写编辑，完成上述操作后，可以将文件存盘。全部完成后的电路如图 B.16 所示。

B.3　Multisim 10 虚拟仪器的使用

　　在仿真分析时，电路的运行状态和结果要通过测试仪器来显示。Multisim 10 提供了大量用于仿真电路测试和研究的虚拟仪器，这些仪器的操作、使用、设置、连接和观测过程与真实仪器几乎完全相同，就好像在真实的实验环境中使用仪器。在仿真过程中，这些仪器能够非常方便地监测电路工作情况和对仿真结果进行显示与测量。另外从 Multisim 8 以后，利用美国国家半导体公司的灵活、方便、图形化的虚拟仪器编程软件 LabVIEW，可以定制出自己的虚拟仪器，用于仿真电路的测试和控制，从而将仿真电路与实测环境、真实测试设备有机地联系起来，极大地扩展了 Multisim 的仿真功能。Multisim 10 提供了

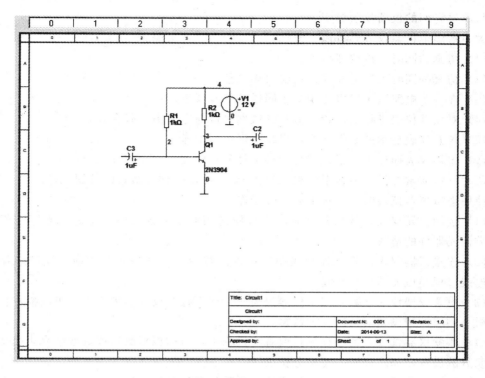

图 B.16　带有标题栏的电路图

虚拟仪器仪表 18 种，电流检测探针 1 个，LabVIEW 采样仪器 4 种和动态实时测量探针 1 个。

仿真使用时，在工作窗口内的虚拟仪器仪表有两个显示界面：添加到电路中的仪器仪表图标和进行操作显示的仪器仪表面板。如图 B.17 所示为数字万用表的面板和图标。

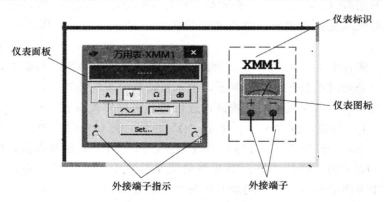

图 B.17　数字万用表的面板和图标

用户通过仪器仪表图标的外接端子将仪器仪表接入电路，双击设备仪表图标弹出或隐藏仪器仪表面板，并在仪器仪表面板中进行设置、显示等操作，用户还可以用鼠标将仪器仪表面板拖动到电路窗口的任何位置。允许在一个电路中同时使用多个相同的虚拟仪器仪表，只不过它们的仪器仪表标识不同。

大多数虚拟仪器仪表具有以下特性：

（1）仿真的同时可以改变设置。

（2）仿真的同时可以重新连接仪器仪表端子。

（3）在一个电路图中可以使用多个同样的仪器仪表。

（4）对仪器仪表进行的设置和显示的数据可以与电路图一起保存。

（5）仪器仪表显示的数据同样可以在图形窗口中显示。

（6）仪器仪表面板可以根据屏幕分辨率和显示模式自动改变其大小。

（7）可以非常方便地将显示结果保存为 txt、lvm 和 tdm 格式的数据文件。

使用虚拟仪器仪表时，可按下列步骤操作：

（1）选用仪器仪表。从仪器仪表库中将所选用的仪器仪表图标拖放到电路工作区即可，类似元器件的拖放。

（2）连接仪器仪表。将仪器仪表图标上的连接端（接线柱）与相应电路的连接点相连。连线过程类似元器件的连线。

（3）设置仪器仪表参数。双击仪器仪表图标即可打开仪器仪表面板。可以操作仪器仪表面板上相应按钮设置对话窗口的数据。

（4）改变仪器仪表参数。在测量或观察过程中，可以根据测量或观察结果来改变仪器仪表参数的设置，如示波器、逻辑分析仪等。

（5）使用仪器仪表。仪器仪表的连接和参数设置完成后，选择"Simulate"→"Run"菜单命令，或者单击"仿真运行"开关，在仪器仪表面板上就显示出所要测量的数据和波形，并可以像操作实际仪器仪表一样，在仪器仪表面板上操作虚拟仪器仪表。

下面对电路中经常使用的仪器仪表进行介绍。

1. 数字万用表

虚拟数字万用表（Multimeter）和实验室里使用的数字万用表一样，是一种多用途的常用仪表，它能完成交直流电压、电流和电阻的测量显示，也可以用分贝（dB）形式显示电压和电流。

（1）连接。图标上的"＋"、"－"两个端子用来连接所要测试的端点，与实际万用表一样，连接时必须遵循并联回路测电压、串入回路测电流的原则。

（2）面板操作。单击面板上的各按钮可进行相应的操作或设置：单击"A"按钮，测量电流；单击"V"按钮，测量电压；单击"Ω"按钮，测量电阻；单击"dB"按钮，测量衰减分贝值（dB）；单击"～"按钮，测量交流，而其测量值是有效值；单击"一"按钮，测量直流，如果用于测量交流，则其测量值是其交流的平均值；单击"Set"按钮，可设置数字万用表内部的参数。万用表参数设置对话框如图 B.18 所示。

1）"Electronic Setting"选项区域。"Ammeter resistance（R）"用于设置电流表内阻，其大小影响电流的测量精度；"Voltmeter resistance（R）"用于设置电压表内阻，其大小影响电压的测量精度；"Ohmmeter current（I）"是指用欧姆表测量时流过欧姆表的电流；"dB Relative Value（V）"是指在输入电压上叠加的初值，用以防止输入电压为零时无法计算分贝值的错误。

2）"Display Setting"选项区域。用以设定被测值自动显示单位的量程。

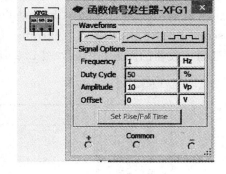

图 B.18　数字万用表参数设置对话框　　　图 B.19　函数信号发生器的面板和图标

2. 函数信号发生器

函数信号发生器（Function Generator）是电子测试中使用很频繁的仪器，掌握该仪器的使用，有助于更好地完成电路仿真及分析。

函数信号发生器是可提供正弦波、三角波、方波 3 种不同波形信号的电压信号源。双击函数信号发生器图标，可打开函数信号发生器的面板，如图 B.19 所示。对于三角波和方波还可以设置其占空比（Duty Cycle）大小。对偏置电压（Offset）的设置可将正弦波、三角波和方波叠加到设置的偏置电压上输出。

（1）连接。连接"＋"和"Common"端子，输出信号为正极性信号；连接"－"和"Common"端子，输出信号为负极性信号；连接"＋"和"－"端子，输出信号为双极性信号；同时连接"＋"、"Common"和"－"端子，并把"Common"端子与电路的公共地（Ground）符号相连，则输出两个幅值相等、极性相反的信号。

（2）面板操作。通过函数信号发生器面板上的相关设置，可改变输出电压信号的波形类型、大小、占空比或偏置电压等。

1）"Waveforms"选项区域：选择输出信号的波形类型，有正弦波、三角波和方波 3 种周期性信号供选择。

2）"Signal Options"选项区域：对"Waveforms"选项区域中选取的信号进行相关参数设置。

a）Frequency：设置所要产生信号的频率，范围为 1fHz～1000THz。

b）Duty Cycle：设置所要产生信号的占空比，范围为 1%～99%。此设置仅对三角波和方波有效。

c）Amplitude：设置所要产生信号的幅值，范围为 1fV～1000TV。

d）Offset：设置偏值电压值，范围为－999fV～1000TV。

3）"Set Rise/Fall Time"按钮：设置所产生信号的上升时间与下降时间，该按钮只有在方波时有效。单击该按钮后，弹出参数输入对话框，其可选范围为 1ns～500ms，默认值为 10ns。

3. 示波器

示波器（Oscilloscope）是电子实验中使用最为频繁的仪器之一，可用来观察信号波形，并可测量信号幅值、频率及周期等参数。在 Multisim 10 中配有双通道示波（Oscilloscope）、四通道示波器（Four Channel Oscilloscope）和专业的安捷伦示波器（Agilen Oscilloscope）及泰克示波器（Tektronix Oscilloscope）。下面先介绍双通道示波器的使用。双通道示波器的面板和图标如图 B.20 所示。

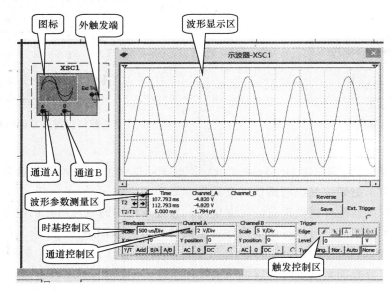

图 B.20 双通道示波器的面板和图标

（1）连接。双通道示波器包括通道 A 和通道 B 以及外触发端三对接线端。它与实际示波器连接稍有不同：一是两通道 A、B 可以只用一根线与被测点连线，测量的是该点与地之间的波形；二是可以将示波器每个通道的"＋"和"－"端接在某两点上，示波器显示的是这两点之间的电压波形。

（2）面板操作。下面介绍示波器面板的功能及其操作。

1）"Timebase" 选项区域：用来设置 x 轴方向扫描线和扫描速率。

①Scale：选择 x 轴方向每一个刻度代表的时间。单击该栏后将出现刻度翻转列表，根据所测信号频率的高低，上下翻转可选择适当的值。

②X position：表示 x 轴方向扫描线的起始位置，修改其设置可使扫描线左右移动。

③Y/T：表示 x 轴方向显示时间刻度，y 轴显示 A、B 通道信号波形的显示方式，是打开示波器后的默认显示方式。当显示随时间变化的信号波形（如三角波、方波及正弦波等）时，常采用此种方式。

④B/A 或 A/B：表示将通道 A 信号作为 x 轴扫描信号，将通道 B 信号施加在 y 轴上；而 A/B 与 B/A 相反。以上这两种方式可用于观察李沙育图形。

⑤Add：表示 x 轴按设置时间进行扫描，y 轴方向显示通道 A、B 的输入信号之和。

2）"Channel A"选项区域：用来设置 y 轴方向通道 A 输入信号的刻度。

①Scale：表示通道 A 输入信号的每格电压值。单击该栏后将出现刻度翻转列表，根据所测信号电压的大小，上下翻转可选择适当的值。

②Y position：表示扫描线在显示屏幕中的上下位置。当其值大于零时，扫描线在屏幕中线上侧，反之在下侧。

③AC：表示交流耦合，测量信号中的交流分量（相当于实际电路中加入了隔直电容）。

④DC：表示直接耦合，测量信号的交直流。

⑤0：表示将输入端对地短路。

3）"Channel B"选项区域：用来设置 y 轴方向 B 通道输入信号的刻度。其设置与 Channel A 选项区域相同。

4）"Trigger"选项区域：用来设置示波器的触发方式。

①Edge：表示边沿触发（上升沿或下降沿）。

②Level：用于选择触发电平的电压大小（阈值电压）。

③Sing：单次扫描方式按钮，按下该按钮后示波器处于单次扫描等待状态，触发信号来到后开始一次扫描。

④Nor：常态扫描方式按钮，这种扫描方式是没有触发信号时就没有扫描线。

⑤Auto：自动扫描方式按钮，这种扫描方式不管有无触发信号均有扫描线，一般情况下使用 Auto 方式。

⑥A 或 B：表示用通道 A 或通道 B 的输入信号作为同步 x 轴时基扫描的触发信号，

⑦Ext：用示波描图标上触发端连接的信号作为触发信号来同步 x 轴的时基扫描。

5）测量波形参数：在屏幕上有 T1、T2 两条可以左右移动的读数指针，指针上方注有 1、2 的三角形标志，用以读取所显示波形的具体数值，并将其显示在屏幕下方的测量数据显示区。数据区显示 T1 时刻、T2 时刻、T2－T1 时段读取的 3 组数据，每一组数据都包括时间值（Time）、信号 1 的幅值（通道 A）和信号 2 的幅值（通道 B）。用户可拖动读数指针左右移动，或通过单击数据区左侧 T1、T2 的箭头按钮移动指针线的方式读取数值。

通过以上操作，可以测量信号的周期、脉冲信号的宽度、上升时间及下降时间等参数。为了测量方便准确，单击"Pause"按钮，使波形"冻结"，然后再测量。

6）设置信号波形显示颜色：只要设置通道 A、B 连接线的颜色，则波形的显示颜色便与连接线的颜色相同。方法是快速双击连接导线，在弹出的对话框中设置连接线的颜色即可。

7）改变屏幕背景颜色：单击操作面板右下方的"Reverse"按钮，即可改变屏幕背景的颜色。如要将屏幕背景恢复为原色，再次单击"Reverse"按钮即可。

8）存储读数：对于读数指针测量的数据，单击操作面板右下方的"Save"按钮即可将其存储。数据存储为 ASCⅡ码格式。

9）移动波形：在动态显示时，单击"Pause"按钮，可通过改变"X position"的设置而左右移动波形；通过拖动显示屏幕下沿的滚动条也可左右移动波形。

参 考 文 献

[1] 韩雪涛. 电子电路识图快速入门 [M]. 北京：人民邮电出版社，2009.

[2] 张才华，夏守行. 模拟电子器件与应用 [M]. 上海：华东师范大学出版社，2008.

[3] 廖先芸，王宗和，郝军，电子技术实践与训练 [M]. 2 版. 北京：高等教育出版社，2005.

[4] 华成英. 模拟电子技术基本教程 [M]. 北京：清华大学出版社，2006.

[5] 韩雪涛. 9 天练会电子元器件 [M]. 北京：机械工业出版社，2013.

[6] 周雪. 模拟电子技术 [M]. 2 版. 西安：西安电子科技大学出版社，2005.

[7] 张宪，张大鹏. 详解实用电子电路 128 例 [M]. 北京：化学工业出版社，2013.

[8] 赵景波，于亦凡，朱海斌. 模拟电子技术应用基础 [M]. 北京：人民邮电出版社，2009.

[9] 戴士弘，张永枫，杨宏丽. 模拟电子技术 [M]. 2 版. 北京：电子工业出版社，2008.

[10] 陈梓城. 电子技术实训 [M]. 北京：机械工业出版社，2003.

[11] 张晓东. 36 个创意电子小制作 [M]. 北京：人民邮电出版社，2013.

[12] ［美］Ashby D，著. 电子电气工程师必知必会 [M]. 尹华杰，译. 北京：人民邮电出版社，2009.

[13] ［美］Joseph Stadtmiller D，著. 电子学项目设计与管理 [M]. 施惠琼，译. 北京：清华大学出版社，2007.

[14] 黄跃华. 张钰玲. 模拟电子技术 [M]. 北京：北京理工大学出版社，2009.

[15] 姜俐侠. 模拟电子技术项目式教程 [M]. 北京：机械工业出版社，2011.

[16] 张才华. 模拟电子器件与应用 [M]. 上海：华东师范大学出版社，2008.

[17] 蔡大山. 朱小祥，陈贵银. PCB 制图与电路仿真 [M]. 北京：电子工业出版社，2010.